JN207055

森林業法務のすべて

弁護士 品川尚子
弁護士 石田弘太郎 〔著〕

民事法研究会

はしがき

▶本書の狙い

現代を生きる私たちは、都市文明に浸りきってしまい、山や森林や林業のことなどは、ほとんどわからなくなってしまっています。

国の政策の立案者たちにとっても、そうであったでしょうか。それは違います。森林政策は、はるか古代からまさしく現代に至るまで、変わることなく為政者らの重要課題でありました。

前の世代から受け継いだ森林を、ある時は新しい知見をもって取扱いを修正し、あるときは戦争など時代の流れに逆らえずに荒廃させてしまい、次の世代に修正を託すという流れの中で、この森を将来どうしたいのか、そのために今何をするべきかを決める政治的な決断が、森林政策といえるでしょう。

森林の役割は、木材供給だけではなく、治山治水、砂防、薪炭や肥料の供給源と多様であり、現代ではこれらに加えて二酸化炭素吸収源としての重要な役割も期待されています。目的に応じて、経済林とか環境林とか呼称したりしますが、多くの場合その2つは実質的に重なっています。そして、環境保全まで視野に入れた目的での森づくりの仕事を近年では「森林業」と呼んで、木材生産を目的とする林業とはまた別の文脈で使うことがあります。本書でもこの「森林業」「林業」「森林・林業」という言葉を、文脈なりに使い分けていきたいと思います。

＊

さて、本書は、森林・林業が抱える現実の問題を実務の現場が解決するお手伝いをする目的のものです。そして、想定される読者は、現場で実務を担う自治体担当者や森林組合等林業事業体の人々と、そうした人々から法的助言を求められる法専門家です。

現場で実務を担う人たちには、法専門家に聞きたいことが山ほどあります。

ところが一方で、法専門家の方々は、農業といえばある程度どのようなことをやっているのか想像がつきますが、森林・林業のことはほとんどわから

ない人ばかりでしょう。わからないなりに想像してみようとすると、かえって大きな前提の間違いを犯してしまいます。森林・林業のやっかいなところは、子どものころにキャンプや林間学校に行って自然と親しんだつもりでいるのと、実際の森林・林業は全然違うということに、なかなか気がつかない点です。人が踏み固めた登山道の、横にずんずん入っていった先には、違う世界が広がっているのです。

裁判官においても、たとえばサイバー問題や医療問題などは、自分が素人であるとよく自覚していますから、イロハの前提から慎重に理解しようと努めます。ところが森林の問題になると、中途半端にわかっているように思い込んだところから始まってしまうのです。しかし、山のものごとの判断基準は、下界のそれとはいちいち標尺が異なります。私たちのいる一般社会の常識の延長線上にはない、異世界です。

森林や林業というものを、かいつまんで要領よく説明することは、到底不可能です。そのため、森林業に従事する方たちは、ちょっと聞きたいことがあるからといって森林の素人である法専門家に一から説明を説き起こすこともできず、結局、質問することをあきらめてしまっていました。

そして法律の暗闇を、ずっと手探りできたのです。

＊

本書は法専門家の方々に森林のことをよりよく知っていただくために、森林の現状や制度の概要についての説明に大部を割いていますが、それは、こうした理由によるものです。

法専門家の方々が扱っている森林業以外の産業分野は、農業を筆頭に、サイクルが1年単位の世界です。しかし、森林の分野は、短くて30年、通常50年～60年という世界ですから、いろいろと事情が違ってきます。

どのように森づくりをするのがよいのか、といっても、今よかれと思ってやったことも、その結果を見るのは次世代ですし、その間、自然災害や獣虫害、戦乱の急な需要に対応する必要などもあって、そもそも計画どおりにはいきません。

自分が手がけたことの成果を自分の命があるうちに見るのが困難な林業という仕事は、現代社会の産業が前提としているリクツ（計画立案→目標達成

への筋道が、科学的に立証可能であること、よって目標達成できなかった場合には、責任が伴うということ）では到底割り切れることができない世界です。

　もちろん林業にも、さまざまな指南書があり、歴史の古い研究機関や各自治体の実証実験施設も数多くありますが、それでも、科学的に明確なエビデンスが先行して森林計画や施業計画を立てるというものではなく、ある意味永遠の実験途上なのです。

　そのようなわけですから、どうしても、私たち司法の人間が当然あるものと思い込んでいる、他の産業分野と同程度の確実性の根拠材料が足りません。ところが他方で、森林業の世界の人々は、その世代なりにいろいろ勉強して（自治体や研究機関主催の講習は、受けきれないほど多様にあります）、これが正しいのだとの考えでやっていることですので、どうしても感覚にずれが生じます。

　森林科学においては、生態学的な不確実性の幅が、農業や医療といった他の自然科学の領域とは比較にならないほど大きいのです。より大きな時間的・空間的スケールの中で確定的な遷移過程と特定の均衡があるわけではないのですが、しかし、そういう中でも「少なくともこれは確かだ」ということは、あります。

　森林業界に溢れる情報の質を見極め、立証する力がなくてはなりません。

　裁判にあたっては、都会の進学校育ちの、木といえば日比谷公園という裁判官たちに、こうした前提の違いから理解してもらわなければならないのですから、弁護士としては相当勉強して臨まなければならないことは、明らかです。一冊の本でご理解いただくのは到底十分ではありません。

　不十分は十分承知のうえで、まずここで、現在の森林業界を取り巻く状況と、そこに至った簡単な道筋のみご紹介しておくこととします（なお、「第2章　森林・林業をめぐる法体系の概観」では、より詳しくわが国の近代以降の森林政策を解説しています）。

▶森林業業界のこれまで

　林業は長く、わが国の経済成長の蚊帳の外で衰退産業の位置づけに甘んじてきたようにみえるかもしれません。しかし、国家の政策としては、森林が国土保全の基盤であることが忘れ去られたことはありませんでした。

3

　そもそも、各都道府県には、森林政策実行の実働部隊ともいえる森林組合があり、全国では607組合ありますが、そのうち経常利益を計上しているのは553組合もあります（農林水産省「令和4年度　森林組合一斉調査結果」〈https://www.maff.go.jp/j/tokei/kekka_gaiyou/shinrin_kumiai/r2/index.html〉参照）。そして、全国の森林組合の総事業費取扱高の合計は、2700億円にも上ります。ですので、一般的イメージでは斜陽産業のように思われているかもしれませんが、実態は必ずしもそうではないことは、念頭においてください。

　さて、第二次世界大戦後、山林は戦争中の需要による過剰伐採で荒廃していました。そこで、拡大造林の掛け声の下、直ちに全国規模で植林がなされましたが、高度経済成長期の旺盛な需要に応えるには間に合わず、輸入材で需要を賄わざるを得ませんでした。

　コンクリート全盛の時代に入り、木材全般の需要が低下していく中、拡大造林した林野が順々に伐採適期を迎えていきましたが、そうだからといって直ちに、これまで外材を安く輸入していた構造を国産材に転換することはできず、輸入木材の優位が継続する状況が長く続きました。

　この長い衰退期に、多くの森林所有者は山林から都市生活者へと移っていき、相続が発生しても登記もされず、所有者不明の林地は増えていきました。境界に至っては、もともとさほど精確な地図が作成されたことはなかったのですが、時代が進んで測量技術が進歩しても、山林の測量には手が付けられず、現地を知る世代は鬼籍に入り、ほとんどわからなくなっていきました。

　拡大造林期にせっかく植林した山は間伐されずに放置され、伐採搬出しようにも林道は貧弱で、熟練した林業技術者が不足し、荒廃した山が多くなっていきました。

　そういう時代を経て、21世紀に入ると、今度は、やおら生態学的に健全な森林を保全することが重要だという考え方が、環境問題、地球温暖化問題とリンクして声高に言われるようになりました。

　その一方で、これまで日本に安く木材を輸出していた東南アジアやロシアが、国内の森林産業を保護する方向に政策転換しました。そこへさらに、

SDGs の観点から世界的に違法伐採への監視の目が厳しくなっていくと、わが国の森林政策は、環境の観点からも、木材需要の観点からも、大きな転換を迫られるようになりました。

　森林業を振興させなければ、やっていけない時代が訪れました。木材建築を推進してその利用を促進しようという気運になり、しかしその前提として国産材を伐採搬出するためには所有者不明・境界不明の問題に取り組まなくてはならなくなり、さらに林業労働者の育成の施策を講じ、またエネルギー問題の一助としてバイオマス発電にも注力していく必要がある、というふうに変わっていきました。

　これが、わが国の森林業の現在地です。

　本書はこうした現代において、森林・林業の実務に取り組む現場と、それをサポートする法専門家に役立てていただくよう、構成したものです。

　令和 6 年11月

品 川 尚 子

『森林業法務のすべて』

●目　次●

第1章　森をめぐるアクターたち

第2章　森林・林業をめぐる法体系の概観

第3章　森林の定義と基礎知識

第4章　森林計画制度の全体像

第5章　森林計画制度と森林の保全

第6章　森林経営管理制度の活用

第7章　森林の境界

第9章　森林データの収集と利用

第10章　環境の保全と森林

第11章　林業における育種

第12章　林業における労務管理

◎コラム

第1章　森をめぐるアクターたち

1　はじめに──川上・川中・川下

　川上・川中・川下という表現は、林業以外の他の産業分野でも一般的に使われています。おおまかに、原材料等の素材産業を川上、部品産業を川中、完成品産業を川下と呼んでいるでしょう。

　林業の場合、山で立木が伐採され玉切り（用途別に規定の長さの丸太に切り分けること）されて製材業者に引き渡されるまでが川上であり、それに携わる人々を「素材生産業者」といいます。

　続いて、引き渡された丸太から、柱材や壁材などの部品を作るのが川中、すなわち製材業者であり、建物などの最終的な完成品を作り消費者に届けるのが川下すなわち建設業、住宅メーカー、製紙会社、木質バイオマス発電所といったところです。

> ▶本章で解説する内容▶ ▶ ▶
> ☑　木材の流通構造（→ 2 ）
> ☑　川上の事業者（→ 3 ）
> ☑　川上と川中をつなぐ原木市場（→ 4 ）
> ☑　川中の事業者（→ 5 ）

- ☑ 川中と川下をつなぐ役割を担う事業者（→ 6）
- ☑ 川下の事業者（→ 7）
- ☑ 今後の課題（→ 8）

2　木材の流通構造

　わが国の木材の流通構造は、大要、次のように概観できます（〔図表1〕参照）。
　山から切り出された素材（丸太）は、原木市場を経由して、あるいは直送で、各種製材工場に運ばれていきます。素材のうち、最高品質のものは一本柱や単板になり、それ以下のものは張り合わせ加工等して集成材や合板になります。その過程で出た端材や低質のものは、チップとなります。製材工場で生産された木材製品（丸太を「素材」というのに対して、加工された木材を「木材製品」と呼ぶことが多いです）は、住宅メーカー等の建設事業者やホームセンターへ、チップは製紙業者やバイオマスエネルギー事業者に運ばれていきます。近年とみに、川中から川下にかけての資材需要や流通ルートは複雑さを増しています。

〔図表1〕　木材加工・流通の概観

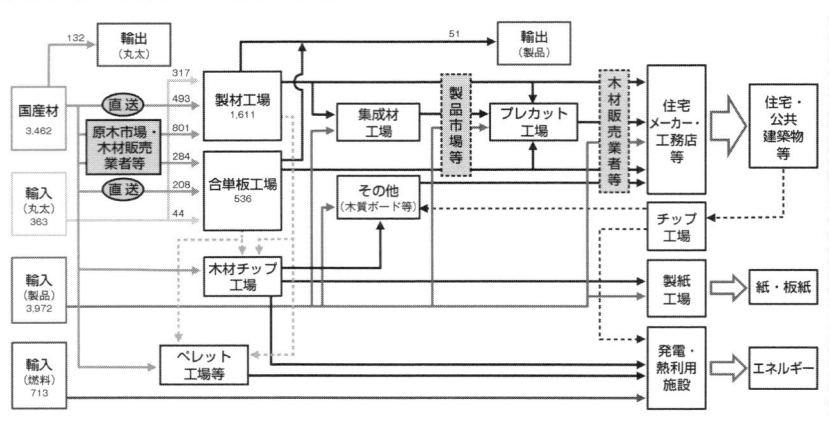

1　林野庁「令和 5 年度　森林・林業白書」参考図表〈https://www.rinya.maff.go.jp/j/kikaku/hakusyo/r 5 hakusyo/attach/pdf/sankou- 4 .pdf〉46頁。

3　川上の事業者

(1)　素材を産み出す人々

　川上は、木材流通の出発点であり、主として山で立木を伐採する素材生産業者を指します。広義では、伐採前の育林（植林、下草刈りや間伐）に携わる人々（森林所有者、苗木生産者、造林業者）を含めて指すこともあります。

　素材とは、山に立っている木を伐採して運び出した、樹皮などがついたままの丸太のことです。製材、合板、チップなどの製品となる前の、原材料形態の木材を広く指す言葉です。

　素材生産業者は、山から木を伐り出し、用途にあった規格（長さと太さ）の丸太を生産します。そうした作業はすべて山の中で行ってしまいます。現代は林業機械が高度に発達しているので、伐採から枝払い、玉切り（規格の長さに切り揃えること）、運搬車への集積まで一台の作業車（ハーベスタ、伐採しないものはプロセッサ）で行うことができます。

　なお、法専門家にありがちな誤解として、伐採したら、商品となる素材だけではなく、枝葉も幹も、間伐した立木も山から持ち出して廃棄しなければ廃棄物の処理及び清掃に関する法律上問題だなどと思い込んでいる場合がありますが（都市公園の樹木の剪定作業と混同しています）、山林から搬出するのは、商品となるものだけであって、その他は山に置き残すことになります。遠からず腐朽し、土壌の腐植（「腐葉土」の森林科学における呼称）となり、次世代の栄養となるのです。

(2)　川上の主たる事業者

　川上の事業者としては、森林組合や林業公社、民間の林業事業（経営）体（「○○林業」「△△林産」といった名称が代表的です）などがそれです。

　一方、組織形態をとらずに、単独あるいは家族で、または少数の仲間たちで林業を営んでいる場合もあり、それを自伐型林業といいます。

2　本書では、森林法の規定に即して、権原に基づき森林の土地の上に木竹を所有し、および育成することができる者を「森林所有者」といい（同法2条2項）、森林所有者その他権原に基づき森林の立木竹の使用または収益をする者を「森林所有者等」といいます（同法10条の7）。

㈦　森林組合

⒜　森林組合とは

森林組合の歴史は古く、明治40年（1907年）の第二次森林法により創設されています（**第 2 章 2 ⑵**参照）。森林組合法に基づく森林所有者の協同組織として、一貫してわが国の森林政策の主要なタスクフォースです。各道府県の地区ごとに森林組合はおかれており、都道府県の統括組織として森林組合連合会が、また全国組織として全国森林組合連合会があります。

森林組合は平成時代の前半に合併を繰り返して総数は減少しましたが、業務の効率化と高収益化を果たしている組合が多いです。また、財務体質が良好で事業収益力の高い組合が多いことも特徴です。

⒝　組合数・組合員数と所有森林面積

令和 2 年度（2020年度）において、全国の森林組合数は613組合、全国の組合員数は148万6979人です。森林組合自体は山を所有するものではなく、あくまで森林組合員の所有山林を、所有者に代わって森林経営することが目的です。森林組合員の所有森林面積は、全国で1056万952ha、全国の私有林面積全体の約 3 分の 2 を占めています。[3]

⒞　森林組合の経営状態

近年の森林組合の経営状態はおおむね良好です。令和 2 年度（2020年度）調査結果による総事業取扱高（森林組合の業務である、①森林整備、②販売、③加工、④指導の売上高の合計）の推移グラフによると、一組合あたりの総事業取扱高は年々増大していることがわかります（〔図表 2 〕参照）。[4]

⒟　森林組合の役割

森林組合の果たす役割は、その時代における森林資源の状況により変化してきましたが、基本的には、わが国の森林所有規模の零細さを、施業対象地の団地化と、施業そのもの共同化により、すなわち森林経営の協同組合化により克服しようとすることで一貫しています。

3　農林水産省「令和 2 年度　森林組合一斉調査結果」〈https://www.maff.go.jp/j/tokei/kekka_gaiyou/shinrin_kumiai/r2/index.html〉。

4　林野庁「森林組合の現状（令和 6 年 5 月）」〈https://www.rinya.maff.go.jp/j/keiei/kumiai/attach/pdf/index-55.pdf〉 5 頁。

〔図表2〕　森林組合の総事業取扱高の推移

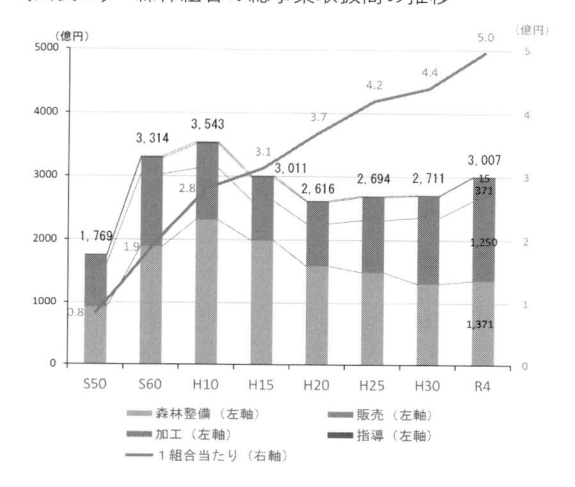

ここで、森林組合の軌跡を振り返っておきます。第二次世界大戦後は、戦争のため国内の森林資源が枯渇してしまった時代でした。そこで全国的に拡大造林政策をとり植林・育林にいそしみましたが、眼前の需要に応えるため木材の輸入自由化政策がとられたことにより、国産材市場は著しく低迷する時代に突入しました。しかし、全国の森林組合はその期間も、造林と森林整備に注力してきました。

平成時代の後期になると、国際的に地球温暖化対策の必要性が叫ばれた影響もあり、わが国森林業に大きな転機が訪れました。

平成24年（2012年）の森林林業再生プランにより、国の政策が林業の活性化と国産材の活用方針に舵を切ると、森林組合の役割は、森林経営計画（**第6章**参照）の作成を最優先の業務とするようになり、それに伴い、施業の集約化、路網整備を積極的に担うようになりました。

平成28年（2016年）の森林組合法改正ではさらに、森林組合連合会も林業事業体として森林経営ができるようになりました。製材工場等の大規模化が進んでいることを背景に、森林組合が生産する原木を取りまとめ、大口需要者との直接取引を行う役割を担うことが期待されたのです。

令和2年（2020年）の改正ではさらに進んで、森林組合間で、また、県を

またぐ森林組合連合会間での多様な連携手法の導入が可能となりました。森林組合内の事業の一部を切り出して、他の森林組合と広域連合を形成することが可能となり、木材の販売の強化や主伐後の再造林といった特定の事業に集中して取り組み、省力化・効率化を図ることが可能になりました。

　森林組合は、わが国森林業の実務を担う中心的存在であり、今後もその重要性は増していくものです。

　(イ)　生産森林組合

　(A)　生産森林組合とは

　生産森林組合とは、江戸時代に入会山であった森林について、それまでの慣習とおりに入会の活動をし続けたい人々らの利用を認めるために制度化されたものであり、森林組合法93条以下に規定されています。集落の森林所有者らが組合員として森林を現物出資し、さらに森林施業に従事する集落民も組合員となることで、森林の経営を共同して行う組織です（同法94条）。

　生産森林組合は、かつての入会林の近代化形態であり、昭和41年（1966年）制定の入会林野等に係る権利関係の近代化の助長に関する法律（入会林野近代化法）に基づいて設立が推進され、全国に3000を超えるものが誕生しました。その後、森林組合に併合されるなどして次第に解散・縮小しているものの、令和4年度（2022年度）末において全国に依然として2571組合が存在します。

　(B)　生産森林組合の事業内容

　事業の内容は、集落有林の森林経営、環境緑化木または食用きのこの生産、森林を利用して行う農業、委託を受けて行う森林の施業または経営ですが、令和4年度（2022年度）のデータでは、事業収入のあった生産森林組合は全体の26%で、活動は低迷している状況です。[5]

　(ウ)　素材生産業協同組合

　素材生産業協同組合（素生協）とは、素材生産業者の組織であり、全国に

5　林野庁「森林組合の現状（令和6年5月）」〈https://www.rinya.maff.go.jp/j/keiei/kumiai/attach/pdf/index-55.pdf〉19頁、永田信『林政学講義』（東京大学出版会・2015年）38頁、山下詠子「生産森林組合の解散と解散後の森林管理」入会林研究36号（2016年）5頁以下。

16の協同組合があり、そのほとんどが県単位で構成されています。全国の事業体の数としては約800です。その全国組織として、全国素材生産業協同組合連合会があります。

　事業の主たる内容は、会員の取り扱う立木の協同購入、協同販売、機械器具類の協同購買、その情報の提供、技術指導等です。

　　㈢　林業公社

　林業公社とは、森林所有者による整備が進みにくい地域において、森林資源の造成および公益的機能の維持増進を目的として、昭和33年（1958年）に分収林特別措置法が制定されたことを契機に各地で、主として県単位で設立された法人です。

　財源は、造林補助金や県・市町村からの借入金ですが、造林育林の期間長期間収入がなく、その間木材価格の長期的な下落傾向があったことから、経営難に陥ったところが多く、平成12年（2000年）頃から全国的に経営改善計画に取り組んできています。[6]

　令和2年（2020年）3月末現在、24都県に26の林業公社が設置されています。

　　㈣　林業事業（経営）体

　林業事業（経営）体とは、文脈により、森林組合、林業公社、素材生産業者を含めた森林施業を行う事業（経営）体を包括的に示す場合もあれば、森林組合を除いた民間の事業体のみを示す場合もあります。自伐林家（**本章3⑵㈥**参照）を含める場合もあります。昨今は、森づくりのNPO法人の設立や、建設業者が職域を広げて参画するようになるなど、他分野からの進出も目立っています。

　なお、林業技術者の雇用環境は長く不安定な条件下におかれていたところ、平成8年（1996年）制定の林業労働力の確保の促進に関する法律5条の規定に基づき、「雇用管理の改善」と「事業の合理化」に一体的に取り組む意欲と能力のある林業事業体の育成が進んでいます。都道府県知事の樹立する基本計画（同法4条1項）に基づいて、事業体が、「労働環境の改善、募集

6　林野庁整備課「林業公社の現状と課題（平成20年1月18日）」〈https://www.soumu.go.jp/main_sosiki/kenkyu/kenzen/pdf/080118_1_3.pdf〉。

方法の改善その他の雇用管理の改善及び森林施業の機械化その他の事業の合理化を一体的に図るために必要な措置……についての計画」（改善計画）を作成し、都道府県に提出し、認定を得た場合、「認定林業事業体」として、さまざまな支援を受けられるしくみとなっています（同法5条1項）。

㈤　自伐林家・自伐型林業

林家とは、保有山林面積1ha以上の、家族で林業経営をしている世帯をいいます。林業で生計を立てているかは問いません。農林水産省が5年ごとに行う「農林業センサス」によると、令和2年（2020年）の林家数は69万戸であり、平成27年（2015年）の83万戸より減少となっています。一方で、林家の保有山林面積の合計は、令和2年（2020年）が459万0521haで、平成27年（2015年）の517万4793haからの減少となっていますが、一林家あたりの保有山林面積は、増加となっています[7]。

自伐林家という言葉には明確な定義はありませんが、保有山林において素材生産を行う、すなわち主伐を行う、家族経営体のことを指すことが多いです。全国で約6600経営体が確認されており、わが国の素材生産量の約1割を生産しています。

自伐型林業とは、山林を所有していない場合でも、山林を借用し、または施業を受託するなどして小規模かつ軽装備な林業を営んでいる場合を指します。高性能林業機械を保有することが困難なため、施業規模や収益性に一定の限界があります。週末ボランティアのような働き方から、専業・兼業まで、多様な働き方を実践しており、地域活性化の観点からも最近注目されています。

㈥　森林施業プランナー

わが国の私有林の所有構造は小規模・分散的であるため、森林経営を経済ベースに乗せて十分に活用するには、隣接する複数の森林所有者に働きかけをして、効率的な経営計画の提案を行い、森林を取りまとめて路網整備や森林整備を行うこと、すなわち施業を集約化していくことが必要不可欠です（〔図表3〕参照）[8]。

7　林野庁「令和3年度　森林・林業白書」〈https://www.rinya.maff.go.jp/j/kikaku/hakusyo/r3hakusyo/zenbun.html〉94頁。

〔図表３〕　施業集約化

〈集約化されていない場合の路網〉

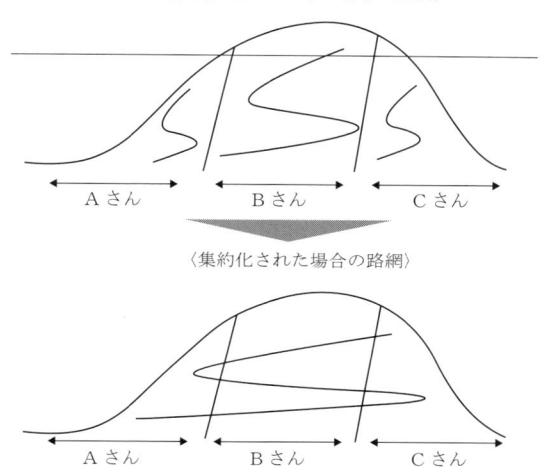

〈集約化された場合の路網〉

　こうした「提案型集約化施業」の役割は、従前は主として森林組合の職員が担っていたところではありますが、平成18年（2006年）以降、林野庁は認定資格として森林施業プランナーの育成を図ることとして研修カリキュラムを策定し、平成24年（2012年）からは民間団体である森林施業プランナー協会がその認定を行うようになりました。

　森林施業プランナーのほとんどは、森林組合や林業事業体の職員です。従前との違いは、森林経営計画制度が平成24年（2012年）に始まったことに合わせて、現場からの収益を最大化するコスト計算能力、施業団地の路網計画、単に森林所有者の言いなりになるのではなく、森林のあるべき将来の姿を念頭におきながら現実の施業計画を立案するという総合的な知識と経験を兼ね備えた、より進んだ専門人材とする、というところにあります。

　森林施業プランナーは、地域の森林をよく知り、森林所有者との距離も近く、行政機関とも日々連携して、地域森林管理を担っていく人材です。

8　全国森林組合連合会編『森林施業プランナーテキスト〔改訂版〕』（森林施業プランナー協会・2016年）13頁。

(ク)　森林総合監理士

　森林総合監理士（フォレスター）とは、長年林業実務に携わり現場経験を有する人材の中から、さらに森林・林業に関する総合的な知識を有し、長期的・広域的なプラン形成をする能力がある人材として認められるための資格です。

　林野庁が、平成25年（2013年）4月に、森林法施行規則を改正して試験区分を設けたものであり、地域の現場に寄り添って、川上・川中・川下それぞれの事業や政策の立案・実行の支援をしていく人材として、平成26年（2014年）から登録が開始されました。林業普及指導員資格試験（森林法187条3項）の地域総合監理区分（森林法施行規則89条2号）に合格することが要件となっています。現在のところ、受験するのはほとんどが都道府県の林務専門職員やそのOBではありますが、広く一般に開かれた資格です。

　地域森林計画に沿って市町村森林整備計画を策定するなど、市町村行政の支援の側面で機能するほか、施業集約化を担う森林施業プランナーに対する指導・助言、森林調査、育林、森林保護、路網・作業システム、木材販売お

〔図表4〕　森林総合監理士と森林施業プランナーの役割

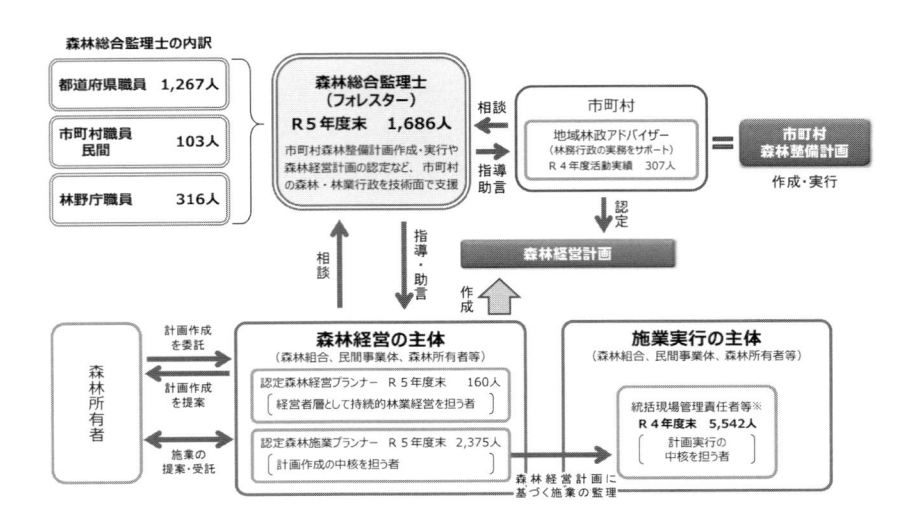

および流通に関する助言・指導、その中で関係者との合意形成に尽力する役割を担うことを期待されています（〔図表4〕参照）。

4　川上と川中をつなぐ原木市場

⑴　原木市場の働き

山で伐採され搬出された素材（丸太）は、そのままでは、樹種も、径級も、適用（直、曲がり、傷など）もまちまちです。そこで、これらを一か所に集め、仕分け・選別作業をして在庫管理し、買い求めやすい形にしておくと、その分の付加価値がつきます。

原木市場とは、国産材の流通機軸機構として、川上と川中の間で、選別・仕分け・在庫管理・与信管理機能を担うところです。素材生産業者からの委託を受け、自動選木機を使用するなどして仕分けをし、定まった日にセリ売りまたは入札の市場を建てて、需要者に販売するのです。その際一定の手数料を徴収して運営原資としています。

⑵　原木市場の運営主体

原木市場は、各都道府県の森林組合連合会（森林組合の都道府県ごとの統括組織）が運営していることがほとんどであり、その場合「共販所」という名称であることが多いです（〔図表5〕参照）。

一方、大規模な民有林林業地帯を有する地域においては、民間の市売市場が発展しており、協同組合形態や株式会社形態を有しています。

わが国有数の林業地域である大分県日田市の場合、市内だけでも7つの原木市場があり、うち5つが民間系、2つが単独の森林組合が市を立てる形態のものです。

9　林野庁「森林総合監理士（フォレスター）基本テキスト〔令和6年度版〕」〈https://www.rinya.maff.go.jp/j/ken_sidou/forester/attach/pdf/index-72.pdf〉17頁。

10　栃木県森林組合連合会「木材共販」〈http://www.tochimori.or.jp/jointsales/index.html〉。

〔図表 5〕　栃木県内の原木市場（木材共販所）

(3)　直送（直販方式）

　一方、原木市場を介することが流通経路の複雑化やコスト上昇の要因になるとして、原木市場を経由せずに大規模製材工場や合板工場へ直送する流通（直販方式）が増加傾向にあります。とりわけ近年は、バイオマス用材となる並材需要が増加していることから、選別や在庫管理の必要がなくなったことも要因の一つです。燃料用木材はロットも大きく、価格形成の影響力が大きいのです。

　そのほかに、後述の木材専門商社や木材問屋が、川上から直接原木を仕入れて川中の製材業者等に販売することも多いです。

(4)　多様化する原木市場の役割

　流通の合理化に向けて原木市場が新たな業態へ移行しようとする動きもあります。[11]

　具体的には、山土場から工場への直送をコーディネートしたり、市場の敷地を活用して集荷・選別して安定的に工場へ販売したり、輸出など事業の多角化に取り組んだりと、市場事業者が果たす役割は多様化しています。

11　赤堀楠雄「原木市場の現状・最新動向は？　国産材原木はどのように流通しているのかを探る」（令和 2 年（2020年） 8 月25日）〈https://forest-journal.jp/market/26583/〉参照。

5　川中の事業者

(1)　川中の事業者の役割と種類

　川上から原木を購入し、川下のニーズに応じて木材を加工販売して川下の需要先に届けるのが、川中の役割です。

　主として柱材を生産する製材工場、板材を生産する合単板工場、柱材・板材を集成材で生産する集成材工場が代表的なものであるので、以下に説明します。そのほか、バイオマス燃料や製紙工場に出荷するチップ工場等の種類があります。

(2)　製材工場

　製材工場では、原木市場あるいは素材生産業者からの直接買入れにより仕入れた丸太に、必要に応じて人工乾燥や防腐加工を施し、川下の需要ごとの規格に合わせたカッティングを施します。製品は、川下の事業者に直接販売されることが多いですが、製品市売市場に出される場合もあります（製品市売市場については**本章6**(1)参照）。

　製材工場が、合板工場や集成材工場といった加工工場も併設していることは珍しくありません。その中でも近年は、プレカット工場の躍進が著しいです（〔図表6〕参照）。

〔図表6〕　プレカット率の推移

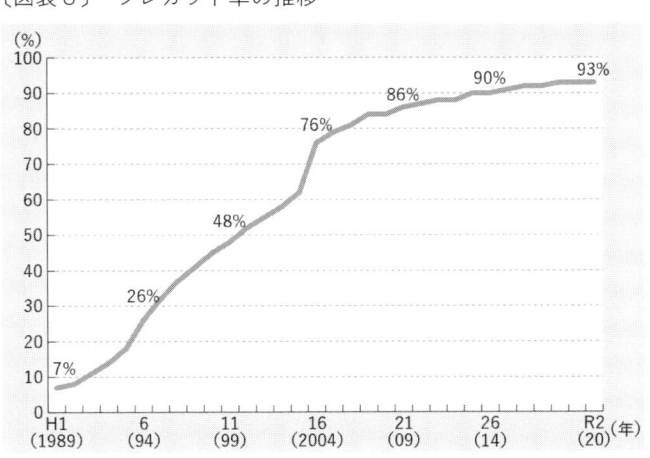

　プレカットとは、木造軸組工法で用いる柱や梁、床材や壁材等の部材を、建設現場での施工前に、CAD（Computer Aided Design）で作成した図面データを工場に転送して必要な寸法に切断したり接合部の加工を施しておくことをいいます。作業効率がよく、精度の高い均一化された製品が供給できること、工場で強度を確認して構造計算まで行うことが可能ですから、すでに現代の木造建築の主流となっているともいえます。

　製材品にプレカット加工を施すプレカット工場は、川中でもあり川下でもあります。製材工場が付設している場合もありますが、建設会社が併設する場合もありますし、独立した企業である場合もあります。

⑶　合単板工場

　単板とは、原木を薄く（0.2mm 〜 6 mm 前後）切り削ってできた板のことです。

　合板とは、単板を、木目の縦目と横目が交互になるように（直交）、奇数枚重ね、接着剤で貼り合わせてつくった板のことです。狂い、反り、割れが出にくく強度も安定しているうえに、製材品では実現困難な大きな面材を生産することが可能となるので、壁・床・フロア合板などに向いています。

　かつては国内で生産される合板のほとんどは、東南アジアからの輸入材（「ラワン材」などと呼ばれることが多かったです）でしたが、21世紀に入ってからは、間伐材等を利用した国産材の利用が進んでいます。平成30年（2018年）には、国内生産における国産材の割合が85％にも上っています。[13]

⑷　集成材工場

　集成材とは、一定の寸法に加工された板を複数、繊維方向が平行になるように集成接着したものです。狂い、反り、割れ等が起こりにくく強度が安定しているうえに、繊維を平行に積層することで、直交では不可能な曲げの表現が可能となります。

　もともと住宅の構造用材に多く使われていましたが、近年、大断面集成材

12　林野庁「令和 3 年度　森林・林業白書」〈https://www.rinya.maff.go.jp/j/kikaku/hakusyo/r 3 hakusyo/attach/pdf/zenbun-34.pdf〉43頁。

13　林野庁「令和元年度　森林・林業白書」〈https://www.rinya.maff.go.jp/j/kikaku/hakusyo/r1hakusyo/zenbun.html〉179頁。

が著しく技術進歩したことにより、空間造形の自由の幅が広がり、用途が広がっています。

⑸　日本農林規格

木材の品質については、農林物資の規格化等に関する法律に基づく日本農林規格（JAS：Japanese Agricultural Standards）として、製材・集成材・素材・合板・フローリング・CLT（直交集成材）等の9品目の規格が定められています。JAS制度では、登録認定機関から製造施設や品質管理および製品検査の体制等が十分であると認定された事業者が、みずからの製品にJASマークを付けることができます（同法14条1項）。

6　川中と川下をつなぐ役割を担う事業者

⑴　製品市売市場・木材問屋・木材販売業者

製品市売市場は、製材工場などの出荷者から集荷した製品を、セリ売りにより販売するところです。国産材の取扱いが主体です。

これに対して、製材品を工場から買い取り、買い手に対して相対取引で販売する、すなわち問屋方式をとっているのが木材問屋です。取扱いは国産材、輸入材いずれの場合もあります。

材木店あるいは建材店と呼ばれる木材販売業者は、製品市売市場や木材問屋を通じて仕入れた製品を、地域の工務店などの建築業者に販売しています。

近年国産材の木材需要は増える傾向にありますが、そのような中にあっても製品市売市場・木材問屋・木材販売業者の取扱いは増えていません。その要因は、プレカットによる流通変化が大きいですが、それだけではなく、製材工場から大口住宅メーカーへの直接流通が拡大の一途であり、地域の中小工務店の受注力の低下がみられるからです。

製品市売市場等の取扱品目として安定しているのは、役物（施工後も表に見える柱や鴨居等のこと）と特殊材（長尺や大断面のもの）ですが、この分野も和室の減少など住宅様式の変化で市場規模は減少しています。

しかし、製品市売市場や木材問屋、地域の木材販売業者は、依然、地元の大工や工務店との直接のつながりにおいて需給情報を収集し発信するという

重要な役割を担っています。また、これらはオープン市場で価格形成しており、景気を直接反映する価格指標として重要でもあります。

（2）　木材商社

「需要と供給」といいますが、今どれほどの需要があり、それに対して供給がどれだけあるということが、数値的に見える化されることはかなり難しいです。つまり、農林水産業では、統計で「需給データ」等の言い回しをすることがあっても、需要と供給を独立に図ることはできておらず、それは要するに取引量のことをいいます。

しかしそこに、需給のギャップを、肌感覚というか、嗅覚というか、早耳というか、そういった感覚的なものでとらえる玄人がいて、何がどこで余っている、足りない、将来そうなりそうだ、と察知します。物流にも通じていて、どこにあるコンテナが、トラックが、どの程度空いている、どこの倉庫がいつ、どのくらい空く、だからどこに、いつ、どれだけ運ぶことが可能である、という情報網ももっています。

農業・水産業では「仲卸」「卸」「荷受け」とさまざまに呼ばれる立ち位置の商人がこれにあたり、林業においても「木材商社」と呼ばれるものがあります。〔図表1〕の「木材販売業者等」というカテゴリーは、主としてこれを指すものであり、川中と川下間にとどまらず、木材の流通過程のどこにでも顔を出します。

木材商社には、総合商社の子会社もあれば、地方の木材問屋が拡大したものもあり、また、原木きのこの種駒の生産会社が原木の需要と供給の情報にも通じるようになって、きのこ原木専門の商社へとなっていく場合もあり、とにかく態様はさまざまです。彼らの動きが表立つことはありませんが、国内全体の市場に精通して需要と供給を均すという、流通機構において非常に重要な役割を担っています。

7　川下の事業者

（1）　カスケード利用

製品市売市場や木材問屋、特に材木店（**本章6(1)**参照）を川下に入れる整理の仕方もありますが、主として川下というときは、建設会社、工務店、住

宅メーカー、家具製造業者、製紙会社、バイオマス事業者などの需要者および最終製品を消費者に提供する者を指します。

　森林業界では木材のカスケード利用を推進していました。カスケード利用とは、一本の木材を、Ａ材＝製材用、Ｂ材＝合板用、Ｃ材＝曲がり材や細い材で従来の製紙チップ用、というように段階的に余すことなく活用することが木材利用では大切なことだという考え方です。

　現実には、Ｃ材たる間伐材はそのまま林地に残し置かれることが多いです。これを切り捨て間伐といいますが、もとより山林の表土は植物の腐植よりなるものですから、特段問題があるわけではありません。しかし、搬出可能な範囲で、林地残材を木材チップとして利用し、経済的価値を与える途が探られてきたのです。

　木材チップは長く製紙パルプ用としてのみ利用価値がありましたが、東日本大震災後は状況が一変しました。

　川下では、従来からある製紙工場と近年台頭したバイオマス発電事業が原材料である木材チップをめぐって競合する関係にあり、今後の動向が注目されます。

(2)　木質バイオマス発電用チップの需要増大

　東日本大震災を契機として、平成24年（2012年）に導入された再生可能エネルギーの固定価格買取制度（FIT：Feed-in Tariff）により、各地で木質バイオマス発電施設が建設されてきました。令和5年（2023年）の木質バイオマス発電燃料用チップ利用量（間伐材・林地残材等に由来するもの）は、約492万 t を超えるに至りました。

　チップ価格は、FIT 開始当時は5000円台／m^3であったものの、徐々に価格上昇し、令和4年（2022年）末までの統計によると針葉樹チップ材の全国平均が7000円台／m^3に上昇しています。広葉樹チップ材にいたっては9000円／m^3程度になっています。[14]

(3)　製紙パルプ用チップの動向

　木質バイオマス発電が増える以前は、製材端材等の木材チップはもっぱら

14　農林水産省ウェブサイト「木質バイオマスエネルギー利用動向調査」〈https://www.maff.go.jp/j/tokei/kouhyou/mokusitu_biomass/index.html#r〉。

製紙用パルプ材原料とするほかの出口がありませんでした。製紙会社の立場は強く、チップ価格は長く低額に留め置かれていました。しかし、木質バイオマス発電の登場は状況を大きく変え、チップ価格の上昇を招き、製紙業界は輸入材に依存するようになりました（〔図表７〕[15] 参照）。

〔図表７〕　紙・パルプ用木材チップ価格の推移

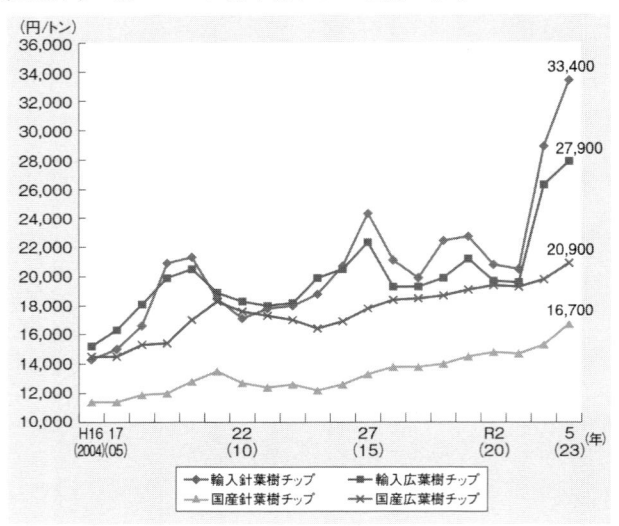

8　今後の課題

　木質バイオマス発電の広がりは、これまで森林に捨てられていた間伐材等の林地残材が有効活用されるようになった点、カスケード利用が実現したことと評価できます。

　また、木質チップ利用量に価格を単純に乗じても、年間70億円近い燃料購入費を産み出していると算定され、雇用創出や地域振興に大きな役割を果たしたことは確かです。

　その一方で、現在、急激に基数が増加した木質バイオマス発電所が燃料の

15　林野庁「令和 5 年度　森林・林業白書」参考図表〈https://www.rinya.maff.go.jp/j/kikaku/hakusyo/r 5 hakusyo/attach/pdf/sankou- 4 .pdf〉43頁。

不足に悩まされるようになっており、Ａ材やＢ材まで、発電事業に使用される現象が発生しています。建築材や合板材が見合った価格で流通できるよう、森林施業の集約化や路網整備、機械化を進展させるとともに、森林所有者や境界不明問題の解決により効率よく林地残材をチップ原料化することができるよう、森林業全体の事業環境を整備することが求められています。

森の内緒話① ヒル対策

　ハチ、マダニなど山の害虫はいろいろですが、やはり精神的にも一番堪えるのはヒルではないでしょうか。森林・林業関係者も、実務系・研究系・学生を問わず、みなさん、ヒルは嫌いです。

　では、そのヒルにやられないための防御手段を最大限講じていらっしゃるかというと、そうでもないのが森林・林業関係者の鷹揚なところです。

　ヒルは、足元から頭にくるまで30秒といわれており、その間ちょっとでも衣服に隙間があれば、すかさず入り込んできて血を吸います。私の知る限りでは、研究者や学生には、長靴とズボンの境目をガムテープで巻いて、入らないようにしている人が多いように思います。

　実務の人は、「ヒルが多くて、まいっちゃったよ！」とか言いながら、何も対策しない人がほとんどのように見受けます。

　みなさんそれぞれ、1つ2つの防御の知恵をおもちですが、私は、そうして聞きかじったことをすべて実践しています。

　まず、膝までの長靴に、ヒル殺虫スプレーを念入りにまく。インターネットで検索すれば2種類〜3種類出てきます。大体これで下からのヒルは、膝にくるまでに丸まって死んで、長靴に引っ付いています。長靴とズボンの境目はもちろん、ズボンと上着の境目にも、ガムテープを廻しておきます。身体と下着には、エアーサ○○○スをスプレーしておきます。この匂いが嫌いなのだと聞きました。そして衣服にも殺虫スプレーをまく。首に巻くタオルにもまく。帽子にもまく。

　ヒルは、環境によっては上からも降ってくる、と信じられています。

ヒトやケモノの体温や血の臭いを感知してダイブしてくるらしいのです。いくら私が防御しても、人間が集団でいるところに上から降ってこられては避けきれそうにありません。

　なお、この「上から落ちてくる」説に対しては、近年有力な反対説があり、定説を覆しつつあります、詳しくは樋口大良＝こどもヤマビル研究会『ヒルは木から落ちてこない。ぼくらのヤマビル研究記』（山と渓谷社・2021年）を読んでください。

　それから、森林・林業関係者は、これから行く現地にヒルがいるかどうかの情報を事前には教えてくれないので（事前に警告するほどの危機感はお持ちではない）、自分から積極的に問い合わせてください。

第2章　森林・林業をめぐる法体系の概観

1　はじめに——近現代の林政と法律

　法律は、時代に必要とされて誕生します。そこで本章では、法律群を単に列挙するのではなく、時代の背景に基礎づけられる法律誕生の理由と目的を把握していきます。

　さて、現代においてわが国は豊かな緑の山林に恵まれています。わが国の気候は温暖湿潤ですから、緑が豊かなのは当然のことだと考えてはいけません。いくら気候が温暖でも、森林の過剰伐採や植生のはく奪をほしいままにし政策的なコントロールを利かせることに失敗すると、大地を荒廃させ、やがて人間の住む場所ですらなくなります。そのような理由で衰退した古代文明があることは、知られたことです。

　わが国においても、都市の造営や戦乱などのたびに大量の木材を必要とし、森林資源枯渇の危機に幾度も直面してきました。直面しましたが、危うく踏みとどまってきました。為政者らは、学者や現場の声に耳を傾けながら、山野の保護・育成のための手を打ってきたのです。

　わが国の明治期以前の林政史は非常に興味深いものですが、本書の目的は、実務家のために法制度の現在地を説明することですから、近現代の林政と法律に絞って概観していくこととします。[1]

▶**本章で解説する内容**▶ ▶ ▶

- ☑ 　明治期から第二次世界大戦終了までの林業（→ 2 ）
- ☑ 　第二次世界大戦後の高度経済成長と林業（→ 3 ）
- ☑ 　林業の問題点の洗い出しと整理（→ 4 ）
- ☑ 　土地法制の改革と森林経営管理法（→ 5 ）
- ☑ 　森林・林業をめぐる法律と林政の流れ（→ 6 ）

2　明治期から第二次世界大戦終了までの林業

（1）　明治以前の概観

　江戸時代の浮世絵の背景の山々にはいわゆる「はげ山」が多いです。

　事実、燃料としての薪の採取や建築用材のため、江戸時代には森林の劣化・荒廃がかなり進んでしまいました。

　江戸時代よりはるか前の時代から、森林というものは、保全と収奪のバランスを巧みに舵取りしながら人間生活と共存させなければならないのだという、現代でいうところの「森林管理」の概念自体は認識されていました。そのため、江戸時代に幕藩体制が確立すると、各藩は藩財政の基礎を固めるという目的もあって森林の保全に力を注ぎ始めます。寛文 6 年（1666年）に徳川幕府が「山川の掟」を出し、災害防止のための禁止事項を明らかにしたほか、各地で林況に応じた禁伐令等が出されました。[2]

　17世紀に森林消失が顕著となったことが機縁となり、18世紀から次第にわ

1 　本章で個別に紹介する文献のほか、永田信『林政学講義』（東京大学出版会・2015年）、徳川林政史研究会編『森林の江戸学』（東京堂出版・2012年）、鵜飼信成ほか編『講座日本近代法発達史⑽資本主義と法の発展』（勁草書房・1961年）、柿澤宏昭『日本の森林管理政策の展開』（日本林業調査会・2018年）、東京農工大学農学部森林・林業実務必携編集委員会編『森林・林業実務必携〔第 2 版〕』（朝倉書店・2021年）、日本造林協会『造林関係法規集〔令和 6 年度追補版〕』（日本造林協会・2024年）、山野目章夫『土地法制の改革──土地の利用・管理・放棄』（有斐閣・2022年）、三浦辰雄ほか「座談会　歴代林野庁長官大いに語る」林業技術370号（1973年）などが参考になります。

2 　文部科学省『高等学校用森林科学』（実教出版・2013年）286頁。

が国で人工林林業が広まっていったとされています[3]。

　もっとも、現代のように一斉に植林して手厚く保育するようになったのは一部の林業地であり、他の地域では天然林に手を加えていく程度のものです。この頃に人工林林業を定着させた林業地はいずれも現代まで続く歴史ある林業地であり、スギの樽板材の吉野、弁甲材の飫肥、こけら板の近江、木炭の尾鷲、小丸太の青森といった銘柄材が成長していきました。

(2)　森林法の成立と第二次森林法

(ア)　森林法の成立

　明治期に入り幕藩体制が崩壊してからしばらくは、明治政府が森林政策にまで手が回らず、森林については政策的空白期間となってしまいました。その間、人口の急激な増大や殖産興業政策と商品経済の発達により、建築用資材としての木材の需要が増大し、森林保全の契機が弱まり、乱伐が顕著となってしまいました。

　明治14年（1881年）に農商務省が設置され、官民有区分、つまり国有林・私有林の区分がおかれ、国有林は農商務省山林局が所轄するところとなりました。これが、わが国の近代的森林政策の始まりといってよいでしょう。

　当時、森林資源の荒廃は、燃料資源の枯渇や災害の頻発などの深刻な事態を招いていました。

　明治29年（1896年）に大水害が発生したことを契機に、いわゆる治水三法（河川法、森林法、砂防法）が成立しました。森林法の成立は翌年の明治30年（1897年）であり、これにより、森林を国土保全目的において理性的に管理運営する国家政策が敷かれることになったのです。

　森林法では、保安林制度が創設されました。保安林というのは、水源涵養保安林（面積が一番多い）、土砂流出防備保安林、土砂崩壊保安林などの目的に合わせて施業（間伐や皆伐など）規制をするものですが（**第 5 章 2 (1)参照**）、これによって本格的に森林治水事業が開始され、森林の伐採が規制されるようになっていったのです。

3　江戸時代以前のわが国の森林管理の諸相については、コンラッド・タットマン『日本人はどのように森をつくってきたのか』（築地書館・1998年）に詳しく研究報告されています。

　明治32年（1899年）には国有林野法が制定され、国有林野特別経営事業が開始されました。この法律に従って、全国の無立木状態の荒廃した山々に、積極的に植栽等が行われるようになりました。ドイツの施業案規程を参考にした森林経営を、国有林が主導する形で進めることになったのです。

　　㈠　第二次森林法

　その後、明治40年（1907年）に、第二次森林法が成立しました。これにより営林監督制度と森林組合制度が新たに導入されました。これは、これまでの森林保全・災害防止のための森林法が、さらに進んで、国が民有林の森林経営を指導するということと、その下で効率的に運営するための実働部隊を備えるようになったものととらえることができます。

　森林組合というのは民有林の森林所有者が協同して森林経営するための組織ですが、この最初の森林組合は、任意設立であるが強制加入というものでした。森林経営は、ある程度の面積をまとめて団地化し、集約的施業をすることが必要であるとの認識を前提に、設立した以上その地区の森林所有者は全員加入すべしとの考え方です。第二次森林法は、国が、国有林施業にとどまらず、民有林の施業にも積極的にかかわっていくことを示したものといえます。

　このようにして積極的な森林政策が行われ、着々と造林面積を増やした結果、わが国の森林資源は質量ともに伸びをみせていきました。

　　㈢　第二次世界大戦まで

　大正時代から戦前までの時期、わが国の森林資源が充実してきたこともあって、人々が自然の風景を楽しむ観光・レジャーが定着するようになりました。

　昭和6年（1931年）にはそのような背景の下に国立公園法が制定され、昭和9年（1934年）から昭和11年（1936年）にかけて全国12か所の国立公園が設置されました。

　昭和14年（1939年）に勃発した第二次世界大戦は、軍需物資として大量の木材需要を招き、木材統制法、国家総動員法、輸出入品等臨時措置法による木材統制が敷かれるようになりました。

　同じく昭和14年（1939年）に森林法が改正されたことも、森林政策の戦時

体制化であり、国家権力が林業に全面的に介入するようになったことの表れです。営林の監督の面では、一団地50ha 以上のすべての森林について施業案編成が義務づけられました。森林組合の関係では、それまでの任意設立が強制設立に転じました。森林所有者はすべて森林組合に組織され、森林組合が林産物の計画的生産の役割を担うことになったのです。[4]

3　第二次世界大戦後の高度経済成長と林業

(1)　第三次森林法の成立──拡大造林

　昭和20年（1945年）の終戦により、復興資材として一層大量の木材が必要とされるようになったことから、国内の森林は大量に伐採されました。

　戦後復興期の昭和26年（1951年）に、現在に連なる第三次森林法が成立しました。重要な改正は、①伐採許可制度の導入、②森林計画制度の創設、③森林組合制度の改革です。このうち、①伐採許可制度は、乱伐過伐を抑制し、次の森林計画に則らせるためのものです。②森林計画制度は、従前の統制的な施業案制度をあらためて森林所有者の発意を取り入れて民主化したものですが、実質的な目的は、戦後林政の緊急課題である木材供給の増大であり、奥地林の開発でした。

　この時期、わが国の森林はかつてないスケールで人工林化を行いました。

　そもそも、わが国の自然の植生は、広葉樹林です。これを、高度経済成長による工業化と都市化の需要に沿うよう、広葉樹を伐採してスギ・ヒノキ・カラマツ等の針葉樹に植生改変を行っていったのです。これを、戦後の拡大造林と呼んでいます。[5]

　③森林組合は、戦争期の強制設立から任意設立に戻ることになりました。協同組合として組織化され、事業体として整備され、補助金の受け皿となり、政策を現場に伝える役割を担うこととなりました。林道の整備や機械化、木材加工流通を推し進める施策の一方で、「事業によつてその組合員又は会員のために直接の奉仕をすることを旨とすべきであつて、営利を目的としてその事業を行つてはならない」（現在の森林組合法４条）と明記され、無

4　深尾清造ほか「戦後林政の展開と森林法」林業経済研究120号（1991年）２頁以下。
5　文部科学省『高等学校用森林科学』（実教出版・2013年）288頁。

秩序な乱伐が戒められました。

(2)　高度経済成長と林業基本法

戦後の20年間は、わが国の経済発展に呼応して、わが国林業が最も豊かであった時期です。

昭和33年（1958年）には分収造林特別措置法が制定され、国有林や、民有林であっても、分収方式（森林の所有と経営を分離し収益を一定割合で分収する方法）により、造林を推進する施策を推し進めました。

昭和39年（1964年）には、林業基本法が制定されました。さまざまな個別法が制定・改正されてきたことを受けて、後発的に、その指導理念たる基本法の制定に至ることは、他の法律分野でも一般的にみられる現象です。

このときの林業基本法は、林業者の所得を向上させるための林業経営形態の整備や経営方法の合理化、林道網の充実、分収造林方式の促進や入会権に係る権利関係の近代化等について必要な施策をとる必要性をうたうものでした。

昭和41年（1966年）には、入会林野等に係る権利関係の近代化の助長に関する法律が制定されました。その立法趣旨は、従来のムラ社会における入会林野を、より機能的な生産森林組合に移行させようとするものでした。国内林業の近代化を前に、森林所有者らを時代に適合した森林計画の担い手として組み込んでいこうとするものです。

(3)　木材の輸入自由化

拡大造林政策による国を挙げての木材生産増強努力にもかかわらず、高度経済成長時代の旺盛な木材需要を満たすことはできませんでした。そのような国産材の供給不足を補ったのが、原木を中心とした木材の輸入でした。政府は、木材需要の急増に伴う木材価格の高騰等に対応するため、昭和35年（1960年）の貿易・為替自由化計画大綱、昭和36年（1961年）の木材価格安定緊急対策に基づき、原木、製材、合単板等の輸入自由化を段階的に実施することとしました。各地の港には臨海型木材団地が造成され、外材輸入のための基盤整備が進められていきました。

この時代は、戦後、国を挙げて拡大造林をした、その後の育林期であったから、輸入材で国内需要を賄うのは必然と認識されていました。当時は、こ

うした外材依存は、国内の森林資源が再び成熟するまでの一定期間に限ったものである、基本的には外材流入を規制して国内林業はきちんと保護していきべきであるという考えが優位でした。

　しかし、昭和46年（1971年）のニクソンショック、変動為替相場制への移行と円高基調、それに続く昭和48年（1973年）の第一次オイルショックにより木材価格は暴騰しました。そうなっては、いきおい、国内の外材規制論は声が小さくならざるを得ません。そこへもって、円高が進行し、輸入材は一層の価格下落となりました。

　国内林業低迷の時代の始まりであり、山村の過疎化と高齢化が進んでいきました。

　これに対して、国は、昭和51年（1976年）に林業・木材産業改善資金助成法、昭和54年（1979年）に林業経営基盤の強化等の促進のための資金の融通等に関する暫定措置法を制定して底支えを試みましたが、効果はなかなか発揮されませんでした。

（4）　林業低迷の時代へ

　昭和49年（1974年）の森林法改正においては、①森林計画制度、②林地開発許可制度が大きく変更されました。

　①森林計画制度については、４整備目標が立てられるようになりました。４整備目標とは、森林計画制度立案において、木材生産だけではなく、水源涵養の目的、山地災害防止の目的、保健保全の目的とする面積をも指定するものです。ここにおいて、森林法は、森林の公益的機能保護という基本的視座を、再び取り戻すことになりました。

　②林地開発許可制度は、民有林における１ha以上の林地の開発行為は都道府県知事の許可を要するものとし、開発行為が土砂の流出や崩壊等を発生させるおそれがある場合、環境を著しく悪化させるおそれがある場合は不許可とし、違反者に対しては開発行為の中止や復旧を命ずるというものです。

　その後、昭和53年（1978年）に、森林組合法が森林法から独立して単独法となりました。

　一方で、戦後拡大造林した人工林は成長し、管理育成（成林の目標設定と計画的な間伐）が必要な段階に入っていきました。数次にわたる森林法改正

により、森林計画制度が拡充されていきました。

(5)　日米貿易摩擦と林業・製材業

1985年（昭和60年）のプラザ合意を契機に、わが国の農政は、自由化圧力に直面しながら、国全体としては、未曾有の好景気の時代に入ります。円高による外材輸入のさらなる増大と、このころから広がる森林の公益的要請の高まりは、林業家に採算性への懸念を生じさせ、林業離れが加速し、山村の過疎が進行することになりました。

また、米国の双子の赤字と日本の対米貿易黒字により日米貿易摩擦問題がメディアを賑わせた時代であり、米国は木材の市場開放を強く要求しました。1986年（昭和61年）に成立した日米 MOSS 協議（市場志向型・分野別協議）の合意により、日本は電気通信、医薬品・医療機器、エレクトロニクス、林産物の 4 分野で関税障壁や非関税障壁を引き下げることを約束しました。

それに続く GATT ウルグアイラウンドでの合意の成果として、さらなる林産物の関税引下げがなされ、また米国材の規格である 2 × 4 住宅に適合するよう建築基準法が改正されました。

わが国の製材業は、この時期にその多くが淘汰されていきました。その結果、需要側が求める「大量のロットで、安定的に供給する」体制を実現した製材会社のみが生き残ることになったのです。[6]

(6)　国産材時代の再来をめざして

平成 3 年（1991年）にも森林法改正があり、森林計画制度における流域管理システムの確立など、民有林・国有林を連携してとらえる森林整備の推進が図られ、国産材低迷の時代に抗する林業振興の方途が模索されていました。

時を同じくして、平成 3 年（1991年）頃からバブル経済の崩壊が始まり、国内景気の減退期に入りました。国産材価格は長期にわたり低迷を強いられていましたが、安い国産材のために間伐等の管理育成をする動機づけがない

6　榎戸勇「日米貿易摩擦（木材）の背景──米国の製材事情」林業経済38巻 9 号（1985年）12頁以下、武田八郎「日米林産物モス協議と木材産業」林業経済研究112号（1987年）59頁以下。

まま時代が過ぎ、民有林では荒廃が進む状況となりました。

　輸入木材は、当初は原木丸太の輸入が中心でした。当時は、それを国内で加工して付加価値をつけて市場に流通させるというしくみがありました。ところが、新興国の木材輸出国も手をこまねいているわけではありません。新興国は、丸太の輸出をしなくなり、より付加価値の高い製材品の輸出を推し進める政策転換を行ったため、国内製材業は大きな打撃を受けるようになったのです。

4　林業の問題点の洗い出しと整理

(1)　地球温暖化対策の時代へ

　1992年（平成4年）にブラジルで開催された国際連合環境開発会議（地球サミット）、1997年（平成9年）の地球温暖化防止京都会議は、持続可能な森林経営の実現を、地球規模の課題解決のために必要な目標とし、わが国の森林業は、新しい転機を迎えました。温室効果ガスの排出量削減が合意され、森林は炭素の吸収源として一層の保全管理を使命とするようになったのです。

(ア)　地球温暖化対策推進法

　平成10年（1998年）、地球温暖化対策の推進に関する法律（以下、「地球温暖化対策推進法」といいます）が制定されました。同法は、その後数次にわたる改正により成長し続けながら、わが国の地球温暖化対策の基幹として機能しています。

　まず、1999年（平成9年）に、京都で開催された気候変動枠組条約第3回締約国会議（COP3）での京都議定書の採択を受け、わが国の地球温暖化対策の第一歩として、国、地方公共団体、事業者、国民が一体となって地球温暖化対策に取り組むための枠組みが定められました。

　平成14年（2002年）改正では、京都議定書の的確かつ円滑な実施を確保するため、京都議定書目標達成計画の策定、計画の実施の推進に必要な体制の整備等が定められました。

　平成17年（2005年）改正では、京都議定書が発効されたことを受け、また、温室効果ガスの排出量が基準年度（平成13年度（2001年度））に比べて大

幅に増加している状況も踏まえ、温室効果ガス算定・報告・公表制度の創設等が定められました。

　平成18年（2006年）改正では、京都議定書に定める第一約束期間を前に、諸外国の動向も踏まえ、クレジット（国家間共同プロジェクトによる温室効果ガスの削減量を、投資をした側の国の削減量として算入したり、売買したりする量）の活用に係る手続的事項が定められました。

　平成20年（2008年）改正では、京都議定書の 6 ％削減目標の達成を確実にするために、事業者の排出抑制等に関する指針の策定、地方公共団体実行計画の策定事項の追加、植林事業から生ずる認証された排出削減量に係る国際的決定により求められる措置の義務づけ等が定められました。

　平成25年（2013年）改正では、京都議定書目標達成計画に代わる地球温暖化対策計画の策定や、温室効果ガスの種類に 3 ふっ化窒素（NF 3 ）を追加することなどが定られました。

　平成28年（2016年）改正では、地球温暖化対策の記載事項として、国民運動の強化と、国際協力を通じた地球温暖化対策の推進が追加されました。

　令和 3 年（2021年）改正では、2020年（令和 2 年）秋に宣言された2050年カーボンニュートラルを基本理念として法に位置づけるとともに、その実現に向けて地域の再エネを活用した脱炭素化の取組みや、企業の排出量情報のデジタル化・オープンデータ化を推進するしくみ等が定められました。

　令和 6 年（2024年）改正では、JCM クレジット（途上国と協力して温室効果ガスの削減に取り組み、削減の効果を両国で分け合う制度）（Joint Crediting Mechanism）の発行、管理等に関する主務大臣の手続、主務大臣に代わりこれらの手続等を行う指定法人制度を創設したほか、地域共生型再生可能エネルギーの導入促進に向けた地域脱炭素化促進事業制度の拡充等が定められました[7]。

　　　（イ）　グリーン購入法

　平成12年（2000年）に、国等による環境物品等の調達の推進等に関する法律」（以下、「グリーン購入法」といいます）が制定されました。

7　環境省「地球温暖化対策推進法の成立・改正の経緯」〈https://www.env.go.jp/earth/
　ondanka/keii.html〉。

　グリーン購入法は、森林の違法伐採が国際的に問題視され、各国の対策が求められていることに対応した、わが国最初の違法伐採対策法です。

　まずは国等の行動として、合法性・持続可能性が証明された木材・木材製品等を、政府調達の対象とすることとしたものです。

(2)　森林・林業基本法の基本理念と森林・林業基本計画

　平成13年（2001年）、林業基本法は、森林・林業基本法と名称変更したうえ全面的に改正され、基本理念として、次の①〜④を宣言し、森林の整備・維持を進める方針が明らかにされました。

①　森林が有する国土の保全、水源の涵養、自然環境の保全、公衆の保健、地球温暖化の防止、林産物の供給等の多面にわたる機能（森林の有する多面的機能）が持続的に発揮されることが国民生活および国民経済安定のうえで欠くことができないものであること、そのために、森林の適正な保全・整備が将来にわたって図られなければならないこと（同法2条1項）

②　森林の適正な整備および保全のためには、山村において林業生産活動が継続的に行われる必要があり、山村の振興が図られなければならないこと（同法2条2項）

③　林業の担い手が確保され、生産性の向上が促進され、望ましい林業構造が確立されるべきこと（同法3条1項）

④　林産物の適切な供給および利用の確保のために、国民の理解を深め、林産物の利用の促進を図ること（3条2項）

　森林・林業基本法はまた、国が長期的かつ総合的な森林政策目標を決定する森林・林業基本計画を策定することを定め、既存の森林計画制度をその下に整理しました（同法11条）。最初の森林・林業基本計画も、平成13年（2001年）に策定されています。森林・林業基本計画は、20年程度将来を見据えて定められていますが、おおむね5年ごとに見直し、所要の変更を行っていくものです。[8]

8　林野庁「これまでの森林・林業基本計画等」〈https://www.rinya.maff.go.jp/j/kikaku/plan/koremadenokihonkeikaku.html〉。

(3)　問題点の洗い出しと当面の対処

　持続可能な森林管理の問題は、地球温暖化防止のための国際的な取組みアジェンダの上位に位置づけられるようになりました。

　ところが、わが国において持続可能な森林経営に取り組もうにも、すでに長年林業が低迷している状況です。都市部への人口流出、山林の価値の低下と所有者の無関心の結果、山林は手入れされずに荒廃し、所有者不明森林や数次相続された遺産共有林が増大し、林業の再活性化は容易な道のりではなくなっていました。

　戦後にとられた拡大造林政策から約半世紀を迎えるところで、わが国の森林資源は充実し伐期を迎えようとしていましたが、林業労働力の不足も顕著でした。

　そこで、平成 8 年（1996年）には、林業労働力の確保の促進に関する法律が制定され、林業事業体の雇用管理の改善、事業の合理化がめざされました。平成15年（2003年）からは、「緑の雇用」事業が開始され、新規就業者を対象とした研修等が行われています。

　また、同じく平成 8 年（1996年）に、木材の安定供給の確保に関する特別措置法が施行されています。同法は、森林資源の状況からみて林業的利用の合理化を図ることが相当と認められる森林の森林所有者等と事業者等を連携させて、木材の安定的取引の確立を内容とする木材安定供給確保事業を実施するため、これに関する計画の認定を受けさせて伐採搬出を促進し、また資金供給を円滑化しようとするものです。

(4)　地球温暖化対策としての持続可能な森林経営

㋐　モントリオール・プロセス

　国際社会においては、持続可能な森林経営を評価する客観的な「基準・指標」の定立が求められるようになっていきました。もっとも、自然のことですから、地域や気候帯によって森林のタイプも当然異なり、よって基準・指標を国際的に統一することは不可能です。そこで、1993年（平成 5 年）より属する気候帯により別々の基準・指標を策定する活動が開始され、わが国を含む環太平洋地域の冷温帯林諸国は、モントリオール・プロセスの定める 7 基準・54指標（2008年（平成20年）に最終案が整理されました）に基づき評価

されることになりました（**第10章３(3)参照**）。

このモントリオール・プロセスこそが、今に至る「新たな森林管理システム」（森林経営管理法や森林環境譲与税といった行政が強いリーダーシップを発揮する積極的な森林管理のしくみづくり）へとつながる起点となっています。

　(イ)　国際的な温暖化対策の国内法への反映

その後も、国際社会の地球温暖化対策の取組みは強化されていき、わが国においても、荒廃した森林の健全化に向けた施策の必要性は、地球温暖化対策の要として広く国民の理解が得られるようになってきました。

　(A)　間伐等特措法

平成20年（2008年）には、森林の間伐等の実施の促進に関する特別措置法（以下、「間伐等特措法」といいます）が制定されました。

間伐等特措法は、京都議定書の第一約束期間における森林吸収量の目標の達成に向け、平成24年度（2012年度）までの間における森林の間伐等の実施を促進するため、特別の措置を講ずることを内容として、公布・施行されたものです（その後、京都議定書第二約束期間、パリ協定に基づくわが国の目標期間に合わせて、平成25年（2013年）と令和３年（2013年）にそれぞれに改正・延長されています）。

　(B)　森林・林業再生プラン

翌年の平成21年（2009年）には、森林・林業再生プランが公表されました。

森林・林業再生プランは、10年後の木材自給率50％以上をめざす姿として掲げ、森林の多面的機能（水源涵養機能、土砂災害防止・土壌保全機能、物質生産機能、生物多様性保全機能、文化機能、地球環境保全機能、快適環境形成機能、保健・レクリエーション機能）の十全な発揮を図りつつ、木材の安定供給体制の確立、雇用の増大を通じた山村の活性化、木材利用を通じた低炭素社会の構築を図ることを宣言しています。

　(C)　公共建築物木材利用促進法

平成22年（2010年）には、公共建築物等における木材の利用の促進に関する法律（以下、「公共建築物木材利用促進法」といいます）が制定され、木造建築物の耐震性・耐火性をアピールして木材利用を促進する政策が展開されました。

〔図表 8〕　森林の多面的機能

　公共建築物木材利用促進法は、炭素固定のためには建築物の木造化を進めることで木材利用を促進し、もって伐採→造林による森林の若返りサイクルを促進しなければならない、という考え方に基づいています。以後、公共建築物の木質化が図られるようになりました。

　⒟　平成23年改正森林法

　平成23年（2011年）の森林法改正は、森林所有者または森林の経営の委託を受けた者が作成するそれまでの森林施業計画を森林経営計画に変更するとともに、森林の管理に、森林の多面的機能発揮への配慮を求める時代の幕開けを告げるものとなりました（**第 4 章 2 (3)(エ)参照**）（〔図表 8 〕[9] 参照）。

　⒠　森林認証の取組み

　国際社会は、地球温暖化対策の重要な要素として、特に熱帯雨林の違法伐採対策への取組みを急務としました。森林管理協議会（FSC：Forest Stewardship Council）などの森林認証の取組みが現れたのもこの時期です（**第10章 4 参照**）。

9　政府広報オンライン「木材を使用して、元気な森林を取り戻そう！」〈https://www.gov-online.go.jp/useful/article/201310/3.html〉。

(F)　Ｊクレジット制度

　平成25年（2013年）、農林水産省、経済産業省および環境省は、省エネ設備の導入、再生可能エネルギーの活用等による温室効果ガスの排出量削減や森林管理による吸収量をクレジットとして国が認証するＪクレジット制度を開始しました。

　森林管理分野においては、事業者が森林由来のクレジットを購入し、地域の森林保全活動等に資金が還流することを可能とし、それにより地球温暖化防止と地域振興を一体的に後押しすることができるように期待するものとなっています。

(G)　パリ協定に基づく森林等の吸収源・炭素貯蔵庫の保全・強化

　2015年（平成27年）のパリ協定では、2050年までに温室効果ガス削減80%目標が設定され、その５条に森林等の吸収源および炭素貯蔵庫を保全・強化する行動をとるべきことがうたわれました。そのため、わが国も、林業の成長産業化に向けて一層の努力をすることになりました。

(H)　クリーンウッド法

　わが国の違法伐採対策として、平成28年（2016年）には、合法伐採木材等の流通及び利用の促進に関する法律（以下、「クリーンウッド法」といいます）が制定されました。

　クリーンウッド法は、平成12年（2000年）グリーン購入法の趣旨を民間需要においても発展的に受け継ぎ、すべての事業者は合法伐採木材等を利用することが求められ、木材の製造・加工・販売を行う木材関連事業者は、扱う木材について合法性の確認方法を強化する措置を講じ、この措置が的確になされる事業者についての登録制度等を定めたものです。

5　土地法制の改革と森林経営管理法

(1)　所有者不明土地問題等の顕在化

　平成23年（2011年）を底に、わが国の木材自給率は再び上昇曲線を描き始めています。森林・林業再生プラン等の施策が少しずつ効果を発揮し始めたということでしょう（〔図表９〕参照）。

　しかし、森林整備を進めようにも、わが国には所有者不明土地や、多数共

〔図表9〕　木材供給量と木材自給率の推移

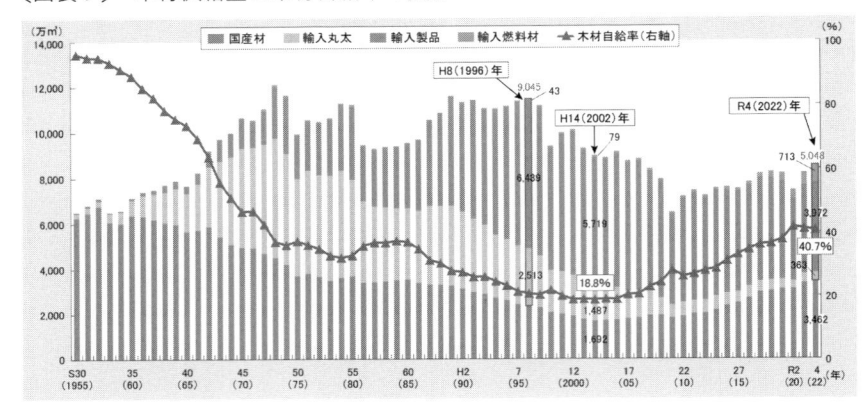

有者が数次相続を重ねているため現在生存している相続人が把握困難になっているところが多く、所有権者の同意獲得が困難な状況です。このことは、東日本大震災をきっかけにして、市街地や農地でも深刻な問題であることが一般に広く認知されるようになり、所有者不明土地や所有者による適正な利用・管理が期待できない管理不全土地問題の解決が、国家的課題としてクローズアップされるようになりました。

(2)　林業成長産業化総合対策

　そのような中、国産材自給率50%をめざして、平成30年（2018年）に、林業成長産業化総合対策が創設されました。

　戦後に造成した人工林が本格的な利用期を迎える中、これらの森林資源を循環利用し、林業の成長産業化を図ることが重要な政策課題となってきていました。

　林業成長産業化総合対策は、意欲と能力のある林業経営体に森林の経営・管理を集積・集約化するとともに、川上から川下までの連携による生産・加工・販売を一貫したシステムとして行うことを目標に掲げるものです。

　また、森林資源の活用により地域の活性化に取り組む地域を支援するた

10　林野庁「令和5年度　森林・林業白書」〈https://www.rinya.maff.go.jp/j/kikaku/hakusyo/r5 hakusyo/attach/pdf/zenbun-1.pdf〉122頁。

め、「林業成長産業化地域創出モデル事業」を創設し、優良事例を創出するとともに、全国への横展開を図っています。令和 4 年（2022年）までに全国50近い地域のモデル事業が採択されています[11]。

(3)　森林経営管理法および表題部所有者不明土地法

わが国の森林経営は小規模・零細であり、森林経営の基盤となる路網整備は十分ではなく、この効率的な路網整備が困難であるということは、それだけでも集約的・機能的森林整備の大きな障壁であり、そのために、木材の生産から加工流通までの多段階にわたって高コストな構造となってしまっています。この路網整備が困難であることの 1 つの原因は、所有者不明問題です。この問題に、いよいよメスが入れられる時代が到来しました。

まず、平成30年（2018年）に、森林経営管理法が制定されました（**第 6 章 2 (1)(エ)**参照）。

森林経営管理法は、荒廃森林の管理・再生に向けた取組みを、従来の森林組合等の民間事業者頼みから、地方自治体に主導権を担わせる画期的な法律です。この法律により、所有者（共有者）が不明であって同意がとれない森林

表題部（土地の表示）	調製	平成○年○月○日	不動産番号	○○○○○○○○○○
地図番号　U○−○　○−○	筆界特定	余　白		
所　在	○○郡○○町大字○○字○○		余　白	
	○○市○○字○○		平成○年○月○日合併に伴う変更 平成○年○月○日登記	

①　地　番	②　地　目	③　地　籍　m²	原因及びその日付〔登記の日付〕
○番の 2	宅地	○○ ┊ ○	余　白
	原野	○○	昭和○年月日不詳地目変更 錯誤 国土調査による成果 〔昭和○年○月○日〕
余　白	余　白	余　白	昭和○年法務省令第37号附則第 2 条第 2 項の規定により移記 平成○年○月○日
所有者	○○○○		

11　林野庁「令和 4 年度林業成長産業化地域創出モデル事業　類型別事例」〈https://www.rinya.maff.go.jp/j/keikaku/kouzoukaizen/R 4 model_jirei_ruikei.html〉。

であっても、また所有者が合理的な理由なく施業を不同意とする森林についても、森林管理を進めることが可能となりました。その財政的裏づけとして、森林環境税と森林環境譲与税の制度も新たに導入されることになりました。

森林経営管理法に続いて、令和元年（2019年）に、表題部所有者不明土地の登記及び管理の適正化に関する法律（以下、「表題部所有者不明土地法」といいます）が制定されました。

表題部所有者不明土地法は、前記のような不動産登記事項証明書の表題部所有者欄記載の住所・氏名が正確ではないため、所有者が判明しない土地について、法務局が所有者探索する制度です。

(4)　土地基本法等の改正

令和 2 年（2020年）に、土地基本法が改正されました。土地に関しては公共の福祉が優先するとの規定は改正前から存在していましたが、新たに、土地所有者にはその土地を管理する義務があること（同法 4 条）、そのために適切な負担が求められてしかるべきこと（同法 5 条）、国および地方公共団体は土地に関する施策を積極的に展開し、土地所有者はこれに協力するべきことが宣言されました（同法 6 条・7 条）。

なお、基本法と個別法とは、政策体系上、解釈運用において完全に整合することが要請されています。法律の成立の歴史的先後を問いません。むしろ、具体的政策的必要性から個別法が先に立法され、複数の同分野の個別法を通じて基本的理念を宣言する基本法が後から見出されているケースのほうが多いです。

森林・林業基本法の土地の利用・管理・取引に関する部分は、土地基本法との関係では、土地基本法が基本法で、森林・林業基本法が個別法とみることができ、整合する関係であることが要請されています。土地基本法の主務の国務大臣が国土交通大臣であるから、農林水産大臣が主務の大臣である森林・林業基本法とは基本法・個別法との関係に立たない、ということは全くありません。

また、令和 3 年（2021年）には、民法および不動産登記法が改正されました。森林経営管理法は、あくまで所有者が不明であったり不同意であったりする障壁に限り対処の途を拓くものですが、民法が所有者不明土地管理制度

や管理不全土地管理制度を備えたことで、境界が不明であるなど、面積や形状に係る不明の問題にも大胆に取り組む途が拓かれました。

　さらに、リモートセンシング技術の発達に伴い、令和2年（2020年）に、国土調査法が改正され、森林の現地において立会いをしなくても、画像上での境界確認が可能になりました。

(5)　近年の地球温暖化対策

(ア)　国際社会の動き

　この間、国際社会においても、国際連合を中心として国際的に拘束力のある森林に関する取決めを実現するための努力が継続されてきています。

　主な取組みとして、①いわゆるREDD＋（Reducing emissions from deforestation and forest degradation and the role of conservation, sustainable management of forests and enhancement of forest carbon stocks in developing countries）（途上国における森林減少・森林劣化に由来する排出の抑制、並びに森林保全、持続可能な森林経営、森林炭素蓄積の増強）、②国連森林フォーラム（UNFF：United Nations Forum on Forests）の設立、③国連森林戦略計画2017-2030などをあげることができますが、いずれも、困難な道のりながらも着実な前進を続けています[12]（**第10章3(4)(5)参照**）。

(イ)　国内の動き

　国内においても、令和3年（2021年）に、森林の循環利用の一層の促進をめざして、脱炭素社会の実現に資する等のための建築物等における木材の利用の促進に関する法律が成立しました。これは、平成22年（2010年）に成立した公共建築物等における木材の利用の促進に関する法律（公共建築物木材利用促進法）の題名が変更されたものです。

　改正の主眼は、法の対象が公共建築物から建築物一般に拡大した点です。また、農林水産省の特別の機関として木材利用促進本部が設置され、その下で政府一体となり、地方公共団体や関係団体等と連携し、建築物におけるさらなる木材利用の促進に取り組むこととなりました。

　同じく令和3年（2021年）には、間伐等特措法が改正されています。この

12　外務省「国連における森林問題への取組」〈https://www.mofa.go.jp/mofaj/gaiko/kankyo/bunya/shinrin_un.html〉。

改正では、令和12年度（2030年度）までの間における間伐等の実施や特定母樹の増殖、成長や雄花着生性等に関する一定の基準を満たす優れた種苗の母樹（以下「特定母樹」といいます）から採取された種穂から育成された苗木（以下、「特定苗木」といいます）を積極的に用いた再造林を推進することが定められています。これら特定母樹・特定苗木は、従来のものと比べ成長に優れることから、下刈り期間の短縮や伐期の短縮による育林コストの削減とともに、二酸化炭素吸収量の向上も期待されるものです。

(6)　今後の展望

コロナ禍を発端とする、2020年（令和2年）から始まったウッドショックにより、世界的に木材価格は高騰し、わが国の林業界にもにわかに活気が出てきました。そのようなチャンスのときでも、所有者不明・境界不明森林問題はあちらこちらで障壁となり、森林施業の進展を阻害してきています。

さらに、主伐後植林してもシカが苗木を食べてしまうので、植林できず、したがって主伐もしないでおくという悪循環が顕著であり、解決の糸口を見出せない状況にあります。長年の構造的な負の遺産は根深く、それを払拭するには、一層の努力と変革が必要です。

6　森林・林業をめぐる法律と林政の流れ

最後に、本章で言及したものを含めて、森林・林業をめぐる法律と林政の流れを整理しておきます。

(1)　森林・林業をめぐる法律

森林・林業をめぐる主な法律は、次のとおりです。[13]

☑　**森林・林業基本法**

森林および林業に関する施策について、基本理念およびその実現を図るのに基本となる事項を定めたもの

☑　**森林法**

森林の保続培養と森林生産力の増進とを図るため、森林計画、保

13　林野庁「関係法令」〈https://www.rinya.maff.go.jp/j/kouhou/hourei.html〉。

安林その他の森林に関する基本的事項を定めたもの

☑　**森林の保健機能の増進に関する特別措置法**

　　森林資源の総合的な利用を促進するため、公衆の保健の用に供することが相当な森林の保健機能の増進を図るために必要な事項を定めたもの

☑　**森林組合法**

　　森林所有者の経済的社会的地位の向上ならびに森林の保続および森林生産力の増進を図るため、森林所有者の協同組織たる森林組合、生産森林組合、森林組合連合会に関する制度について定めたもの

☑　**森林組合合併助成法**

　　適正な事業経営を行うことができる森林組合を広範に育成して森林所有者の協同組織の健全な発展に資するため、森林組合の合併についての援助、合併後の森林組合事業経営の基礎を確立するのに必要な助成等の措置を定めたもの

☑　**入会林野等に係る権利関係の近代化の助長に関する法律**

　　入会林野または旧慣使用林野である土地の農林業上の利用を増進するため、これらの土地に係る権利関係の近代化を助長するための措置を定めたもの

☑　**林業種苗法**

　　優良な種苗の供給により適正・円滑な造林の推進を図るため、種苗について優良な採取源の指定、生産事業者の登録、配布の際の表示の適正化等につき定めたもの

☑　**種苗法**

　　品種の育成の振興と苗種の流通の適正化を図るため、新品種の保護のための品種登録に関する制度、種苗業者の届出、指定種苗の指定・表示に関する規制等について定めたもの

☑　**森林病害虫等防除法**

　　森林病害虫等を早期にかつ徹底的に駆除し、森林の保全を図ることを目的として、農林水産大臣の駆除命令・駆除措置および都道府

県知事の駆除命令等につき定めたもの

☑ **森林国営保険法**

政府が森林について火災・気象災・噴火災による損害を対象として行う保険の実施に必要な事項につき定めたもの

☑ **森林保険特別会計法**

森林国営保険事業を経営するため、特別会計を定めたもの

☑ **分収林特別措置法**

分収方式による造林および育林を促進するため、分収林契約の定義、知事のあっせん、民法の特例、知事への事業の届出、変更勧告等を定めたもの

☑ **緑の募金による森林整備等の推進に関する法律**

緑の募金の健全な発展および国民が行う森林整備等に係る自発的な活動等の円滑化を図るために、その募金活動の基盤の強化等に関する措置を定めたもの

☑ **地すべり等防止法**

地すべりおよびぼた山の崩壊による被害を除却し、または軽減するため、地すべり防止区域等の指定および管理、地すべり防止工事等の施行および費用負担等について定めたもの

☑ **公共土木施設災害復旧事業費国庫負担法**

公共土木施設の災害復旧事業について、地方公共団体の財政力に適応するように国の負担を定めたもの

☑ **農林水産業施設災害復旧事業費国庫補助の暫定措置に関する法律**

農地、農業用施設、林業用施設（林地荒廃防止施設・林道）、漁業用施設および共同利用施設の災害復旧事業に要する費用に対する国の補助について定めたもの

☑ **天災による被害農林漁業者等に対する資金の融通に関する暫定措置法**

暴風雨、降雪、降霜等の天災によって損失を受けた農林漁業者および農林漁業者の組織する団体に対し、農林漁業の経営等に必要な資金の融通を円滑にする措置について定めたもの

☑　**激甚災害に対処するための特別の財政援助等に関する法律**
　　災害対策基本法に規定する著しく激甚である災害が発生した場合における、国の地方公共団体に対する特別の財政援助または被災者に対する特別の助成措置について定めたもの

☑　**農林漁業金融公庫法**
　　一般の金融機関が融通することを困難とする長期かつ低利の資金等を農林漁業者に対し、融通する農林漁業金融公庫の組織、業務等につき定めたもの

☑　**林業・木材産業改善資金助成法**
　　林業従事者等が行う林業経営もしくは木材産業経営の改善または林業労働災害の防止もしくは林業後継者等の育成確保のため、無利子の資金を貸し付ける都道府県に対し、国が助成する制度につき定めたもの

☑　**林業経営基盤の強化等の促進のための資金の融通等に関する暫定措置法**
　　林業経営基盤の強化ならびに木材の生産および流通の合理化を図るために必要な資金を農林漁業金融公庫等が融通する等の措置につき定めたもの

☑　**国有林野の管理経営に関する法律**
　　国有林野の適切かつ効率的な管理運営の実施の確保ならびに取得、維持、保存および運用ならびに処分について規定しているもの

☑　**農林物資の規格化及び品質表示の適正化に関する法律**
　　適正かつ合理的な農林物資の規格を制定し、これを普及させることによつて、農林物資の品質の改善、生産の合理化、取引の単純公正化および使用または消費の合理化を図るとともに、農林物資の品質に関する適正な表示を行わせることによって一般消費者の選択に資し、もって公共の福祉の増進に寄与することを目的とするもの

☑　**山村振興法**
　　山村における経済力の培養と住民福祉の向上等を図るため、山村振興の目標を明らかにし、山村振興計画の作成およびこれに基づく

事業の円滑な実施に関し、必要な措置につき定めたもの

☑　**半島振興法**

半島地域が他の地域に比較して低位にあるという観点に立ち、広域的かつ総合的な対策を実施するために必要な措置を講じて、地域住民の生活の向上と国土の均衡ある発展を図ろうとするもの

☑　**鳥獣の保護及び狩猟の適正化に関する法律**

鳥獣の保護を図るための事業を実施するとともに、鳥獣による生活環境、農林水産業または生態系に係る被害を防止し、あわせて猟具の使用に係る危険を予防することにより、鳥獣の保護および狩猟の適正化を図り、もって生物の多様性の確保、生活環境の保全および農林水産業の健全な発展に寄与することを通じて、自然環境の恵沢を享受できる国民生活の確保および地域社会の健全な発展に資することを目的とするもの

☑　**絶滅のおそれのある野生動植物の種の保存に関する法律**

絶滅のおそれのある野生動植物の種の保存を図ることにより、良好な自然環境を保全するため、国内希少野生動植物の保存に必要があると認めるときは、その個体の生息地等を生息地等保護区として指定することができる等につき定めたもの

☑　**中小企業経営革新支援法**

経済的環境の変化に即応して中小企業が行う経営革新を支援するための措置を講じ、あわせて経済的環境の著しい変化により著しく影響を受ける中小企業の将来の経営革新に寄与する経営基盤の強化を支援するための措置を講ずることにより、中小企業の創意ある向上発展を図り、もって国民経済の健全な発展に資することを目的とするもの

☑　**林業労働力の確保の促進に関する法律**

林業労働力の確保を図るため、基本方針等を策定し、事業主が一体的に行う雇用管理の改善および事業の合理化を促進するための措置ならびに新たに林業に就業しようとする者の就業の円滑化のための措置を講ずるとともに、都道府県知事が公益法人を林業労働力確

保支援センターとして指定することができる等につき定めたもの

☑　**木材の安定供給の確保に関する特別措置法**

　　木材の安定供給体制を整備するため、都道府県による地域指定および森林所有者等と木材製造業者等による木材の安定取引、設備の改善等に関する共同計画の認定とその支援のための措置につき定めたもの

☑　**森林経営管理法**

　　林業経営の効率化および森林の管理の適正化の一体的な促進を図るため、地域森林計画の対象とする森林について、市町村が、経営管理権集積計画を定め、森林所有者から経営管理権を取得したうえで、自ら経営管理を行い、または経営管理実施権を民間事業者に設定する等の措置を講ずることを定めたもの

☑　**森林の間伐等の実施の促進に関する特別措置法**

　　わが国の森林が京都議定書３条の規定に基づく約束の履行に果たす役割の重要性に鑑み、平成24年度（2012年度）までの間における森林の間伐等の実施を促進するため、市町村が作成する特定間伐等促進計画に基づく間伐等に関する特別の措置を定めたもの（平成25年（2013年）と令和３年（2013年）にそれぞれに改正・延長）

☑　**脱炭素社会の実現に資する等のための建築物等における木材の利用の促進に関する法律（旧・公共建築物等における木材の利用の促進に関する法律）**

　　建築物等における木材の利用を促進するため、木材の利用の促進に関し、基本理念を定め、国および地方公共団体の責務等を明らかにし、ならびに建築物における木材の利用の促進に関する基本方針等の策定、建築物における木材の利用の促進および建築用木材の適切かつ安定的な供給の確保に関する措置等について定めるとともに、木材利用促進本部を設置することにより、木材の適切かつ安定的な供給および利用の確保を通じた林業および木材産業の持続的かつ健全な発展を図り、もって森林の適正な整備および木材の自給率の向上に寄与するとともに、脱炭素社会の実現に資することを目的

　　とするもの

　☑　**宅地造成及び特定盛土等規制法**

　　　　盛土等による災害から国民の生命・身体を守るため、土地の用途
　　（宅地、森林、農地等）にかかわらず、危険な盛土等を全国一律の基
　　準で包括的に規制するもの

(2)　林政の流れ

　明治以降の林政史の代表的な事項を、年表にまとめました（〔図表10〕[14]参
照）。

〔図表10〕　林政の流れ

年　次	林　政	一般・国際動向
明治 2 年		版籍奉還
明治 6 年		地租改正
明治 9 年		官林調査仮条例制定
明治14年	農商務省設置（国有林設置）	
明治19年	内務省北海道庁	北海道国有林分離成立
明治22年	宮内省御料局	御料林分離成立
明治29年	河川法制定	
明治30年	森林法制定／砂防法制定	
明治32年	国有林野法制定（国有林特別経営事業開始）	
明治37年		日露戦争勃発
明治40年	森林法改正（公有林等による施業案制度の創設）	
大正 3 年		第一次世界大戦勃発
大正 9 年	公有林野官行造林法制定	
昭和12年	森林火災国営保険法制定	

14　林野庁「林政年表」〈https://www.rinya.maff.go.jp/j/kouhou/nenpyou.html〉。

昭和14年	森林法改正（50町歩以上の森林所有者に施業案編成義務等）／林業種苗法制定	第二次世界大戦勃発
昭和16年	木材統制法制定	
昭和20年		第二次世界大戦終戦
昭和22年	林政統一（国有林野事業特別会計法制定）	
昭和25年	造林臨時措置法制定（要造林地の指定等による積極的な造林の推進）／森林病害虫等防除法制定	
昭和26年	森林法改正（森林計画制度・伐採許可制度の導入）／国有林野法制定	
昭和29年	保安林整備臨時措置法制定	洞爺丸台風
昭和31年	森林開発公団法制定（森林開発公団設立）	
昭和32年	国有林生産力増強計画策定／森林法改正（普通林広葉樹の伐採届出制に変更等）	
昭和33年	分収造林特別措置法制定（分収方式による造林事業の推進）	
昭和34年		伊勢湾台風
昭和35年	治山治水緊急措置法制定	国民所得倍増計画策定
昭和36年	国有林木材増産計画策定／森林開発公団法改正（水源林造成事業の導入）	
昭和37年	森林法改正（全国森林計画・地域森林計画の新設等）	
昭和38年	森林組合合併助成法制定	

昭和39年	林業基本法制定	
昭和40年	中央森林審議会答申（国有林野事業の役割と経営のあり方）	山村振興法制定
昭和41年	入会林野等に係る権限の近代化の助長に関する法律制定／森林資源基本計画策定	
昭和43年	森林法改正（森林施業計画制度の創設等）	
昭和46年	国有林野の活用に関する法律制定	
昭和47年	林政審議会答申（国有林野事業の改善について）／国有林野における新たな森林施業の通達	国際連合人間環境会議
昭和48年	森林資源基本計画改定	第一次オイルショック
昭和49年	森林法改正（林地開発許可制度の創設等）	
昭和51年	林業改善資金助成法制定	
昭和52年	松くい虫防除特別措置法制定	
昭和53年	森林組合法制定（森林法から独立）／国有林野事業改善特別措置法制定／国有林野事業に関する改善計画策定	
昭和54年	林業等振興資金融通暫定措置法制定	第二次オイルショック
昭和55年	森林資源基本計画改定	
昭和58年	森林法改正（森林整備計画制度の創設等）／分収造林特別措置法改定（分収育林制度の創設）	

昭和59年	保安林整備臨時措置法改正（特定保安林制度の創設）／国有林野法改正（国有林野の分収育林制度の創設）／国有林野事業改善特別措置法改正／国有林野事業59年改善計画策定	
昭和60年		プラザ合意
昭和61年		国際熱帯木材機関設立
昭和62年	国有林野事業改善特別措置法改正／国有林野事業62年改善計画策定／森林資源基本計画改定	
平成２年	林政審議会答申（今後の林政の展開方向と国有林野事業の経営改善）	
平成３年	森林法改正（国有林の地域別の森林計画、特定森林施業計画制度の創設）／国有林野事業改善特別措置法改正／国有林野事業３年改善計画	
平成４年		国際連合環境開発会議
平成７年	緑の募金による森林整備等の推進に関する法律制定	阪神・淡路大震災
平成８年	林業経営基盤の強化等の促進のための資金の融通に関する暫定措置法改正／林業労働力の確保の促進に関する法律制定／木材の安定供給の確保に関する特別措置法制定／森林資源基本計画改定	行政改革プログラム

平成 9 年	林政審議会答申（「林政の基本方向と国有林野事業の抜本的改革」）／森林組合合併助成法の一部を改正する法律制定／森林病害虫等防除法改正	地球温暖化防止京都会議
平成10年	国有林野事業の改革のための特別措置法制定／国有林野事業の改革のための関係法律の整備に関する法律制定／森林法改正（市町村森林整備計画制度の拡充等）	地球温暖化対策推進法制定／地球温暖化対策推進大綱策定／建築基準法改正
平成11年	営林局・営林署から森林管理局・署へ名称変更／緑資源公団発足／中央森林審議会答申（今後の森林の新たな利用の方向）	住宅の品質確保の推進等に関する法律制定
平成12年	林政審議会取りまとめ（新たな林政の展開について）公表／林政改革大綱公表／林政改革プログラム公表	国等による環境物品等の調達の推進等に関する法律制定
平成13年	森林総合研究所・林木育種センターの独立行政法人化／森林・林業基本法改正／森林法改正／林業経営基盤強化資金暫定措置法改正／森林・林業基本計画決定	COP 7 における京都議定書運用ルールの合意
平成14年	地球温暖化防止森林吸収源10カ年対策策定	地球温暖化対策推進大綱見直し／京都議定書締結／持続可能な開発に関する WSSD 開催／自然再生推進法制定

平成15年	林業改善資金助成法改正（貸付資金の拡充等）／独立行政法人緑資源機構設置／森林法改正（森林整備保全事業計画の策定等）／国有林野の管理経営に関する基本計画改定	第3回世界水フォーラム開催／環境の保全ための意欲の増進及び環境教育の推進に関する法律制定
平成16年	森林法改正（特定保安林制度の恒久化、普及指導職員の一元化等）／国有林野事業の組織機構の再編（分局の廃止、森林環境保全ふれあいセンターの設置等）	
平成17年	森林組合法改正（事業範囲の拡大等）／地球温暖化防止森林吸収源10カ年対策改定	京都議定書発効（目標達成計画の策定）
平成18年	森林・林業基本計画策定	簡素で効率的な政府を実現するための行政改革の推進に関する法律制定（国有林野事業の業務見直し）
平成19年	美しい森林づくり推進国民運動の展開／森林総合研究所・林木育種センター統合	建築基準法改正
平成20年	森林の間伐等の実施の促進に関する特別措置法制定	
平成21年	森林・林業再生プラン公表	
平成22年	公共建築物等における木材の利用の促進に関する法律制定	
平成23年	森林法改正（森林施業計画を森林経営計画に変更、森林の土地の所有者届出制度の新設等）	東日本大震災

平成24年	国有林野の管理経営に関する法律等の改正（国有林野事業特別会計の廃止等）	
平成25年	国有林野事業の一般会計化／森林の間伐等の実施の促進に関する特別措置法の改正（特定増殖事業の新設）	
平成28年	森林・林業基本計画改定／森林法改正／合法伐採木材等の流通及び利用の促進に関する法律制定	熊本地震
平成29年		九州北部豪雨
平成30年	森林経営管理法制定	北海道胆振東部地震／建築基準法改正
平成31年令和元年	森林環境税及び森林環境譲与税に関する法律制定、国有林野の管理経営に関する法律改正（樹木採取権制度の新設）	令和元年東日本台風
令和 2 年	森林組合法改正（多様な連携手法の導入、正組合員資格の拡大、事業の執行体制の強化）	
令和 3 年	森林の間伐等の実施の促進に関する特別措置法改正（特定植栽事業の新設）	

森の内緒話②　裁判官は山に検証にくる？

　裁判官が五官の作用によって、直接事物の性状等を感得する証拠調べのことを、検証といいます。

　山の裁判においては、重要な争点に関連して、紙ベースの証拠では数値化・視覚化できないことがいろいろとありますので、検証の必要性が認められる場合が多いかと思います。

　そこで、代理人弁護士は、裁判所に検証申立書を出します。

　裁判所で必要なしと判断すれば、却下になります。私の経験上、山の裁判で、却下されたことはないのですが、しかし、留保にしたまま、結局最後まで検証せず、判決に至ります。法的にどういう落としどころかと疑問ですが、そうなってしまうのです。

　昔は、裁判官は山に検証にきたようです。裁判例が公開されると証拠は省略されてしまっているのですが、それでも、最判昭和38・12・13民集17巻12号1696頁（土地上の立木のみの取得時効を認めたもの）、東京高判昭和52・2・17判時852号73頁（山林の境界訴訟）など、いくつか判決文中に「検証調書」「検証」とあるのが見つかりますので、昭和50年代までは普通に裁判官は山に検証にきていたのではないかと推測しています。

　しかし、昔の裁判官は、だいたいが田舎の秀才で、山に親しんでいたでしょうから、山に来ていろいろ判断材料のお土産を見つけて帰ることができたでしょう。現代の裁判官とは全く違います。現代の裁判官が、山に来て、見たところで、はたして何かを見出すでしょうか。山や森や木のことを判断するには、もとからの知識と経験が大変重要ですが、それは生育環境×素質の問題で、一朝一夕のことではありません。

　そこをいきなり、境界紛争で現地に来て林相の違いを見てくださいなどといって、裁判官にわかるのでしょうか。立木が密だとか疎だとか、通直だとかそうではないとか、判断がつくのでしょうか。切り株が、これは伐採から２年以内だとか５年は経っているとか、わかるのでしょう

か。あらかじめ現地でサンプル調査して証拠提出した立木本数の証明力の判断を裁判官が現地でできるのでしょうか。そもそも、この山は荒れていますねとか、美林ですねとか、裁判官にわかるのでしょうか。

こうしてみると、森林というものが、いかに経験に裏打ちされた審美眼とか鑑定眼が必要な、通人の世界であるかを痛感します。

ハードルは「見たところでどうせわからないでしょう」というだけではありません。

まず、山道の運転は危険です。裁判官は、検証に際して、一方の当事者の車に乗せてもらうなどして行動することは許されないので、裁判所のスタッフだけで動きますが、その裁判所のスタッフに、経験のない山道を、裁判官の命を背負って運転させるのは酷ともいえます。

害獣も、害虫もいます。「このあたりは、熊は見たことないから大丈夫ですよ」などと案内して、イノシシに激突されないとも限りません。ヒルもいますし。

時間が読めないことも問題です。あそこに熊がいるぞとなると、人間のほうはそのままじっと刺激しないよう動かずにいて、熊のほうが去っていくのをひたすら待つのが通常です。

迷子にもなります。十数人で林内を調査して、じゃあ帰ろうといってしばらく歩いたら 1 人きりになっていて背筋が凍った（足元を凝視して歩いているので、周りに人がいなくなったことに気がつかない）という経験は私にもあります。

それに、ほぼ確実に起きるのは、車のボディ下を擦ってしまうということです。通常、森林・林業関係者は車高の高い 4 WD 車で移動しますが、それでも擦ります。そもそも、裁判所に、森林作業道の移動にも耐える軽の 4 WD の準備などないでしょう（なくていいのでしょうか。日本の国土の 7 割は森林なのに……という問題はあります）。

結論、検証の必要性があっても、裁判官は来ません（と書いておけば、来るかもしれない）。

第3章　森林の定義と基礎知識

1　はじめに──対象となる森林

　森林の制度や法律を紐解くにあたり、論点ごとに、どのような森林を対象にしているのか、どのような森林が対象からはずれるのかを明確にしておく必要があるでしょう。

　森林と呼ぶには立木がどのくらいあればよいのか、民有林と国有林の両方が議論の対象となっているのか、森林計画の対象森林であることが話の前提なのかということが、その論点が環境関連規制なのか、産業統制規制なのか、国際的合意に基づくものなのか、国内政策によるものなのかによって、異なるからです。

　本章では、森林・林業分野の法制度を理解するにあたり必要となる定義と基礎知識を整理しておきます。[1]

1　本章で個別に紹介する文献のほか、東京農工大学農学部森林・林業実務必携編集委員会編『森林・林業実務必携〔第2版〕』（朝倉書店・2021年）、「木の家」プロジェクト編『木の家に住むことを勉強する本』（泰文館・2001年）、丹下健＝小池孝良編『造林学〔第4版〕』（朝倉書店・2016年）などが参考になります。

▶本章で解説する内容▶ ▶ ▶

- ☑　森林の定義（→ 2 ）
- ☑　森林に関する基本情報（→ 3 ）
- ☑　森林に関する用語（→ 4 ）

2　森林の定義

⑴　不動産登記法上の山林

　不動産登記においては23の地目が定められており（不動産登記法 2 条18号・34条 2 項、不動産登記規則99条）、そのうち「山林」については、「耕作によらないで竹木の育成する土地」（不動産登記事務取扱手続準則68条 9 号）とされていますが、これだけでは個人の宅地の庭も道路の街路樹も該当してしまうことになります。そこで、同条本文が「土地の現況及び利用目的に重点を置き、部分的にわずかな差異の存するときでも、土地全体としての状況を観察して定める」よう指導することが生きてきます。

不動産登記法

（定義）

第 2 条　この法律において、次の各号に掲げる用語の意義は、それぞれ当該各号に定めるところによる。

　一～十七（略）

　十八　地目土地の用途による分類であって、第34条第 2 項の法務省令で定めるものをいう。

　十九～二十四（略）

（土地の表示に関する登記の登記事項）

第34条　土地の表示に関する登記の登記事項は、第27条各号に掲げるもののほか、次のとおりとする。

　一・二（略）

　三　地目

　　四　（略）

　2　前項第3号の地目及び同項第4号の地積に関し必要な事項は、法務省令で定める。

不動産登記規則

（地目）

第99条　地目は、土地の主な用途により、田、畑、宅地、学校用地、鉄道用地、塩田、鉱泉地、池沼、山林、牧場、原野、墓地、境内地、運河用地、水道用地、用悪水路、ため池、堤、井溝、保安林、公衆用道路、公園及び雑種地に区分して定めるものとする。

不動産登記事務取扱手続準則

（地目）

第68条　次の各号に掲げる地目は、当該各号に定める土地について定めるものとする。この場合には、土地の現況及び利用目的に重点を置き、部分的にわずかな差異の存するときでも、土地全体としての状況を観察して定めるものとする。

(1)～(8)　（略）

(9)　山林　耕作の方法によらないで竹木の生育する土地

(10)　（略）

(11)　原野　耕作の方法によらないで雑草、かん木類の生育する土地

(12)～(23)　（略）

　すなわち、土地全体の状況として、庭や道路としての利用が主たるものであれば、当然、山林とはならないことがわかります。

　また、同じく23の地目のうち「耕作の方法によらないで雑草、かん木類の生育する土地」とされている「原野」との区別も難しいのですが、特段の事情もなければ、樹木が何本も生えている場合には山林とし、樹木がまばらであれば原野として扱うことが多いです。

⑵　森林法の 2 条森林

㋐　最広義の森林

　森林の法律を扱ううえで、森林法 2 条の定義（同法 2 条 1 項）は重要です。わが国における最広義の森林概念であり、森林・林業関係者にとっては当たり前の前提事項です。

　森林法 2 条 1 項にいう森林とは、①木竹が集団して生育している土地およびその土地の上にある立木竹（同項 1 号）、または、②①の土地のほか、木竹の集団的な生育に供される土地（同項 2 号）ということになります（以下、①②をあわせて「2 条森林」といいます）。

森林法

（定義）

第 2 条　この法律において「森林」とは、左に掲げるものをいう。但し、主として農地又は住宅地若しくはこれに準ずる土地として使用される土地及びこれらの上にある立木竹を除く。

　一　木竹が集団して生育している土地及びその土地の上にある立木竹

　二　前号の土地の外、木竹の集団的な生育に供される土地

2 ・ 3 （略）

---

　2 条森林とは、土地とその上に生育している立木竹を一体として観念するものです。2 号の土地は、伐採跡地等で現に立木竹が存在してない場合、多少の立木は生育しているが必ずしも集団的生育の状態にない場合（樹木がまばらに生えている土地）であっても、立木の集団的な生育に「供される」土地であるならば森林として観念するということです。「供される」については、森林所有者の意思に係るものではなく、その土地の状態から社会通念上立木竹の生育に供されると、客観的に認められるかどうかによって決定されます[2]。

　土地面積については、森林という以上一定の広がりをもつ面積でなければ

2　森林・林業基本政策研究会編著『解説森林法』（大成出版社・2017年）39頁。

なりませんが、おそらく共有物の分割等の経緯があって、数平方メートルの土地が山林として登記されたり、林地台帳に掲記されていることは珍しくないでしょう。周囲の土地利用と一体的に観察して森林といえるかと、そのような小面積に至った経緯から判断することになります。実際の森林管理では周囲の森林とまとめて集約化施業を進めていくことになります。

　一方、最広義の森林の定義から除外されているのは、主として農地または住宅地もしくはこれに準ずる土地として使用される土地およびこれらの上にある立木竹です。森林法１条の目的（「森林の保続培養と森林生産力の増進とを図り、もつて国土の保全と国民経済の発展とに資すること」）からはずれるものは、森林の定義には該当しないということです。屋敷林、小公園の植栽木、学校や工場敷地内の樹木がこれに該当します[3]。

　　(イ)　国有林と民有林（公有林・私有林）

　森林法は、「国有林」と「国有林以外の森林」という大別をしています（同法２条３項）。

森林法

（定義）

第２条（略）

2　（略）

3　この法律において「国有林」とは、国が森林所有者である森林及び国有林野の管理経営に関する法律（昭和26年法律第246号）第10条第１号に規定する分収林である森林をいい、「民有林」とは、国有林以外の森林をいう。

　「国有林以外」はすべて民有林です。民有林の概念には、地方自治体が所有する公有林と、私人や私企業が所有する私有林が含まれています。

　①　国有林：国が森林所有者である森林および国有林野の管理経営に関する法律（以下、「国有林野管理経営法」といいます）10条１号に規定する分

3　森林・林業基本政策研究会編著『解説森林法』（大成出版社・2017年）40頁。

　収林である森林

②　民有林：国有林以外の森林

　ⓐ　公有林：民有林のうち、地方自治体が所有する森林

　ⓑ　私有林：民有林のうち、個人や企業が所有する森林

　国有林の定義は、国有林野管理経営法2条になされており、森林経営を目的とするもの（同条1号）、森林経営以外のレクリエーションや教育目的のもの（同条2号）とがあります。

国有林野の管理経営に関する法律

（定義）

第2条　この法律において「国有林野」とは、次に掲げるものをいう。

　一　国の所有に属する森林原野であつて、国において森林経営の用に供し、又は供するものと決定したもの

　二　国の所有に属する森林原野であつて、国民の福祉のための考慮に基づき森林経営の用に供されなくなり、国有財産法第3条第3項の普通財産となつているもの（同法第4条第2項の所管換又は同条第3項の所属替をされたものを除く。）

　2　この法律において「国有林野事業」とは、国有林野の管理経営（国有林野と一体として整備及び保全を行うことが相当と認められる民有林野の整備及び保全であつて、国が行うものを含む。以下同じ。）の事業をいう。

　国有林は、日本全国で約769万 ha あり、国土の2割、森林全体の約3割を占めています。

　国有林があるのは、人が容易に踏み込むことができない奥地の脊梁山脈や水源地域です。そもそも、人里周辺の山々は、昔から薪や果実の採取、狩場として住民に利用されてきたのですから、そういうところが現在の里山となって、民有林となっているので、国有林はそれ以外の山奥ということになり、地域特有の景観や生態系を保持するものが多くあります。

　公有林とは、民有林のうち、都道府県、市町村等の地方自治法1条の3で

定める地方公共団体の所有地および借入地にある森林であって、当該地方公共団体が自己の意思の下に単独で経営できる森林（分収林契約によって地方公共団体以外の者が造林または育林者となっている森林を除く）および国以外の者の所有地にある森林であって、当該地方公共団体が費用負担者（2者契約の場合は造林者または育林者）として土地所有権者との間に結んだ分収林契約の目的となっている森林をいいます。

(3)　森林法の5条森林

森林法5条にいう森林とは、国有林ではない森林のうち、地域森林計画（**第4章3(3)**で詳しく述べます）の対象となっている民有林をいいます（以下、「5条森林」といいます）。

森林法
（地域森林計画）
第5条　都道府県知事は、全国森林計画に即して、森林計画区別に、その森林計画区に係る民有林（その自然的経済的社会的諸条件及びその周辺の地域における土地の利用の動向からみて、森林として利用することが相当でないと認められる民有林を除く。）につき、5年ごとに、その計画をたてる年の翌年4月1日以降10年を一期とする地域森林計画をたてなければならない。

2〜5　（略）

林地開発許可等の規制的法規の対象とされるのは、ほとんどが5条森林といってよく、実務上は最も活用される定義です。

では、地域森林計画の対象とならない民有林とはどのようなものなのでしょうか。

森林法は、「その自然的経済的社会的諸条件及びその周辺の地域における土地の利用の動向からみて、森林として利用することが相当でないと認められる民有林を除く」（同法5条1項）と示しています。したがって、5条森林ではない森林は「対象外森林」または「計画外森林」と呼ばれることもあります。

　森林計画自体が、伐採を計画的に行い、森林資源を持続可能に利用することを主目的とするものですから（〔図表11〕[3] 参照）、この目的に沿わない森林は、地域森林計画の対象にはなりません。しかし、この対象外森林も、2条森林の要件にあてはまる場合にはその規制を受けるので、注意が必要です。

〔図表11〕　森林の適切な更新（針葉樹の場合）

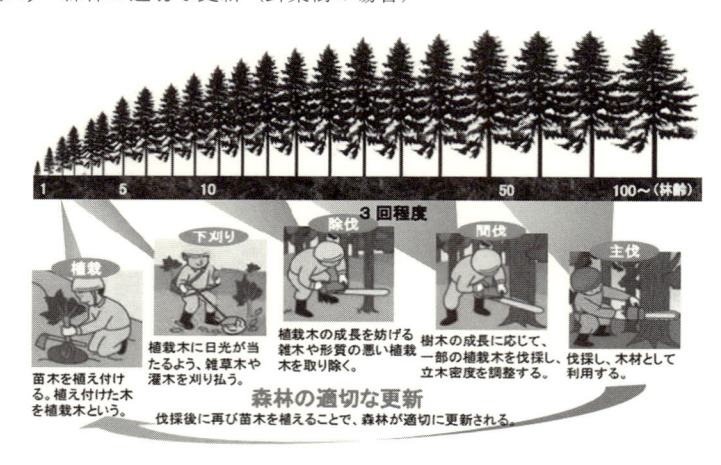

⑷　森林法の7条の2森林

　森林法7条の2第1項にいう森林とは、国有林の地域別の森林計画の対象となっている森林をいいます（以下、「7条の2森林」といいます）。

> **森林法**
> **（国有林の地域別の森林計画）**
> **第7条の2**　森林管理局長は、全国森林計画に即して、森林計画区別に、その管理経営する国有林で当該森林計画区に係るもの（その自然的経済的社会的諸条件及びその周辺の地域における土地の利用の動向からみて、森林として利用することが相当でないと認められる国有林を除く。）

3　林野庁「森林・林業・木材産業の現状と課題」〈https://www8.cao.go.jp/kisei-kaiku/kisei/meeting/wg/nousui/210831/210831nousui_ref01_01.pdf〉　4頁。

につき、5年ごとに、その計画をたてる年の翌年4月1日以降10年を一期とする森林計画をたてなければならない。

2　前項の森林計画においては、次に掲げる事項を定めるものとする。

一　第5条第2項第1号から第5号まで、第7号及び第10号から第12号までに掲げる事項

二　公益的機能別施業森林区域及び当該公益的機能別施業森林区域内における施業の方法その他公益的機能別施業森林の整備に関する事項

三　森林施業の合理化に関する事項

四　鳥獣害防止森林区域及び当該鳥獣害防止森林区域内における鳥獣害の防止に関する事項

五　その他必要な事項

3～6（略）

　7条の2森林を計画対象国有林といい、7条の2森林以外の森林（森林法7条の2第1項カッコ書の「その自然的経済的社会的諸条件及びその周辺の地域における土地の利用の動向からみて、森林として利用することが相当でないと認められる森林」）を対象外国有林といいます。

(5)　森林地域

　森林地域は、森林法上の概念ではなく、国土利用計画法（**第4章2(2)**参照）に基づく土地利用基本計画中の概念です。「森林の土地として利用すべき土地があり、林業の振興又は森林の有する諸機能の維持増進を図る必要がある地域」であり（同法9条2項3号・6項）、森林法2条3項に規定する国有林の区域または同法5条1項の地域森林計画の対象となる民有林の区域として定められることが相当な地域を指します。

　国土交通省が管理する国土数値情報ダウンロードサービス内の森林地域データをみると、①国土利用計画法で指定する森林地域、②森林法2条3項の国有林、③森林法5条1項の地域森林計画の対象となる民有林、④森林法25条1項・25条の2第1項の保安林を含むものとして示されています。[4]

(6)　国際的基準による森林の定義

　森林法 2 条 1 項のように、立木が集団で生育していれば森林という定義によると、では何本くらいあれば集団といえるのかという主観的評価に依拠することになり、基準の客観性に欠けます。客観性が欠如した基準では、日本社会では通っても、国際社会では通じません。

　2015年（平成27年）の気候変動枠組条約（UNFCCC：United Nations Framework Convention on Climate Change）の第21回締約国会議（COP21）において、気候変動による世界の平均気温の上昇を、産業革命前から1.5℃〜 2 ℃以内に抑えることを目標としたパリ協定が採択されました。このパリ協定に基づき、締約国は気候変動の緩和・適応に関する「自国が決定する貢献」（NDC：Nationally Determined Contribution）について目標を設定することになりました。森林分野の CO_2 排出・吸収量を推定するモデルとしてわが国が採用したのが、国別 GHG インベントリ・モデル（NIR：National Greenhouse Gas Inventory Report）です。NIR によって森林 CO_2 排出・吸収量を推定するための基礎情報として最も重要なものが、森林の定義でした。

　わが国の場合、1997年（平成 9 年）の京都議定書第 1 回締約国会議の決議における森林の定義が、2001年（平成13年）のマラケシュ合意（気候変動枠組条約第 7 回締約国会議）でも追認された経緯から〔最小樹冠被覆率30％、最小面積0.3ha、最低樹高 5 m、幅20m〕をもって森林の定義としています。[5]

　なお、樹冠被覆率とは、鳥瞰して樹冠が占める割合のことであり、下図のような樹冠投影図（〔図表12〕[6] 参照）を作成します。現在では、ドローン空撮や航空測量により正確な樹冠被覆率を測定することが可能となっています。

　わが国において国際的な定義に則った森林がどれほどあるかの具体的な調査は、林野庁と森林総合研究所が共同開発・管理している国家森林資源データベースを利用して行われています。基準として〔最小樹冠被覆率30％、最

4　国土交通省「森林地域データ」〈https://nlftp.mlit.go.jp/ksj/jpgis/datalist/KsjTm plt-A13.html〉。

5　日本国「京都議定書 3 条 3 及び 4 の下での LULUCF 活動の補足情報に関する報告書」（平成20年 5 月）〈https://www.japancredit.go.jp/pdf/jver/0194-1_s1-4.pdf〉。

6　文部科学省『高等学校用森林経営』（実教出版・2014年）69頁。

〔図表12〕 樹冠投影図

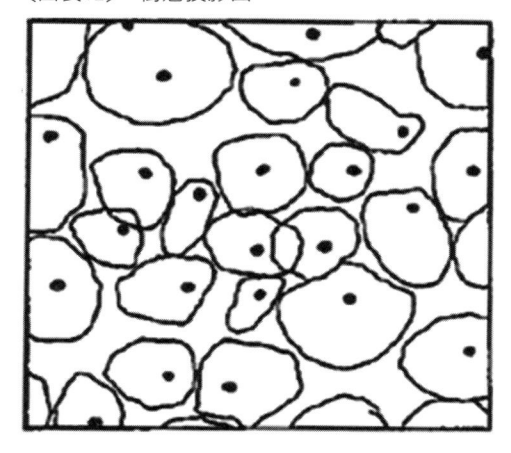

小面積0.3ha、最低樹高 5 m、幅20m〕を充足することのみが要件ですから、 2 条森林が除外した都市公園の森、道路や港湾、河川等の緑地、公的施設の敷地内林も含まれることになります。

3 森林に関する基本情報

(1) 持続可能な森林管理

　森林は、前の世代の人々が植え育ててくれた森林から収穫し、利用し、その収益でもって植林し、育林し、次の世代の人々が収穫できるようにすることで、森林整備を着実に進めることができます。この植林→育林→伐採→利用→植林というサイクルを守ることが森林資源の循環利用であり、それによって健全な森林が育成され、国土の保全・水源涵養が図られ、地球温暖化防止など、森林の有する多面的機能が持続的に発揮されるのです。

　人間は、この理自体ははるか古来より理解していましたが、なにぶん政治や経済の都合によりこのサイクルを理性的に管理することは困難の連続でした。近年、気候変動対策として持続可能な森林管理（〔図表13〕参照）[7]が強調されるようになったことは、目先の都合に打ち勝って循環利用のサイクルを

7　林野庁「令和元年度　森林・林業白書」〈https://www.rinya.maff.go.jp/j/kikaku/hakusyo/r 1 hakusyo/attach/pdf/zenbun-22.pdf〉10頁。

〔図表13〕　持続可能な森林管理

厳守するためのものとして理解することができます。

(2)　日本の森林植生

(ア)　垂直分布と水平分布

　森林の樹種の違いは、気候条件を反映したものであり、わが国の場合、緯度が上がり北へいくほど、または標高が上がるほど、気温が低下します。緯度の違いによる水平方向の植物群系の変化を水平分布といい、標高の違いによる高さ方向の分布変化を垂直分布といいます。

　高等学校生物で履修するわが国の森林植生分布図（〔図表14〕[8]参照）をみると、自然な状態での植生は（人工的に植林した状態の植生は勘案していません）、北海道の亜寒帯を除いて、基本的に広葉樹林であることがわかります。現在の山林といえば、スギ・ヒノキといった針葉樹を思い浮かべますが、これは、拡大造林期（**第 2 章 3 (1)参照**）に用材として植林されたものがほとんどです。

(イ)　日本の森林でよくみられる樹種

　森林植生分布図に表れている天然林を構成する樹種として、次のようなも

8　biology tips「日本のバイオーム　南北と標高で分けて考えよう」〈https://biology-tips.com/japanese-biomes/〉。

〔図表14〕 わが国の森林植生分布図

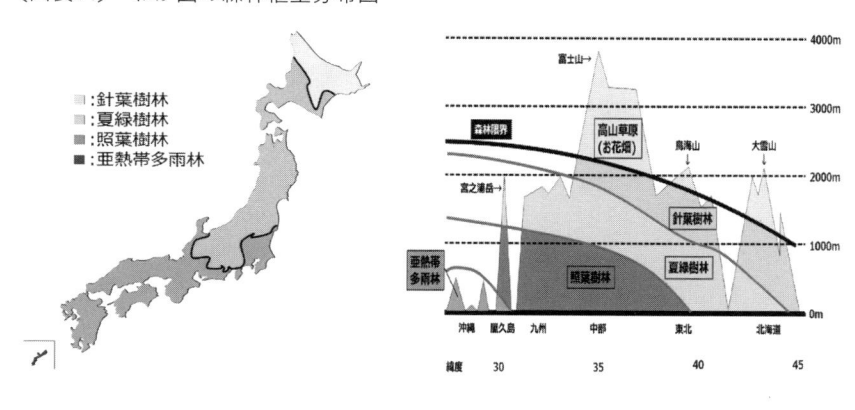

のがあります（〔図表15〕参照）。

〔図表15〕 天然林を構成する樹種

名　称	気候帯		優先樹林	主な樹種
	水平方向	垂直方向		
低木林	寒帯	高山帯	常緑針葉樹林	ハイマツ、タカネナナカマド
針葉樹林	亜寒帯	亜高山帯	常緑針葉樹林	エゾマツ、トドマツ、シラビソ、オオシラビソ、コメツガ、トウヒ
夏緑樹林	冷温帯	山地帯	落葉広葉樹林	ブナ、ミズナラ、ハルニレ、イタヤカエデ、ヤマモミジ
照葉樹林	暖温帯	低山帯 丘陵帯	常緑広葉樹林	アラカシ、シラカシ、ウラジロガシ、スダジイ、タブノキ、クスノキ
多雨林	亜熱帯	亜熱帯	常緑広葉樹林	マングローブ、ガジュマル、ソテツ、オキナワウラジロカシ、アコウ

　人工林で育成される建築用材となる針葉樹の樹種として、次のようなものが代表的です（〔図表16〕参照）。

〔図表16〕　人工林で育成される樹種

樹　種	植　生	特　徴	用　途
スギ	本州以南	日本固有の常緑針葉樹で、建築材として最も用途が広い。まっすぐな幹から直木＝スギと呼ばれる。	構造関係、建具類に広く利用されている。
ヒノキ	福島県以南	常緑針葉樹で、材が緻密で狂いがなく、加工が容易で芳香を放つことから最高級の材とされている。	耐久性が高く神社仏閣に多用される。構造、建具、家具、曲物に広く利用される。
ヒバ	北海道南部以南	地域により、アスナロ、アテ、アスヒ等呼称がある。木目が細かく香りが良い。抗菌性に優れ、シロアリに強い。	土台、建具、壁材、床材に利用される。
アカマツ	本州以南	貧栄養の土壌に強く開拓地に植林される。松脂が多く、薪に重用された。湿気に強く耐久性がある。	土木材、構造材、パルプ材、船舶に利用される。
クロマツ	本州以南	潮風に耐えるので海岸林に利用される。針葉樹の中では重硬で、耐久性がある。幹が曲がりやすく樹脂分が多い。	土木材、建築材、パルプ材、船舶材に広く利用される。
カラマツ	本州中部から北海道	落葉針葉樹である。針葉樹の中では重硬で、耐久性に優れるが、ねじれによる割れが生じやすい。	土台、電柱、枕木、屋根材に利用される。

| エゾマツ | 北海道 | 軽軟な材で耐久性は低い。加工は容易である。 | 建築・土木に使われるほか、製紙・人絹パルプ材となる。 |
| トドマツ | 北海道 | 軽軟な材で耐久性は低い。加工は容易である。 | 建築・土木、電柱に使われるほか、パルプ材となる。 |

(3)　森林の基本データ

　現在のわが国の森林の概要をとらえるために、毎年、林野庁から公表される「森林・林業統計要覧」中の「森林の有する多面的機能の発揮に関する目標」および「森林資源の現況」を確認します。それによると、日本の森林面積は2510万 ha で、人工林（育成単層林と育成複層林）と天然林（天然生林）がおおむね半々です（〔図表17〕〔図表18〕参照）。[9]

　なお、「天然生林」というのは、森林の実務を取り扱ううえでは、人工林以外の森という雑駁な把握をして差し支えありません。学問としての森林科学における正確な定義は別にあり、天然林が人工林以外の森、天然生林は天然林のうち自然災害や人為による介入があって植生が影響を受けている森、原生林は天然林のうち、人為の介入がなく、大きな自然災害による攪乱もないまま植生の遷移が極相に達し安定した森林のことを指します。

〔図表17〕　人工林と天然林

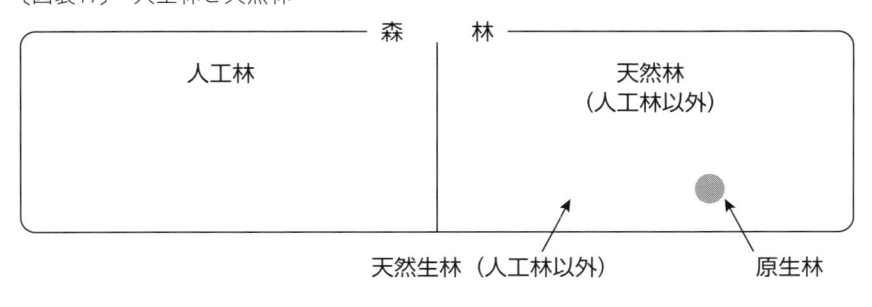

9　林野庁「森林・林業統計要覧2023」〈https://www.rinya.maff.go.jp/j/kikaku/toukei/youran_mokuzi2023.html〉5頁・7頁。

〔図表18〕　森林の基本データ

森林の有する多面的機能の発揮に関する目標

	令和2年（現況）	目標とする森林の状態		
		令和7年	令和12年	令和22年
森林面積（万ha）				
育成単層林	1,010	1,000	990	970
育成複層林	110	130	150	190
天然生林	1,380	1,370	1,360	1,340
合計	2,510	2,510	2,510	2,510
総蓄積（百万㎥）	5,410	5,660	5,860	6,180
ha当たり蓄積（㎥/ha）	216	225	233	246
総成長量（百万㎥/年）	70	67	65	63
ha当たり成長量（㎥/ha年）	2.8	2.7	2.6	2.5

森林資源の現況

（単位：千ha、千㎥）

区分	総数				立木地　人工林			
	面積	蓄積 計	針葉樹	広葉樹	面積	蓄積 計	針葉樹	広葉樹
総数	25,048	5,241,502	3,723,681	1,517,821	10,204	3,308,416	3,238,849	69,567
国有林 林野庁所管　総数	7,659	1,225,927	691,406	534,521	2,288	513,037	463,448	49,589
計	7,593	1,220,718	688,952	531,766	2,282	512,033	462,477	49,556
国有林	7,508	1,201,282	670,857	530,425	2,208	492,827	444,415	48,412
官行造林	85	19,436	18,095	1,341	73	19,206	18,062	1,144
対象外森林	0	0	0	0	—	—	—	—
その他省庁所管（対象外森林）	65	5,209	2,454	2,755	7	1,004	971	34
民有林　総数	17,389	4,015,575	3,032,275	983,300	7,916	2,795,379	2,775,401	19,978
公有林　計	2,995	615,560	442,879	172,680	1,334	397,051	392,495	4,556
都道府県	1,292	252,687	173,369	79,318	529	145,585	144,157	1,429
市町村財産区	1,702	362,873	269,510	93,363	804	251,466	248,339	3,127
私有林	14,347	3,394,332	2,586,016	808,317	6,569	2,395,550	2,380,149	15,401
対象外森林	48	5,682	3,380	2,302	13	2,778	2,757	22

（つづき）

区分	立木地　天然林				無立木地				竹林面積
	面積	蓄積 計	針葉樹	広葉樹	面積	蓄積 計	針葉樹	広葉樹	
総数	13,481	1,932,450	484,596	1,447,854	1,197	635	236	399	167
国有林 林野庁所管　総数	4,733	712,445	227,863	484,583	637	445	96	349	0
計	4,682	708,241	226,379	481,861	629	445	96	349	0
国有林	4,680	708,011	226,347	481,664	620	444	95	349	0
官行造林	2	230	32	197	10	1	1	—	—
対象外森林	—	—	—	—	0	0	0	0	—
その他省庁所管（対象外森林）	51	4,205	1,483	2,721	8	—	—	—	0
民有林　総数	8,747	1,220,005	256,733	963,272	560	191	141	50	167
公有林　計	1,531	218,357	50,267	168,090	124	152	117	35	6
都道府県	709	107,010	29,148	77,862	53	92	65	27	1
市町村財産区	822	111,347	21,120	90,227	71	60	52	8	5
私有林	7,188	998,744	205,843	792,901	431	39	24	15	158
対象外森林	28	2,904	623	2,281	5	0	—	—	3

4　森林に関する用語

　森林に関する基本情報（**本章2参照**）をより理解するため、各種統計等で使用される用語のほか、森林を学ぶうえで必要な用語の定義について整理します。[10]

（1）造林に関する用語

　造林に関する用語について、主なものは次のとおりです。

☑ **森林**
　木竹が集団して生育している土地およびその土地の上にある立木竹

☑ **森林の多面的機能**
　生物多様性保全機能、地球環境保全機能、土砂災害防止・土壌保全機能、水源涵養機能、保健レクリエーション機能、快適環境形成機能、文化機能、物質生産機能

☑ **原生林**
　過去に伐採その他人為の介入があったことがなく、重大な災害の影響も受けない状態で植生が発達し、これ以上遷移がないという極相に達した森林

☑ **人工林**
　植栽または人工下種により生立した林分で、植栽樹種または人工下種の対象樹種の立木材積（または本数）の割合が50％以上を占める森林

☑ **天然林**
　自然の力で育ち、大きな撹乱を経験しておらず、いまだ極相に達したということはできない森林

☑ **植生の遷移**
　裸地（植物のない）の状態から、まず先駆植物（パイオニア種、地

10　林野庁「森林資源の現況（平成29年3月31日現在）」〈https://www.rinya.maff.go.jp/j/keikaku/genkyou/h29/attach/pdf/index-1.pdf〉。

衣類・コケ植物など）が定着して、長い年月をかけて草原となり、やがて陽樹の森林が成立し、大木が増えたため日光が遮断されるようになるとそれに適合した陰樹の森林が成立するというように、植生が移り変わること

☑ **攪乱**

森林伐採や自然災害など、植物の生育環境を大きく変える事象が発生し、その空いた空間に次世代の植物が生育場所（ハビタット）を見出すこと

☑ **極相**

植物群落が、遷移の過程を経て、その地域の環境に適合する、長期にわたって安定な構成をもつ群集に到達したときの状態

☑ **育成単層林**

人工林のうち、森林を構成する立木の一定のまとまりを一度に全部伐採し、人為により単一の樹冠層を構成する森林として成立させ維持する施業が実施されている森林

☑ **育成複層林**

人工林のうち、森林を構成する立木を択伐等により部分的に伐採し、人為により複数の樹冠層を構成する森林として成立させ維持する施業が実施されている森林

☑ **天然生林**

天然林のうち、主として天然力を活用することにより成立させ維持する施業が実施されている森林（広葉樹を主とする雑木林・里山林を指すことが多いが、針葉樹の天然生林も存在する）

☑ **二次林**

火災、風倒、虫害などの自然災害、あるいは人為による皆伐などの攪乱が起こった跡に、まったく人手が加わらずにできた森林（天然生林と同義にとらえる見解と、育林過程に人手の介入があるものを天然生林、ないものを二次林として区別する見解がある）

☑ **計画対象森林**

森林法 5 条および 7 条の 2 の森林

☑　**対象外森林**

　　森林法５条および７条の２以外の森林

☑　**官行造林**

　　公有林野等官行造林法に基づき国が造林した分収林（官行造林契約期間中に、その面積の一部に伐採が行われた場合には、民有林の伐採跡地または立木地として計上されている）

☑　**森林蓄積（量）**

　　森林を構成する樹木の幹の体積（森林資源量と同義に使用されている）

☑　**成長量**

　　樹木の幹の部分が１年間で成長する容積

☑　**現存量**

　　植物体の乾燥重量（植物バイオマス）

☑　**無立木地**

　　立木および竹の樹冠の占有面積歩合の合計が0.3未満（３割未満）の林分

☑　**立木地**

　　無立木地以外の森林のうち、立木の樹冠の占有面積歩合が0.3以上の林分（立木の樹冠の占有面積歩合が0.3未満であって、立木および竹の占有面積歩合の合計が0.3以上の森林のうち、立木の樹冠の占有面積歩合が竹のそれと等しいかまたは上回るものを含む）

☑　**竹林**

　　立木地以外の森林のうち、竹（笹類を除く）の樹冠の占有面積歩合が0.3以上の林分（竹の樹冠の占有面積歩合が0.3未満であって、立木および竹の樹冠の占有面積歩合の合計が0.3以上の森林のうち、竹の樹冠の占有面積歩合が立木のそれを上回るものを含む）

☑　**樹冠**

　　樹木の上部で葉と枝の広がった葉梢（森林全体では林冠という）

☑　**林分**

　　森林の中で樹木の種類、大きさ、立木密度などの構成要素がほぼ

同じ樹木の集まり（ほぼ同じ施業が行われる）

☑ **林相**

森林の中で樹木の種類、大きさ、立木密度などの構成要素がほぼ同じである状態

☑ **群落**

一定の範囲の場所に生育し互いに連関している異種の植物の個体群（コミュニティ）（明確な優占種が認められる場合もそうではない場合も含まれる）

☑ **地位**

林地の材積生産力の指標

☑ **地利**

林地が木材の運搬等に関して経済的位置の有利な程度を示すもの（木材市場や製材工場までの距離をランク付けして表す）

☑ **地況**

位置、気候、地勢、地質、土壌、地位および地利等の要素を一括したもの

☑ **伐採跡地**

無立木地のうち、主伐した跡地

☑ **未立木地**

無立木地のうち、伐採跡地以外の林地

☑ **保安林**

公益的機能の発揮が特に要請される森林について、法的に伐採および土地の形質変更に対する制限が課せられた区分（森林法25条以下に規定されている）

☑ **分収林**

森林所有者と施業者が、伐採収益を契約に定めた分収割合に従って分け合うこととした森林[11]（国有林の場合には国有林野管理経営法に基づき、民有林である場合には分収林特別措置法に基づいて、管理運営

11　分収造林契約（植林が含まれる場合）または分収育林契約（手入れが行き届かない森林の管理を行う場合）。

がなされる）

- ☑ **里山林**

  農山漁村集落周辺にあり、かつては薪炭生産など人と深いかかわりを有していた森林であり、多様な樹種で構成されているもの[12]

- ☑ **市町村財産区**

  市町村の一部が財産または公の施設を有することにより一定の既存利益を維持する権利の保全を目的として、一部の地域とその地域内のすべての住民を構成要素とする地方自治法284条以下に認められた特別地方公共団体

- ☑ **針葉樹（林）**

  針葉樹の蓄積歩合（蓄積計上に至らない幼齢林にあっては本数歩合）が75％以上の立木地

- ☑ **広葉樹（林）**

  針葉樹の蓄積歩合（蓄積計上に至らない幼齢林にあっては本数歩合）が75％以上の立木地

- ☑ **薪炭林**

  燃料用の木材を採取する目的の林で、広葉樹の萌芽更新によって更新される森林

- ☑ **林班**

  森林の位置、形状および面積を示し、森林の経営の計画と実行に適当な範囲をつくるため設けられる区画（林班の境界には、尾根、沢、河川などの自然地形および道路、防火帯などの人為構造物が利用される）

- ☑ **小（林）班**

  林班を樹種や林相により細分した区画（森林の区画の最小単位）

12　昭和62年（1987年）の全国総合開発計画では「里山林については、児童生徒の学習の場や山村における都市との交流拠点など多様な要請があり、自然環境や国土の保全に留意しつつ、森林の総合的利用を図る。このため、広葉樹の価値を再評価しつつ、自然力を生かした更新と保育作業による育成天然林施業により、利用目的に応じた多様な森林を整備する」とされています。

- ☑ **攪乱**
  　生態系・群集・あるいは個体群の構造を乱し，次世代の個体が侵入できるようなハビタット（生息場所）を産み出すこと
- ☑ **ギャップ**
  　強風や雪害、火災、寿命や病中害による高木層の枯死や倒木、あるいは人為的な伐採など、森林が部分的に破壊されて林冠に孔が開いた空間（そこに新たな植物が生育し、樹種や樹齢が周囲と異なる林分が形成されていく）
- ☑ **天然更新**
  　もっぱら天然力で後継樹を育てること（天然下種（種子が発芽して成長する場合）と萌芽更新（萌芽を大きく育てる場合）がある）
- ☑ **人工更新**
  　人の力によって、種子、苗木、さし穂等を造林地に定着させて仕立てること
- ☑ **法正林**
  　毎年一定した収穫のできる要件を完備した森林

(2) 施業に関する用語

施業に関する用語について、主なものは次のとおりです。

- ☑ **林齢**
  　林分が成立して経過した年数（人工林の場合には植栽年度を 1 年生と数え、天然林の場合には異なった年齢の樹木が混ざっているので平均年齢を林齢とする）
- ☑ **樹齢**
  　立木の実際の年齢
- ☑ **齢級（区分）**
  　1 年生から 5 年生までを 1 齢級、 6 年生から10年生までを 2 齢級、以下、95年生までを 5 年ごとに区分し、96年生以上は20齢級として一括計上した区分方法

☑ **伐期**

林分が施業目的に従って成熟をして、主伐によって収穫する時期

☑ **胸高直径**（DBH：Diameter at Breast Height）

成長度合を分析するために測定する人の胸の高さの直径（わが国の場合には地面から約120cm、欧米では130cm とすることが多い）

☑ **素材生産**

立木を伐採し、枝葉や梢端部分を取り除き、丸太にする工程

☑ **特用林産物**

林野から産出される木材以外の産物（うるし、きのこ類、竹、栗、木炭など）

☑ **主伐**

伐期に達した立木を伐ること（主伐の種類の中に、皆伐、択伐、傘伐（漸伐）がある）

☑ **皆伐**

林木を全部あるいは大部分を一斉に伐採し、収穫する方法

☑ **小面積皆伐**

大面積でまとまりのある森林を小面積に分けて皆伐する方法（一般的には、伐採区域の一辺の長さが上木の樹高の 2 倍以下であれば小面積とみなすが、きまりがあるわけではない）[13]

☑ **傘伐（漸伐）**

天然下種更新に必要な上層木を保残しておおむね70%以内の伐採率により森林を構成する林木の一定のまとまりを一度に伐採する方法

☑ **択伐**

林分において単木的に立木を選んで伐採・収穫する方法（周辺の立木や後継樹が順調に育つよう伐採木を選木する眼が必要とされる高度

---

13 皆伐施業でないことの利点は、森林生態系の働きを著しくは損なわないこと、林地破壊が抑えられること、下刈り経費の軽減と作業環境の向上が図られること、更新木の気象被害が軽減できること、景観的にまた林地保全的に好ましくない状態を回避できることなどです。

な技術である）

☑ **除伐**

　植林後成長した林分の林冠が、ほぼうっ閉したときに行う保育作業（造林目的以外の木や、目的樹種でも形質の劣る木を取り除く作業）

☑ **間伐**

　混みすぎた森林を適正な密度にして健全な森林に導くために、また、利用できる大きさに達した立木を徐々に収穫するために行う方法（残存木の生長を促進させることができる）

☑ **列状間伐**

　選木基準を定めずに、一定の間隔で単純に列状に間伐する方法（高性能林業機械により作業効率を向上でき、選木作業の省力化が可能で間伐経費の削減に有効であり、また経験の浅い者にも可能で、安全性も比較的高い）

☑ **KD 材（Kiln Dry Wood）**

　伐採した木材を乾燥機に入れて含水率を人工的に JAS 規格の20％以下にまで下げるもの

☑ **AD 材（Air Dry Wood）**

　伐採した木材を、数年かけて自然乾燥させたもの（KD 材より強度や調湿機能に優れるといわれる）

☑ **グリーン材**

　乾燥処理をしていない木材（JAS 規格では含水率が25％以上のものをいう。乾燥材に比べて価格は安いが、ひび割れや反りが起こりやすい。ただし強度に問題が生じるわけではない）

☑ **ゾーニング**

　森林のさまざまな機能を十分に発揮させるための森林区分の方法

　このうち、ゾーニングについて若干補っておきます。森林の自然条件や社会的ニーズは多様であり、森林には多面的機能があり、複数の機能が 1 つの森林の中で複雑に絡み合っていますが、ゾーニングとは、その複数の機能のうち最も重視すべき機能に絞って森林を区分し、効率的・効果的な森林管理

を実施することを重視する考え方をいいます。国の基本的な区分（水土保全林・森林と人との共生林・資源の循環利用林）の下、都道府県および市町村が地域の実情に応じたゾーニングをしています（〔図表19〕参照）[14]。

〔図表19〕 森林ゾーニング

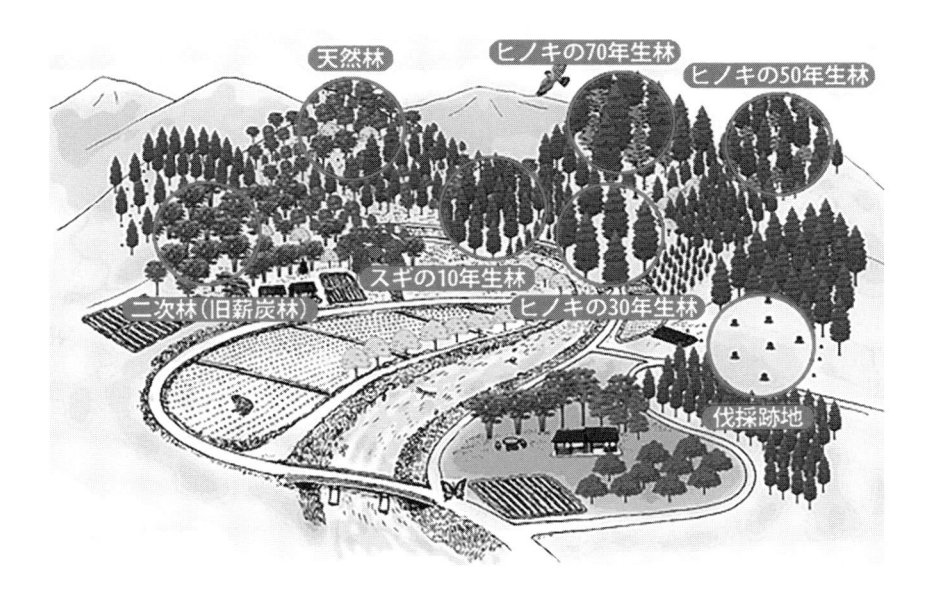

---

14 三重県「森林ゾーニングについて」〈https://www.pref.mie.lg.jp/SHINRIN/HP/mori/13517015077.htm〉。

森の内緒話③　尾松谷杉中檜

　森づくりのゴールデンルールといえば、適地適木の原則です。

　適地適木の原則というのは、読んで字のごとくではありますが、林業は農業と違って、自然力に多くを任せ、人間のコントロールの及ぶところが少ないものですので、まずは、土壌や気象、地形などの自然条件に、樹種特性をうまくかみ合わせて森づくりをしていくことが肝要である、という教えです。

　なお、樹種特性というのは、植栽樹種が生育するうえで必要な環境条件のことで、主に「耐陰性（光）」「耐湿性（土壌内湿度）」「耐寒性」を意味します。

　このことは、「尾松谷杉中檜」という例をあげて教えられます。尾根には乾燥に強い松を、過湿になりがちな谷には水分要求度が高く酸素要求度が比較的低い杉を植えよ、その中間には檜を植えよ、という昔からの教えで、大学の森林学科では、各科目の先生たちが、口を酸っぱくしてこれを学生に覚え込ませます。

　「尾松」については間違いなくそのとおりだと思われます。尾根筋は、乾燥した貧栄養土壌ですので、建材になりうる樹種だとパイオニア種（遷移の過程の最初に現れる樹種）である松以外に植栽できるものが見当たりません。

　一方、谷に杉、中間に檜かというと、斜面一面杉の木というのは普段私たちがよく目にする光景であり何ら問題なさそうです。一方、檜もある程度の水分と養分に富む谷のほうが成長が良く、やはり材価は杉より檜のほうが高いですので、いかにできるだけ谷のほうまで檜を植えるかということになります。

　ところで、檜には、とっくり病（徳利病）とろうし病（漏脂病）というのがあり、過湿地に植えるとなりがちだといわれています。とっくり病は、樹幹の下部が徳利のように膨れるもので、ろうし病は、樹脂が樹皮から流れ出るものです。

　いずれも「病」と言いますが、植物病理学的には病気だとは考えられていません。人間ならメタボ程度のことでしょう（なお、ろうし病のほうは、樹脂の流出部から菌が侵入しやすくなるようではあります）。自然条件に対する1つの応答にすぎないようですが、林木の生産上は、売れない木である、病気であるということになっています。人間に都合が悪いものは病気であると、一括りにしてしまうわけです。

森の内緒話④　法正林思想・恒続林思想

　森林科学は自然科学なのだから、森林経営の理想型や指導理論というものは当然ながら、実証に裏づけられた真理として確立されたものがあるという先入観をもってしまうのは、致し方ないことではあります。

　「法正林」「恒続林」というのが、森林経営における目標の形ではあるのですが、それが理論ではなく、思想だと知ったときには、少なからず衝撃を受けました。仮説を立て、実験し、その成果が出る頃には自分の命は尽きているし、当初の環境も変化するので設定条件が不変ではあり得ないので、確かに理論にはなりがたいなあと納得すると同時に、森林という壮大で深淵なテーマに諦めることなく挑み続けるすべての関係者のみなさんに、畏敬の念を抱かざるを得ません。

　法正林思想と恒続林思想。簡単に説明できるものではありませんが、入口の考え方のみ触れておきます。

▶法正林思想

　森林からの材積収穫が毎年確実に継続され、伐採によりその後の計画に変更をきたさないような状態を「法正状態」といい、このような法正状態にある森林を「法正林」といいます。森林を、比較的小さい等面積の林分に区画し、齢級ごとに配置し、順番に、毎年均等な面積から均等な材積収穫をし、伐採したところは再造林することによって、保続収穫を確実に継続させていくというものです。

　法正状態を維持するためには、①法正齢級分配（伐期までの各齢級の

林分が同面積ずつ存在すること）、②法正林分配置（各林分の位置的関係が互いに支障のないこと）、③法正蓄積（毎年、均等な材積収穫ができる森林であること）、④法正成長量（法正蓄積による成長量）の4つの要件が必要だといわれています。

　日本の森林経営は基本的にこの考え方に基づきますが、地形も所有形態も変化に富んでいて、小さい林分であるというのがわが国の森林の特徴ですし、やはり実際の森林経営は災害や木材価格といったさまざまな要因に影響されますので、法正林思想をそのまま実現できるものではありません。北海道国有林や御料林が比較的法正林思想に沿っているともいわれますが、同時にさまざまな独自性も有しています。

▶恒続林思想

　現実の森林を出発点とし、森林やその中の林分を、立木のみではなく、下層植物、地中の菌類、動物たち、土壌すべてが一体として結合し、「森林有機体」を形成している、その恒続を図ることをもって森林施業の原理とするものです。

　これを実践するにはまず、施業者に高度な知識と技術が求められます。樹齢もさまざまな混交林にて照査（比較・照合しながら確認すること）を繰り返し、皆伐を否定し、択伐により収穫を調節しながら一貫とした施業体系を築く、遺伝的に悪い木は淘汰し、天然更新を基本とするが必要に応じては人工的に更新させるというような内容のものです。

　この恒続林思想を象徴するのが「最も美しい森林は、また最も収穫多き森林」というドイツの科学者のアルフレート・メーラーの言葉であり、多くの林業家に影響を与えました。

　日本では、北海道の東京大学演習林で実践されています。どろ亀先生の異名をもつ東京大学名誉教授の故高橋延清先生が、エゾマツの大木に「小さい林ごとに作業しなさい。森の中の動物たちのことも考えて」と教え諭され、恒続林思想に立脚した「林分施業法」（皆伐林分も入っているので、恒続林思想そのままではありません）を構想し、実験し、現在にまで受け継がれている、ということです。

第4章　森林計画制度の全体像

1　はじめに──森林計画制度の理解のために

　熱帯雨林の森林は無秩序に乱伐され海外に輸出され続けました。その影響は、単にその地域の熱帯雨林の荒廃を招いたというにとどまりません。森林蓄積量の低下が世界規模の炭素貯蔵機能の喪失を招き、地球温暖化の1つの原因となりました。

　森林は、たとえ民有林であっても、無秩序で勝手な取扱いをすることは許されません。

　わが国の森林は、急峻な斜面に危なげに存在して水源涵養機能や山地災害防止機能などの多様な公益的機能を発揮しながら、同時に木材生産という経済的機能も発揮しています。それらの各機能は相互補完的な面もあるし、相反する面もあります。そうした森林の多様な機能を万遍なく発揮させながら将来にわたり保続培養していくためには、国有林であるか民有林であるかを問わず、長期的かつ広域的視座に立った森林計画に従って、個別具体的な施業計画が立案されなければならないのです。

　本章では、森林計画制度の全体像を整理しておきます。[1]

```
┌─────────────────────────────────────────────────┐
│ ▶本章で解説する内容▶ ▶ ▶ ▷                         │
│    ☑  森林計画制度（→ 2 ）                        │
│    ☑  森林計画の各段階（→ 3 ）                     │
└─────────────────────────────────────────────────┘
```

2　森林計画制度

(1)　森林計画の必要性

　森林計画とは、国土保全という公益的目的において、また営林という経済的目的において、森林資源を持続可能な形で利用し続けるために必要なものです。

　森林計画の具体的な目的は、大要、伐採と植林を計画的に行って、トータルでの森林資源量を減少させないようにすること、すなわち植伐均衡状態の実現と維持です。

　森林と農作物を比較したときの森林の特徴は、収穫期が自然に決まるものではなく、管理者が伐採時期を決定することができるという点にあります。そこで、目先の利益を優先した無秩序な伐採を許すと、森林が再び成長するには長い時間がかかることから、森林の機能が再び発揮されるまで、極めて長い時間森林資源を失った状態が継続することになります。また、伐採後は裸地を長期間放置することなく、可能な限り速やかに植林させ、下刈りや間伐等の育林施業をするよう導かなくては、林地が荒廃し土砂流出や崩壊の危険が発生してしまいます。

　森林計画制度は、そのような状態に陥ることをあらかじめ抑止するための制度です。

1　本章で個別に紹介する文献のほか、山本伸幸「日本における森林計画制度の起源」日本森林学会誌102巻（2020年） 1 号27頁、柿澤宏昭『日本の森林管理政策の展開──その内実と限界』（日本林業調査会・2018年）、森林計画制度研究会『森林計画の実務〔新版〕』（地球社・1992年）、田中和博『森林計画学入門』（森林計画学出版局・1996年）などが参考になります。

(2)　行政計画としての森林計画

(ア)　国土利用計画法

　森林計画は、講学上の行政計画の１つです。行政計画とは、行政上の目標とそれを実現する方法の体系のことです。[2]

　森林計画は、全国的かつ長期的に俯瞰する大綱を定め、それを地域・市町村、各林地と段階的に地域の実情に合わせて目標を調整し、かつ短期間での修正を組み入れていく構成になっています。

　そのような森林計画は、森林・林業基本計画および森林法が規定しており、それらの上位には、日本の土地利用全体を総覧する国土利用計画法があります。

　国土利用計画法は、基本理念として、土地についての公共の福祉優先をうたっています（同法２条）。これが、森林に関する各法規を支配する上位概念であり、森林所有者を含むすべての土地所有権者は、公益を度外視して好き勝手なことをしてはいけないと定められています。

国土利用計画法

（基本理念）

第２条　国土の利用は、国土が現在及び将来における国民のための限られた資源であるとともに、生活及び生産を通ずる諸活動の共通の基盤であることにかんがみ、公共の福祉を優先させ、自然環境の保全を図りつつ、地域の自然的、社会的、経済的及び文化的条件に配意して、健康で文化的な生活環境の確保と国土の均衡ある発展を図ることを基本理念として行うものとする。

(イ)　都道府県の土地利用基本計画

　国土利用計画法は、都道府県が土地利用基本計画を定めることを規定し（同法９条１項）、土地利用基本計画として、都市地域、農業地域、森林地域、自然公園地域、自然保全地域の５地域（同条２項）および土地利用の調

2　宇賀克也『行政法概説Ⅰ行政法総論〔第８版〕』（有斐閣・2023年）345頁。

停等に関する事項（同条3項）について定めることとしています。そして、森林の土地として利用すべき土地があり、林業の振興または森林の有する諸機能の維持増進を図る必要がある地域を森林地域とすることとしています（同条6項）。

　そのようにして、土地利用基本計画が定める森林地域の取扱いが、森林法等で具体的に規定され、その中に森林計画があるというのが法体系の構造です（〔図表20〕参照）。

　土地利用基本計画は、土地利用の地域を指定し、方向づけを行う段階で、国・都道府県・市町村間の調整および都道府県内の部局横断的な土地利用調整を要請しています。土地利用基本計画における土地利用の総合調整機能に鑑みれば、運用上は、前述の5地域に係る個別法（都市計画法・農業振興地域の整備に関する法律・森林法・自然公園法・自然環境保全法）の土地利用ゾーニングを変更する際は、土地利用基本計画による総合調整プロセスを経たうえで変更することが望ましいとされています。

〔図表20〕　国土の利用に関する諸計画の法体系

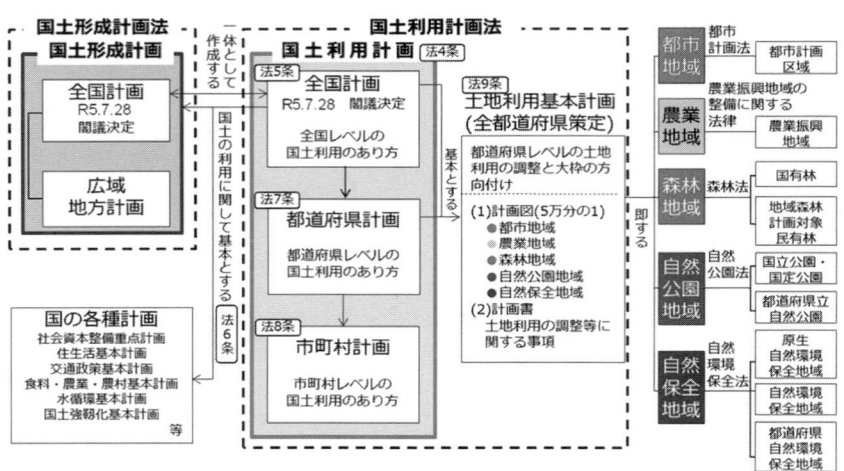

3　国土交通省「国土利用計画とは」〈https://www.mlit.go.jp/kokudoseisaku/content/001717849.pdf〉。

86

(3)　森林計画の全体像

(ア)　森林計画制度の創成期

　国家の政策として、森林を理性的に管理運営するという発想が最初に表れたのは、明治30年（1897年）に成立した最初の森林法です。そこに保安林制度が創設され、国土保全の必要性がうたわれたことが、その萌芽と指摘してよいでしょう。

　保安林が創設されるということは、水源を涵養するための保安林（面積が一番多い）、土砂流出を防備したり、土砂崩壊を予防したりするための保安林を形成して、それぞれの公益的目的を達成するよう、施業規制が開始されたことを意味するからです。

(イ)　営林のための森林計画制度へ

　明治40年（1907年）に成立した第二次森林法により、営林監督制度が新たに導入され、それまでの森林保全・災害防止のための森林法からさらに進んで、民有林の森林経営を指導する側面を有するものになりました。

　それから半世紀が経ち、第2次世界大戦後の占領政策下、GHQは日本の森林政策にも強い関心を有していました。戦中の乱伐と戦後の急激な復興需要により、森林は荒廃を極めていたことから、GHQ影響下の昭和26年（1951年）に改正された森林法において初めて、国有林も民有林も保安林も、全国のすべての森林を包含した森林計画制度が確立されたのです。農林大臣（当時）の定める森林基本計画、都道府県知事の定める森林施業計画、森林区実施計画の3つの計画からなるもので、その基本的な枠組みは現在まで受け継がれています。すべての民有林を対象に、森林簿・森林計画図の作成が開始されたのもこのときであり、日本林政において初めて私有林全体が政策の視野に収められたといえます。

　森林計画はそれ以降も数度の改正を経ますが、重要な改正は平成3年（1991年）の流域管理システムの導入です。木材輸入自由化を契機とする日本林業の斜陽化に危機感を覚え、再び国産材時代を到来させるための条件整備が課題とされた時代です。流域管理システムの導入は、国有林・民有林を俯瞰して調整する森林計画の樹立をめざすものであり、また流域単位で川上・川中・川下の連携を促進させる狙いをもつものです。

　　㈡　環境配慮のための森林計画制度へ

　平成13年（2001年）に、最初の森林・林業基本計画が定立されました。このとき以降、森林政策・森林計画のあらゆる方向で、森林の多面的機能（生物多様性保全機能、地球環境保全機能、土砂災害防止・土壌保全機能、水源涵養機能、保健レクリエーション機能、快適環境形成機能、文化機能、物質生産機能）が強調されるようになり、地球規模に環境配慮した森林のあるべき姿が追求されるようになっていきました。

　こうした潮流の源泉は、平成 4 年（1992年）のリオ・サミットとそれ以降の国際環境の変化であり、わが国の森林政策はその影響下で大きな方向転換を果たしたものということになります。

　　㈢　森林計画制度の体系

　わが国の森林計画は、平成23年（2011年）に現在の体系に到達しています（〔図表21〕参照）。

　森林計画においては、国が定める森林・林業基本計画から都道府県レベルの地域森林計画までが、「即して」という文言により規律されており、広域目標がより狭域に細分化されるしくみとなっています。

　これに対して、市町村森林整備計画と、森林所有者が立案する森林経営計画は、上位計画に「適合して」とされています。「適合して」もトップダウン型行政計画の規律の仕方には違いありませんが、地域林政の自主性を重視し、また森林所有者の所有権に基づく発意・創意を尊重する意味合いにおいて、民主的要素を取り入れたものです。

4　林野庁「令和 5 年度　森林・林業白書」〈https://www.rinya.maff.go.jp/j/kikaku/hakusyo/r 5 hakusyo/attach/pdf/sankou- 4 .pdf〉34頁。

〔図表21〕　森林計画制度の体系

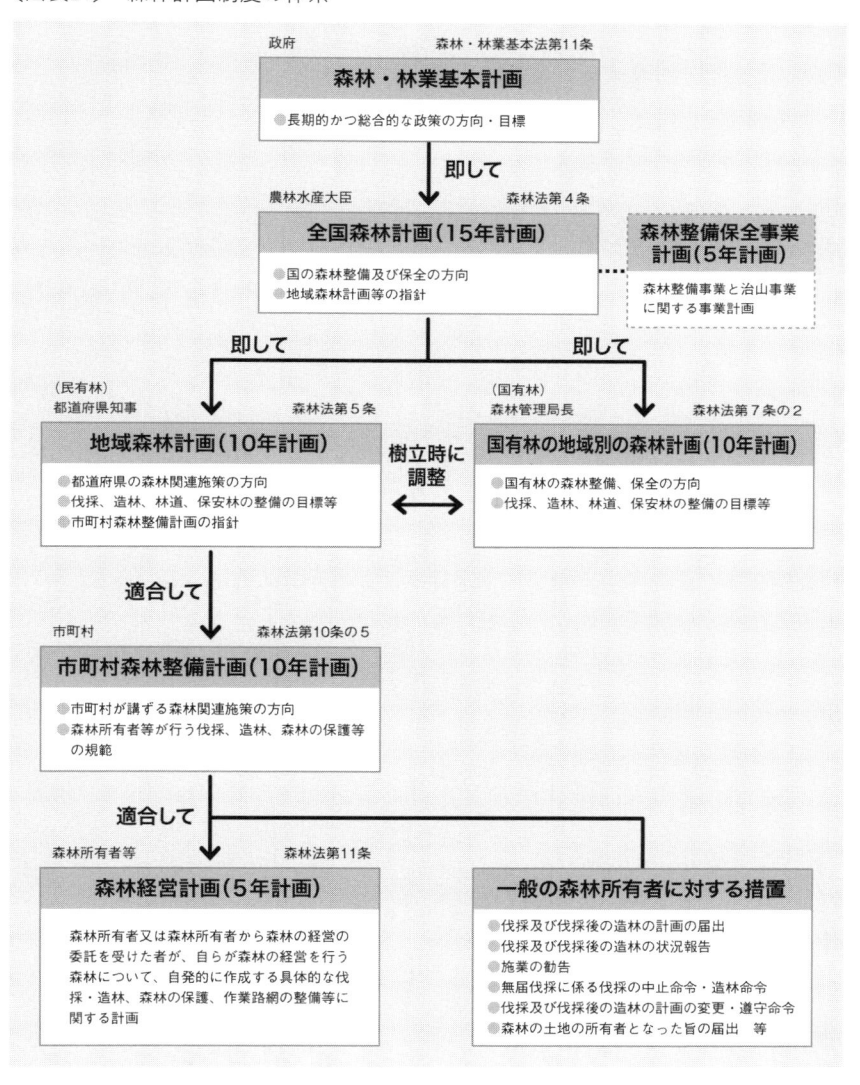

3　森林計画の各段階

(1)　森林・林業基本計画

　平成13年（2001年）に、森林・林業基本法が制定され、「政府は、森林及び林業に関する施策の総合的かつ計画的な推進を図るため、森林・林業基本計画……を定め」るべきことが規定されました（同法11条１項）。政府は、森林の多面的機能を発揮させ林産物を供給利用させるために、総合的かつ計画的に施策を講じなければならず、さらにそれは、環境の保全に関する国の基本的な計画との調和が保たれたものでなければならないとされたのです。

　森林・林業基本計画は、その後、おおむね５年ごとに見直されて、平成28年（2016年）の森林・林業基本計画では林業・木材産業の成長産業化の実現を目標としています。その頃から今日まで、木材の自給率は着実に上昇しており、また林業経営体の規模拡大や生産性の向上も徐々に進んでいます。

　令和３年（2021年）の森林・林業基本計画では、引き続き林業・木材産業の成長産業化を志向するほか、再造林等による森林の適正な管理とカーボンニュートラルに寄与するグリーン成長を実現することが目標とされました。

(2)　全国森林計画

(ア)　あらまし

　全国森林計画は、農林水産大臣が森林・林業基本計画に即して、全国の森林について５年ごとに15年を一期として立てる計画です（森林法４条１項）。

　全国森林計画においては、森林の整備および保全の目標、伐採立木材積や造林面積等の計画量、施業の基準等が流域ごとに明らかにされており、都道府県知事が立てる地域森林計画等の指針となります。

　近年の全国森林計画が目標とするのは、育成複層林化（新たに育林する際には、広葉樹と針葉樹が混合した山をつくることをめざすこと）や、林業・木材産業の成長産業化を図ること等です。また、高性能な林業機械が続々と登場していることや、走行車両が大型化してきていることから、より安全かつ堅牢な林道・森林作業道の設置が目標とされています。

(イ)　流域管理システム

　現代の全国森林計画の最大の特徴は、流域管理システムです。

〔図表22〕 全国森林計画広域流域位置図

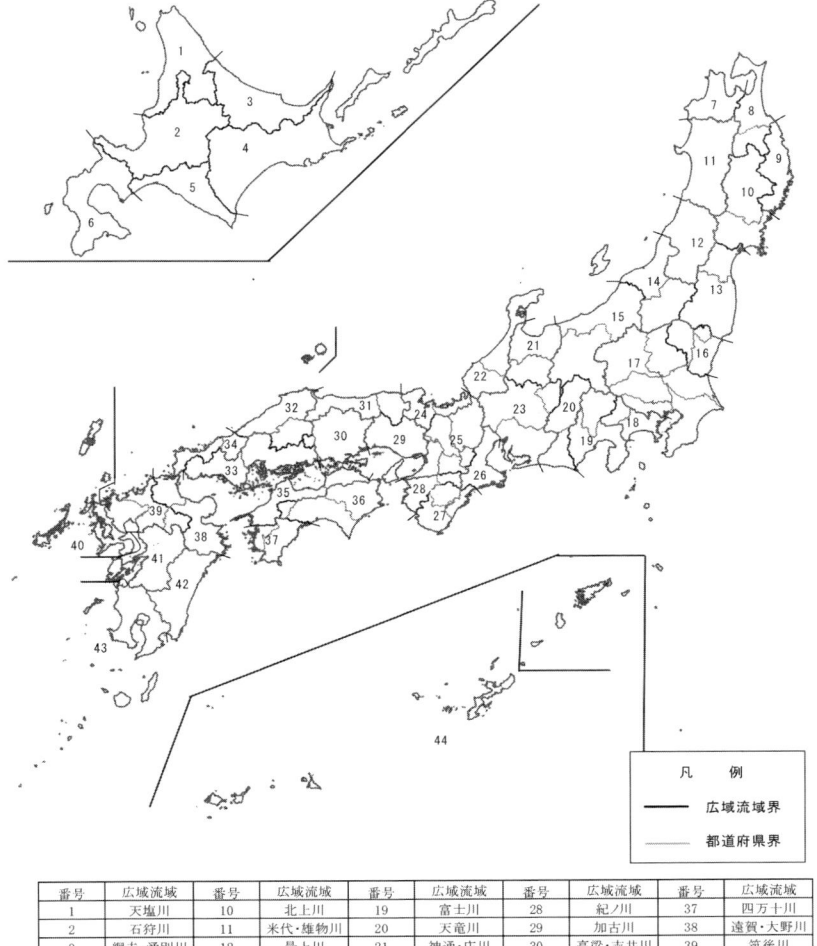

番号	広域流域	番号	広域流域	番号	広域流域	番号	広域流域	番号	広域流域
1	天塩川	10	北上川	19	富士川	28	紀ノ川	37	四万十川
2	石狩川	11	米代・雄物川	20	天竜川	29	加古川	38	遠賀・大野川
3	網走・湧別川	12	最上川	21	神通・庄川	30	高梁・吉井川	39	筑後川
4	十勝・釧路川	13	阿武隈川	22	九頭竜川	31	円山・千代川	40	本明川
5	沙流川	14	阿賀野川	23	木曽川	32	江の川	41	菊池・球磨川
6	渡島・尻別川	15	信濃川	24	由良川	33	芦田・佐波川	42	大淀川
7	岩木川	16	那珂川	25	淀川	34	高津川	43	川内・肝属川
8	馬淵川	17	利根川	26	宮川	35	重信・肱川	44	沖縄
9	閉伊川	18	相模川	27	熊野川	36	吉野・仁淀川		

　平成に入った頃より、全国森林計画は、河川の上流から下流までを一体として、流域ごとに計画の単位を定めるよう移行しており、これを流域管理シ

ステムと呼んでいます（〔図表22〕参照）。流域を単位とすることにより、水系等の自然的条件を基盤として、森林資源の類似性、行政区画等の社会的経済的条件のまとまりのよい計画グループを設定することが効率的と見出されたのです。こうして定めた全国44の広域流域ごとに、整備および保全の目標が定められています。

　平成初期は、わが国の地方分権化が進んだ時代であり、林政も地方林政の時代に入ろうとしていました。そこで、国と都道府県計画との中間に、流域林政を設けることとしたのです。これはつまり、森林整備や林業振興は、山系とそれに起源する河川の流域を中心とした圏域を単位としているという歴史的実態があるから、これを尊重し、川上・川中・川下のシステム形成（育林業者・伐採業者・素材流通業者・製材業者・製材流通業者による合理的な産地形成）を促進しようとしたものです。

　流域管理システムの導入から30年を経て、現在はその評価の時代に入っていますが、この間、積極的に都道府県の枠組みを超えた流域の取組みが形成されたということはいえません。もっともその間は、輸入材に押された国産林業低迷の時代であり、そうした事情に変更が生じたのは近年のことです。流域単位という考え方自体は理にかなっており、今後の展開が期待されるところです。

(3)　地域森林計画

　地域森林計画は、都道府県知事が、全国森林計画に即して、民有林を対象として、5年ごとに10年を一期として立てるものです（森林法5条1項）（なお、国有林については、森林管理局長が立てる「国有林の地域別の森林計画」が別にあります）。

　平成3年（1991年）の森林法改正により、全国森林計画の44の流域が都道府県内でさらに流域ごとに細分化され、地域森林計画の対象となることになりました。

　たとえば、栃木県であれば、那珂川森林計画区、鬼怒川森林計画区、渡良瀬川森林計画区の3森林計画区域からなり、地域森林計画は、那珂川地域森

5　農林水産省「全国森林計画（令和5年10月閣議決定）」〈https://www.rinya.maff.go.jp/j/press/keikaku/attach/pdf/231013_8-2.pdf〉別紙。

林計画、鬼怒川地域森林計画、渡良瀬川地域森林計画と、それぞれ独立した森林計画書が作成されています（〔図表23〕[6]参照）。

　したがって、都道府県単体としての地域森林計画は存在しません。もっとも、ほとんどの都道府県が、分野別計画（栃木県の場合であれば「とちぎ森林創生ビジョン」）を策定しています。

　地域森林計画は、全国森林計画に即しつつ、地域・流域の特性を踏まえながら、森林の整備および保全の目標、森林の区域（ゾーニング）および伐採等の施業方法の考え方を提示しているところ、森林の伐採・間伐・造林の具体的計画量、林道開設、森林保護、治山事業などのより細目について、具体的な目標値が設定されているほか、地域の林業の特性を踏まえた事業展開の方向性についても具体的に踏み込んだ目標を定めています。

〔図表23〕　地域森林計画区（栃木県）

6　栃木県「森林計画制度について」〈https://www.pref.tochigi.lg.jp/d08/shinrinkeikaku.html〉。

　具体例として、栃木県内の3つの地域森林計画における「林産物の利用促進のための施設の整備に関する方針」の項を比較してみましょう（〔図表24〕[7]参照）。

　那珂川地域には、恵まれた森林資源と大規模製材工場があります。ここでの施設の整備に関する方針は、全国の先進事例となるようなモデル工場の育成促進です。

　鬼怒川地域は、歴史と伝統のある林業地ですが、生産規模は大きいとはいえず、製材工場の動きも活発ではないので、中規模製材工場の育成促進が課題となっています。

　渡良瀬川地域の生産規模は、鬼怒川地域よりは大きいのですが、やはり中規模クラスの製材工場が十分に育成されていません。したがって、計画目標としては鬼怒川地域と同じく中規模製材工場の育成となります。

〔図表24〕　地域森林計画（栃木県内の3つの地域森林計画）

【那珂川地域森林計画】

今後の「製材業等」における生産基盤拡充の3原則		
高性能製材施設（材積歩留り・スピードの向上）	乾燥施設・仕上加工施設（品質・付加価値の向上）	熱源用木質焚きボイラー等（木質バイオマスの利用促進）

【当計画区の特色と方向性：大規模量産型・先進的モデル工場の育成促進】

特色	・大規模量産型の製材工場が集中的に立地し、スギ・ヒノキ乾燥材生産を中心とした関東中部最大規模の製材品生産地域 ・各製材工場は、高度な乾燥技術を有し、製品供給先は、製品市場の他、商社、ハウスメーカー及びビルダー等と多岐に渡り市場からの信頼性も高い ・今後の木造建築の構造設計・木材加工の中核を担うことが見込まれる大手プレカット工場が地域内及び県内外にも存在するなど、恵まれた社会的条件 ・製材工場と併設する木質バイオマス発電施設や工業・農業への熱供給を目的とした木質バイオマス利用施設が稼働するなど、森林資源フル活用（カスケード

7　栃木県「那珂川地域森林計画書（変更）（令和5年12月変更）」〈https://www.pref.tochigi.lg.jp/d08/shinrinkeikaku/documents/nakagawa-r5hennkou.pdf〉34頁、同「鬼怒川地域森林計画書（樹立）（令和5年度樹立）」〈https://www.pref.tochigi.lg.jp/d08/documents/kinugawa-r5jyuritu.pdf〉35頁、同「渡良瀬川地域森林計画書（変更）（令和5年12月変更）」〈https://www.pref.tochigi.lg.jp/d08/documents/watarasegawa-r5hennkou.pdf〉34頁。

	利用）の先進地
方向性	・今後、県内外の建築物における木造・木質化の需要の増大が期待されることから、製品市場の他、商社、ハウスメーカー及びビルダー等の様々なユーザーに対応できる生産体制整備を推進 ・製材品の強度性能等の品質を明確にするため、グレーディングマシンを導入し、機械等級区分構造用製材（JAS製品）の生産を促進 ・木質バイオマス発電施設や熱利用施設を安定して稼働させるため、木質バイオマスの安定供給の確保

【鬼怒川地域森林計画】

今後の「製材業等」における生産基盤拡充の3原則		
高性能製材施設（材積歩留り・スピードの向上）	乾燥施設・仕上加工施設（品質・付加価値の向上）	熱源用木質焚きボイラー等（木質バイオマスの利用促進）

【当計画区の特色と方向性：中規模製材工場の育成促進】

特色	・中規模クラスの製材工場が主体の地域 ・日光地域から生産される原木は、全国的にも知名度の高い「日光材」として、製品のブランド化に寄与 ・林業事業者、木材産業事業者及び設計・建築事業者等が連携する「顔の見える家づくり」等地域に密着した木材供給システムづくりを形成
方向性	・今後の生産規模・取引量の拡大・安定需給を実現するために、高い加工能力や販売ルートを持つ中核的製材工場と小規模専門工場の水平連携への取組が効果的であることから、当該工場の役割に応じた施設整備を促進 ・中規模・少量生産型の特性を活かした乾燥方法の導入や製品づくりの構築に資する施設整備を促進

【渡良瀬川地域森林計画】

今後の「製材業等」における生産基盤拡充の3原則		
高性能製材施設（材積歩留り・スピードの向上）	乾燥施設・仕上加工施設（品質・付加価値の向上）	熱源用木質焚きボイラー等（木質バイオマスの利用促進）

【当計画区の特色と方向性】

特色	・川上から川下の垂直連携を構築した企業グループが主体となった製品生産地域 ・大消費地である首都圏が近いことから流通に恵まれた立地条件 ・大型の木質バイオマス発電施設の稼働に伴い、未利用材の活用による森林資源のフル活用（カスケード利用）が促進
方向性	・今後、従来の木造住宅の需要に加え、県内外の非住宅分野における木造建築の増大が見込まれることから、製品市場の他、商社、ハウスメーカー及びビルダー等の様々なユーザーに対応できる生産体制を推進 ・グレーディングマシン等により強度性能等を明確にした製材及び集成材の生産を推進

	・木質バイオマス発電施設を安定稼働させるため、木質バイオマスの安定供給体制を構築

　そのほか、地域森林計画は、公益的機能別施業森林区域を設定する基準をおいたり、鳥獣害防止森林区域を設定する基準をおいたりと、ゾーニングの設定基準を提供していることも特徴です。

　林業政策の実務における都道府県の果たす役割は極めて大きいのです。

⑷　市町村森林整備計画

　市町村森林整備計画は、市町村が、その区域内にある地域森林計画の対象となっている民有林について、地域森林計画に適合するように、５年ごとに10年を一期として立てる計画です（森林法10条の５第１項）。

　市町村を森林計画制度に位置づけ、積極的な参加を求める動きは、昭和40年頃には認められています。伐採届出等の施業監督や間伐の促進、森林経営の団地化等現場の課題に取り組むためには、地域の情報に精通した市町村が主導することが効果的と思われたのです。

　一方、市町村には、そうした役割を担う人材が、専門性の高い林務分野にあってはことのほか不足しており、現在に至っても深刻な問題ではあります。つまり、都道府県には必ず、大学で森林科学を専攻した職員がいて林務行政を担当していますが、市町村の場合には、よほどの有名林業地でもない限り、林務専門職は不存在なのです。

　しかし、とにもかくにも、制度としてまず、平成３年（1991年）の森林法改正において、地域森林計画対象民有林を有するすべての市町村に、市町村森林整備計画の策定が義務づけられました。実際の作成業務においては、県の職員がきめ細かに指導しながら進められています。

　その後、平成23年（2011年）の森林法改正において、市町村森林整備計画と森林経営計画（**本章２⑸参照**）が、森づくりの具体的なマスタープランの役割を引き受けるものと位置づけられました。それは、市町村および森林所有者（または森林の経営の委託を受けた者）が、森林の多面的機能のすべてに配慮したレベルの高いプランを作成しなければならないという、森林政策における地方分権です。実際には、森林組合や森林施業プランナーやフォレス

ターが、具体的な計画づくりを支援していくよう制度設計されています（**第
1章3⑵㋐㋖**参照）。

　実例として、栃木県那須塩原市の森林整備計画をみると、下表のとおり、
病虫害等の被害が認められるため伐採が促進されるべき林班が具体的に掲記
され、目標とされていることがわかります（〔図表25〕[8]参照）。

〔図表25〕　市町村森林整備計画（栃木県那須塩原市）

森林の区域	備　考
黒磯（9林班ア〜ウ）、鍋掛（2林班エ、5林班エ、6林班ア・ウ・エ、7林班ア・ウ・エ、15林班ア、17林班ウ、18林班エ・オ）、東那須野（18林班ア・イ、19林班イ、20林班ア・イ、28林班ウ）、高林（86林班）	伐採については、病害虫等被害木の伐倒駆除方法による。
西那須野（1林班ア〜カ、2林班ア・イ・エ〜サ・ソ・タ・ツ、3林班ア・オ〜コ・シ、4林班ア・オ〜コ・シ、5林班、6林班エ〜カ、7林班、9林班〜10林班、12林班、14林班、17林班、22林班〜24林班、27林班〜29林班、32林班〜35林班、37林班、38林班）、狩野（2林班〜7林班）（※烏ケ森公園、常盤ケ丘（長延寺周辺）、三島（三島体育センター周辺）、下永田、二区町、高柳（にしなすの運動公園））、箒根（25林班、27林班、28林班、33林班、34林班、46林班〜48林班、50林班）	

　このように、市町村森林整備計画では、地域の実情に即した森林整備を推
進するためのゾーニング、森林施業の共同化の促進に関する事項、病虫害の
被害が認められるため相応の対応が求められる林班を指定する、路網整備等
の数値目標等をあげるといった、森林づくりの具体的な構想が示されること
となっています。

⑸　森林経営計画

㈠　森林経営計画と優遇措置

　森林経営計画は、森林所有者または森林の経営の委託を受けた者（森林組合などの林業事業体）が、森林の経営に関する長期の方針等について、５年を一期として作成する計画です（森林法11条１項）。

　森林経営計画の策定は義務づけられているのではありません。もとより私人が所有する民有林ですから、森林経営計画を作成するもしないも、森林所有者の自由です。あえて行政的な考え方の型にはまった森林経営計画をつくらず、自分独自の方針にこだわる林業者は、少なからず存在するところです。

　国は、森林所有者において森林経営計画策定の動機づけとなるよう、次の①〜④のような補助金等の公的支援措置が受けられるように奨励策を設置しています。

①　税制優遇（ⓐ所得税：山林所得に係る森林計画特別控除、ⓑ相続税：計画伐採に係る相続税の延納等の特例、立木および林地に係る課税価格の特例、公益的機能別施業森林の評価減、山林についての相続税の納税猶予（規模拡大目標を定めた属人計画のみ）

②　金　融（日本政策金融公庫資金等における融資条件の優遇）

③　補助金等（森林環境保全直接支援事業（造林補助）、森林整備地域活動支援交付金）

④　再生可能エネルギー固定価格買取制度（「間伐材等由来の木質バイオマス」（40円/kWh または32円/kWh（税抜価格））の区分が適用）

㈡　森林経営計画の目的と種類

　森林経営計画の目的は、できるだけ大面積を一団のまとまりとして施業集約化すること、計画に基づいた効率的な森林施業をさせること、また適切な森林の保護を通じて、森林のもつ多様な機能を十分に発揮させることです。

　森林経営計画は、平成23年（2011年）の森林法改正により現在の形になっています（同法11条１項（「政令で定める基準に適合するものにつき」）、森林法施行令３条１項、森林法施行規則33条）。それまでは、計画作成の区域に限定がなかったため、広範囲に点在する森林が１つの施業計画に入れ込まれること

があり、効率的な施業計画や路網の設計が達成されにくくなっていました。そこで、認定条件を一部改め、行政の長による認定条件を次の①あるいは②のとおりとしたものです（森林法施行規則33条）（〔図表26〕参照）。[9]

①　属地条件（地形その他の自然的条件および林道の開設その他の林業生産の基盤の整備の状況からみて造林、保育、伐採および木材の搬出を一体として行うことができる場合（同条1号））で、ⓐⓑのいずれかの条件を満たす場合

　　ⓐ　林班計画：森林の経営を自ら行う森林所有者または森林の経営の委託を受けた者が、単独または共同で作成する森林経営計画で、林班または隣接する複数林班の面積の2分の1以上の森林を対象とするもの（同条1号イ）

　　ⓑ　区域計画：森林の経営を自ら行う森林所有者または森林の経営の委託を受けた者が単独または共同で作成する森林経営計画で、市町村が定める一定区域において30ha以上の森林を対象とするもの（同条1号ロ）

②　属人条件（森林の経営の実施の状況からみて同一の者（森林所有者または森林の経営の委託を受けた者）により造林、保育、伐採および木材の搬出を一体として効率的に行うことができると認められる場合で、対象森林

〔図表26〕　属地計画と属人計画

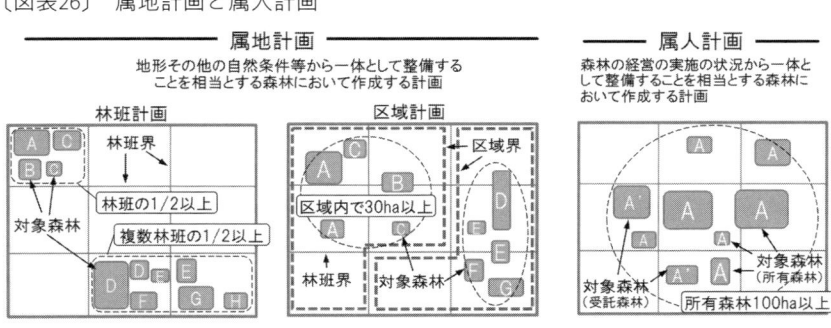

9　林野庁「森林経営計画制度（令和3年4月）」〈https://www.rinya.maff.go.jp/j/keikaku/sinrin_keikaku/attach/pdf/con_6-3.pdf〉。

の面積が100ha 以上であること（同条２号）を満たす場合

(ウ)　森林経営計画の作成

　森林経営計画が行政機関によって認定されることで、森林施業をするために必要な費用を賄うための補助金や支援策が受けられます。森林経営計画は、いわば、助成を受けるための受給資格の取得というに近いです。

　実際には森林所有者みずから森林経営計画を作成することは稀で、林業事業体が単一または複数の所有者から委託を受けて、一定の面的まとまりをもって施業の集約化をしたうえで作成することが多いです。そうすることにより、小さな林分ごとに施業するより経済合理性のある施業ができるからです。

　認定申請先は、①森林経営計画の対象とする森林が１つの市町村の区域内にある場合は市町村の長、②複数の市町村にわたる場合は都道府県知事、③複数の都道府県にわたる場合は農林水産大臣です。

　森林経営計画が提出されると、認定者側が上位の計画である市町村森林整備計画や地域森林計画に参照して、認定の可否が示されます。実際には、行政庁から申請内容に対する修正の助言がなされ、それに従い修正して認定となります。市町村森林整備計画や地域森林計画に基づき行政庁が補助金の原資となる予算を確保していますから、認定のポイントは、その配分の公平性・合理性に沿うことです。

　森林経営計画を認定するに際して行われる行政指導は、各都道府県ごとに濃淡や特徴があり、また予算獲得に対する熱心さ巧みさが露わになる場面です。また、単位面積あたりの補助金額が少ない間伐を促進するか、高額になる主伐再造林にも積極的に認定が下りるか等、各行政主体の姿勢の違いが出る場面です。

(エ)　森林経営計画の取消し

(A)　事後の伐採届

　森林経営計画の認定を受けた森林所有者等は、森林経営計画に定めた伐採等を行った場合には、森林経営計画の認定権者に対し伐採等の実施結果を記載した届出書を提出することが義務づけられています（森林法15条）。

　森林経営計画の認定権者は、森林経営計画の被認定者が、伐採等の届出書

を提出せず、または虚偽の内容により提出をしたときには、森林経営計画の認定を取り消すことができるとされています（森林法16条1号〜3号）。

　(B)　保安林の伐採

　森林経営計画の対象森林に保安林が含まれ、その伐採を行う場合、伐採等の届出書の提出に加え、保安林として、伐採前には都道府県知事の許可を受けること（森林法34条1項）、伐採後には都道府県知事に対し保安林の立木を伐採した旨の届出を行うことが義務づけられています（同条8項）。違反した場合には刑事罰の規定があります（同法207条1号）。

　(C)　森林経営計画の対象ではない森林の伐採等

　森林経営計画の対象ではない森林の伐採等を行う場合は、伐採等の前に伐採および伐採後の造林の届出書を市町村長に提出することが義務づけられています（森林法10条の8第1項）。違反した場合には刑事罰の規定があります（同法208条1号）。

　さらに、平成28年（2016年）の森林法改正により、森林所有者等は、伐採および伐採後の造林の届出書に記載された伐採および伐採後の造林に係る森林の状況を市町村長に対し報告しなければならないという制度が創設されました（同法10条の8第2項）。違反した場合には刑事罰の規定があります（同法210条1号）。

　(D)　保安林の択伐および間伐

　保安林において、指定施業要件に定める伐採の方法に適合し、かつ指定施業要件の限度を超えない範囲で行う択伐や間伐の場合、届出書をあらかじめ都道府県知事に提出することにより（森林法34条の2第1項・34条の3第1項）、立木の伐採の許可を受けること（同法34条1項）、伐採後の届出書を提出すること（同条8項）は不要とされています（同法34条1項2号・3号）。違反した場合には刑事罰の規定があります（同法208条3号・4号）。

第5章　森林計画制度と森林の保全

1　はじめに──森林の保全

　森林には、生物多様性保全、保健・レクリエーション、地球環境保全、快適環境形成、土砂災害防止・土壌保全、水源涵養、物質生産、文化的機能といったさまざまな公益的機能があり、これを「森林の有する多面的機能」といいます。

　この多面的機能を十分に発揮させるためには、無秩序な伐採や開発を規制する一方で、森林管理をせず荒廃した森林が生じないようにして、森林のもつ機能を永続的かつ恒常的に活用できるようにし続けなければなりません。

　このことは、森林法において、「この法律は、森林計画、保安林その他の森林に関する基本的事項を定めて、森林の保続培養と森林生産力の増進とを図り、もつて国土の保全と国民経済の発展とに資することを目的とする」とうたわれているとおりであり（同法1条）、森林の保続培養と森林生産（木材生産）が両輪で廻っていくように構想し実践することが森林管理であるといえます。

　そのような趣旨から、森林法は、民有林所有者に対する規制として、①森林経営計画制度（同法11条〜20条）、②保安林制度（同法25条〜40条）および保護施設地区（同法41条〜48条）、③林地開発許可制度（同法10条の2〜10条の4）、④伐採および伐採後の造林の届出等の制度（同法10条の8〜10条の10）

を定めており、これに加えて、⑤平成31年（2019年）4月1日から施行されている森林経営管理法により森林経営管理制度がおかれています。

〔図表27〕　国土保全機能と水源涵養機能

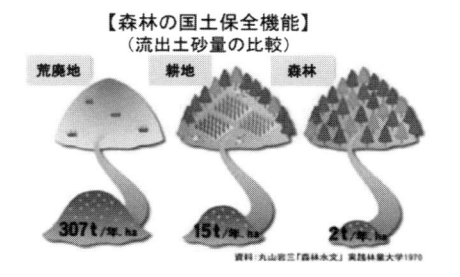

【森林の国土保全機能】
（流出土砂量の比較）

荒廃地　　　耕地　　　森林

307t/年.ha　　15t/年.ha　　2t/年.ha

資料:丸山岩三「森林水文」実践林業大学1970

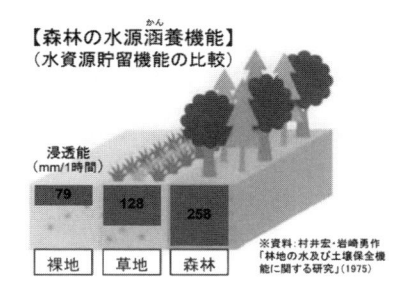

【森林の水源涵養機能】
（水資源貯留機能の比較）

浸透能
（mm/1時間）

79　　128　　258

裸地　　草地　　森林

※資料:村井宏・岩崎勇作
「林地の水及び土壌保全機能に関する研究」(1975)

　森林経営計画制度（①）については前章（**第4章**参照）で、森林経営管理制度（⑤）については次章（**第6章**参照）でそれぞれ説明しますが、この2つの制度は森林生産力の増進のほうに力点をおいているものであるのに対して、本章で扱う制度（②③④）は、森林の保続培養（国土保全機能や水源涵養機能（〔図表27〕参照）など）に力点をおくものです。

> ▶**本章で解説する内容**▶ ▶ ▶
>
> ☑　保安林制度（→2）
>
> ☑　保安施設地区（→3）
>
> ☑　林地開発許可制度（→4）
>
> ☑　太陽光発電と林地開発許可（→5）
>
> ☑　伐採および伐採後の造林の届出等の制度（→6）
>
> ☑　伐採の規制と保全の推進（まとめ）（→7）

1　林野庁「森林・林業・木材産業の現状と課題（2021年7月）」〈https://www8.cao.go.jp/kisei-kaikaku/kisei/meeting/wg/nousui/210831/210831nousui_ref01_01.pdf〉。

2　本章で個別に紹介する文献のほか、森林・林業基本政策研究会編著『解説森林法〔改訂版〕』（大成出版社・2017年）、柿澤宏昭『日本の森林管理政策の展開──その内実と限界』（日本林業調査会・2018年）、（畠山武道『自然保護法講義〔第2版〕』（北海道大学出版会・2008年）などが参考になります。

2　保安林制度

(1)　保安林

　水源の涵養、土砂の流出その他災害の防備、レクリエーションの場の提供など特定の公共目的を達成するため、森林法に基づく一定の制限（立木竹の伐採、土地の形質変更、植栽の義務等）が課せられている森林のことを保安林といいます。

　保安林制度は、明治30年（1897年）の最初の森林法制定時にまでさかのぼります。幕藩体制の終末期から明治時代にかけては、国家体制が不安定で森林政策にまで手が及ばず、日本の森林は大いに荒れていました。しかし、森林は国家を国家たらしめる 3 要素（領土・人民・権力）の 1 つ（領土）の礎ですから、その健全性確保は喫緊の課題です。明治政府は、権力構造の軸が座ると、直ちにこの問題に取り組みました。

　保安林制度は、その森林を保安林に指定することにより国土保全目的において理性的に管理運営することを可能とする、最も重要な森林政策です。[3]

(2)　保安林の現状と種類

　令和 2 年（2020年） 3 月末において、全国の森林面積の約50%、国土面積の約34%にあたる約1300万 ha が保安林に指定されています。[4] 近年の豪雨影響による山地災害のリスク増大と、地球温暖化抑止のための森林吸収源対策の観点から、保安林は毎年着実に、新たに配備されています。

　森林法は、11種の保安林種別を定めています（同法25条 1 項 1 号〜11号）（〔図表28〕[5] 参照）。

3　保安林と混同されがちなものとして、保護林があります。保安林が、国土保全に係る特定の公益目的を達するため農林水産大臣や都道府県知事が指定する森林で、国有林の場合と民有林の場合があるのに対し、保護林は、風致や生態系の保全に主目的がある国有林独自の制度であり、学識経験者等からなる委員会の意見も踏まえつつ森林管理局長が設定するものです（保護林については**第10章 2 (3)参照**）。

4　林野庁「令和 5 年度　森林・林業白書」参考付表〈https://www.rinya.maff.go.jp/j/kikaku/hakusyo/r 5 hakusyo/attach/pdf/sankou- 3 .pdf〉 6 頁・ 9 頁。

5　林野庁「令和 5 年度　森林・林業白書」参考付表〈https://www.rinya.maff.go.jp/j/kikaku/hakusyo/r 5 hakusyo/attach/pdf/sankou- 3 .pdf〉 9 頁。

〔図表28〕 保安林の種類および種類別面積（森林法25条1項）

規　定	保安林の種類	実面積
1号	水源涵養保安林	9,263,000ha
2号	土砂流出防備保安林	2,618,000ha
3号	土砂崩壊防備保安林	61,000ha
4号	飛砂防備保安林	16,000ha
5号	防風保安林	56,000ha
	水害防備保安林	1,000ha
	潮害防備保安林	14,000ha
	干害防備保安林	126,000ha
	防雪保安林	0ha
	防霧保安林	62,000ha
6号	なだれ防止保安林	19,000ha
	落石防止保安林	3,000ha
7号	防火保安林	0ha
8号	魚つき保安林	60,000ha
9号	航行目標保安林	1,000ha
10号	保健保安林	704,000ha
11号	風致保安林	28,000ha
合　計		13,033,000ha

　いったん保安林に指定されると、立木の伐採、家畜の放牧、土地の形質の変更等に都道府県知事の許可を要するなど、さまざまな制限が課され、その許可が得られる場合にも、当該保安林に係る指定施業要件（立木の伐採許可、択伐・間伐の届出、伐採跡地への植栽の義務）を遵守しなければならない（森林法34条〜34条の4）ので、保安林指定は、私権の制限を伴う不利益処分の性格を有するものといえます。

(3)　保安林制度の体系

　森林法における保安林制度の骨子は、農林水産大臣等による指定（保安林の種別により、環境大臣との協議または林政審議会への諮問が必要）、指定によ

〔図表29〕　保安林制度の体系

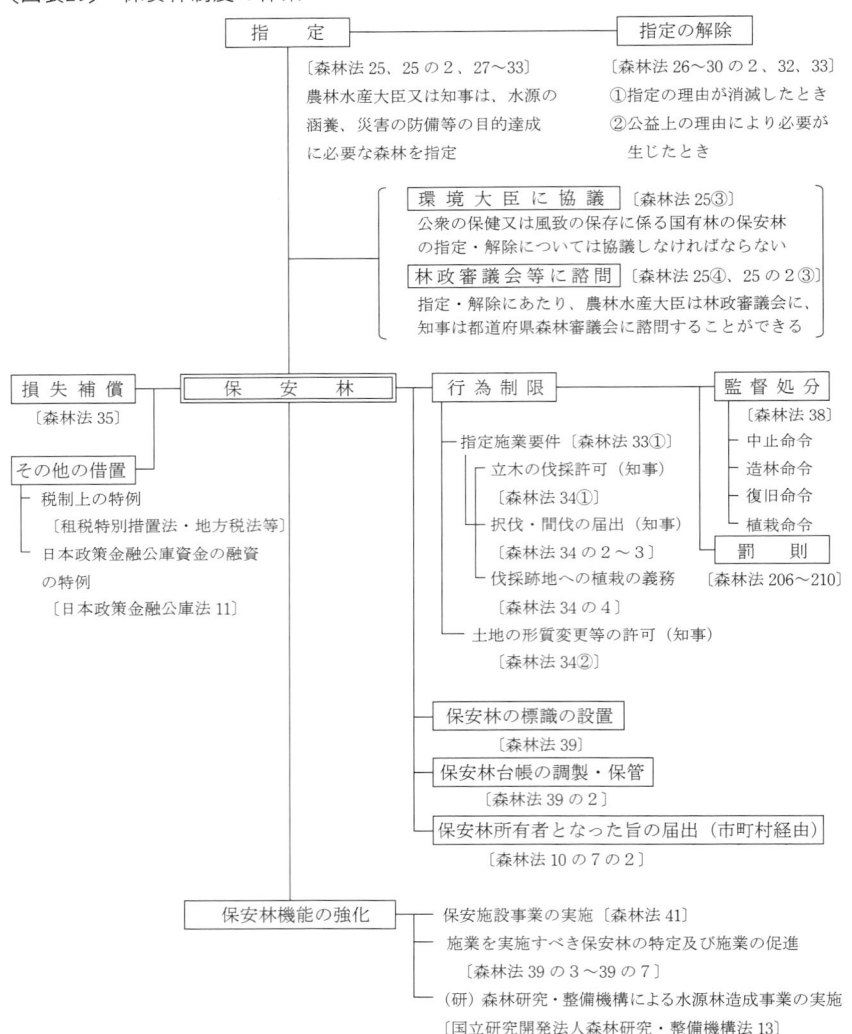

指　　　定	指定の解除
〔森林法 25、25 の 2、27〜33〕 農林水産大臣又は知事は、水源の 涵養、災害の防備等の目的達成 に必要な森林を指定	〔森林法 26〜30 の 2、32、33〕 ①指定の理由が消滅したとき ②公益上の理由により必要が 　生じたとき

環 境 大 臣 に 協 議　〔森林法 25③〕
公衆の保健又は風致の保存に係る国有林の保安林
の指定・解除については協議しなければならない

林 政 審 議 会 等 に 諮 問　〔森林法 25④、25 の 2③〕
指定・解除にあたり、農林水産大臣は林政審議会に、
知事は都道府県森林審議会に諮問することができる

損 失 補 償
〔森林法 35〕

その他の措置
− 税制上の特例
　〔租税特別措置法・地方税法等〕
− 日本政策金融公庫資金の融資
　の特例
　〔日本政策金融公庫法 11〕

保　安　林

行 為 制 限

− 指定施業要件〔森林法 33①〕
　　立木の伐採許可（知事）
　　〔森林法 34①〕
　　択伐・間伐の届出（知事）
　　〔森林法 34 の 2〜3〕
　　伐採跡地への植栽の義務
　　〔森林法 34 の 4〕
− 土地の形質変更等の許可（知事）
　〔森林法 34②〕

保安林の標識の設置
〔森林法 39〕

保安林台帳の調製・保管
〔森林法 39 の 2〕

保安林所有者となった旨の届出（市町村経由）
〔森林法 10 の 7 の 2〕

監 督 処 分
〔森林法 38〕
− 中止命令
− 造林命令
− 復旧命令
− 植栽命令

罰　　　則
〔森林法 206〜210〕

保安林機能の強化

− 保安施設事業の実施〔森林法 41〕
− 施業を実施すべき保安林の特定及び施業の促進
　〔森林法 39 の 3〜39 の 7〕
−（研）森林研究・整備機構による水源林造成事業の実施
　〔国立研究開発法人森林研究・整備機構法 13〕

　るさまざまな行為制限（指定施業要件の遵守および土地の形質変更の場合の許可）（同法33条〜34条）とそれに違反する場合の監督処分（中止命令、造林命令、復旧命令、植栽命令）（同法38条）および罰則（同法206条〜210条）です

（〔図表29〕⁶参照）。

　なお、保安林に指定されたことにより、その森林について権原を有する者が損失を被る場合には、国または都道府県は、その損失を補償しなければなりません（森林法35条）（**本章 2（5）**参照）。

　一方、保安林に指定されると、税制上の優遇措置や日本政策金融公庫の融資の特例制度の対象となります（**本章 2（6）**参照）。

　保安林であっても土地の売買に制限はなく、新たに権利を取得した場合には、市町村長への届出が必要です（森林法10条の 7 の 2 第 1 項）。

(4)　保安林の指定・解除

(ア)　森林の現状を維持する範囲を決定する行政行為

　保安林の指定は、農林水産大臣が、公益上の必要のために伐採等の制限（森林法34条）等を課して、当該森林の現状を事実的に維持されるべき森林の範囲を決定する行政行為（行政の活動のうち、行政目的を実現するために法律によって認められた権能に基づいて一方的に国民の権利義務その他の法律的地位を具体的に決定する行為であり、合意に基づくことなく国民の権利義務に直接の効果を与えるもの）とされています（京都地判昭和52・ 9 ・16判時876号83頁）。

　なお、森林法は、「指定若しくは解除に直接の利害関係を有する者」からも、保安林の指定または解除をするよう申請することができるとしています（同法27条 1 項）。この規定に基づき森林所有者みずから保安林に指定してくれるよう申請するケースも相当数あります。税の優遇措置（**本章 2（6）**参照）に代表される、保安林に指定されることで受けるメリットがあるからです。

(イ)　裁判例における「直接の利害関係を有する者」の判断

　保安林の指定や解除をめぐっては、昭和の末期から平成の中期にかけて、多くの裁判例が残されており、それらの多くが「指定若しくは解除に直接の利害関係を有する者」（森林法27条 1 項）をめぐる争いです。

　これは、行政訴訟の原告適格の問題です。原告適格は、行政法規が保護しようとしている権利の性質・内容から判断されます。保安林の指定・解除をめぐる紛争における原告適格要件の判断（「直接の利害関係を有する者」であ

6　林野庁「保安林制度の体系」〈https://www.rinya.maff.go.jp/j/tisan/tisan/attach/pdf/con_2-2.pdf〉。

るか否かの判断）にあたっては、森林所有者であるというだけではなく、保安林の指定・解除に直接の利害関係を有する者であるかを実質的に判断していくことになります。すなわち、その者の個別的利益が、保安林の指定・解除により直接的に保護されているかどうかを個別具体的にみていくということです。よって、指定・解除の直接の名宛人でなくても、指定・解除の影響を受ける一定範囲の周辺住民については認められる傾向にあり、そうすると、争点はその事案における一定範囲をどのような根拠でどの範囲に線引きするかという問題に集約されるのです。

　長沼ナイキ基地訴訟最高裁判決（最判昭和57・9・9民集36巻9号1679頁）は、「法は、森林の存続によって不特定多数者の受ける生活利益のうち一定範囲のものを公益と並んで保護すべき個人の個別的利益としてとらえ、かかる利益の帰属者に対し保安林の指定につき『直接の利害関係を有する者』としてその利益主張をすることができる地位を法律上付与しているものと解するのが相当であ」り、「生活利益の具体的内容と性質、その重要性、森林の存続との具体的な関連の内容及び程度に照らし、『直接の利害関係を有する者』として前記のような法的地位を付与するのが相当であるかどうかによって、これを決するほかはない」として、保安林の指定解除により洪水緩和、渇水予防上直接の影響を被る一定範囲の地域に居住する住民は、「直接の利害関係を有する者」（同法27条1項）として解除処分取消訴訟の原告適格を有するとしました。具体的には、この「一定範囲の地域」は、当該保安林の伐採によって洪水の危険が生じる「排水機場流域」とされました。

　なお、「一定範囲の地域」を具体的距離で示した裁判例もあります。宮崎地判平成6・5・30判タ875号102頁は、潮害防備保安林について、保安林の外周から直線距離で1km以内に居住している住民に原告適格を認めました。

　　(ウ)　保安林の指定・解除の権限者

　保安林の指定・解除の権限は、民有林のうち国土保全の根幹となる重要流域にある流域保全のための保安林（水源涵養保安林、土砂流出防備保安林および土砂崩壊防備保安林）および国有林の保安林にあっては農林水産大臣、その他の民有林保安林にあっては都道府県知事が有します（〔図表30〕参照）。

〔図表30〕　保安林の指定・解除の権限者

所有区分	保安林の種類	流域区分[7]	指定・解除の権限者
国有林	すべての保安林	全流域	農林水産大臣
民有林	水源涵養保安林 土砂流出防備保安林 土砂崩壊防備保安林	重要流域内	
		重要流域外	都道府県知事（法定受託事務[8]）
	その他の保安林	全流域	都道府県知事（自治事務[9]）

(4)　保安林解除の要件

　保安林に指定されると、特別な理由がない限り解除することはできません。その「特別な理由」には、①指定の理由が消滅したときの解除（森林法26条1項・26条の2第1項）、②公益上の理由による解除（同法26条2項・26条の2第2項）、③転用のための解除の3つの区分があります。

　　(ア)　指定の理由が消滅したときの解除

　　(A)　受益の対象が消滅したとき

　受益の対象が消滅したときとは、土砂崩壊防備保安林に指定することによって守られていた道路が路線変更により移動した場合、自然災害等により保安林が破壊され、森林に復旧することが困難と認められる場合などがあげられます。

　　(B)　保安林の機能を代替する施設が設置されたとき

　保安林の機能を代替する施設が設置されたときとは、魚つき保安林指定を解除して代替施設として防潮堤を設置する場合、道路設計のため保安林指定を解除して代替施設として護岸工事や排水工事を行う場合などがあげられます。

7　重要流域とは、2以上の都府県の区域にわたる流域その他の国土保全上または国民経済上特に重要な流域で農林水産大臣が指定したもの（農林水産省告示第32号）です。

8　法定受託事務とは、国（都道府県）が本来果たすべき役割に係る事務であって、国（都道府県）においてその適正な処理を特に確保する必要があるもので、法律・政令により事務処理が義務づけられます（地方自治法2条9項1号）（**本章4(4)**参照）。

9　自治事務とは、地方公共団体の処理する事務のうち、法定受託事務を除いたもので、法律・政令により事務処理が義務づけられます（地方自治法2条8項）（**本章4(4)**参照）。

　前掲長沼ナイキ基地訴訟最高裁判決は、堰堤を保安林の代替施設として、土砂流出防止機能と洪水調節機能の観点から洪水や渇水の危険は社会通念上なくなったから、保安林指定の解除に違法性はないとの原審の認定判断を踏襲しています。しかし、被告（国）が立証した堰堤の洪水調節機能については数値化可能であっても、水源涵養等機能（渇水防止機能）の数値化は不可知の領域です。本件保安林は、水源涵養保安林として指定されたものであるのに、解除に際してはこの点の分析がなく、この判決は、原告に不可能な立証を強いることで敗訴させたものといわざるを得ません。

　しかし、1992年（平成 4 年）の国際連合環境開発会議（地球サミット）以降、森林の炭素固定機能が着目され、さらに平成13年（2001年）の森林・林業基本法により森林の多面的機能が提唱された今日においては、数値化の可能不可能のみを判断軸として勝敗を決すると公益を大きく損なう結果になりかねないことを踏まえての判断が求められます。原告・被告ともに、新しい価値観に立脚した闘い方をしていくことになるでしょう。

　　㈠　公益上の理由による解除

　公益上の理由とは、災害防止、道路設計、ダム建設、レジャー施設設置など保安林として維持することから得られる利益と他の公益上の利益とを比較衡量して、後者が勝ると思料される場合などがあげられます。実際には、政治的な判断で解除が認められてきており、前掲長沼ナイキ基地訴訟においては、国家の防衛が公益上の理由となっています。

　東日本大震災以後は、風力・地熱発電などの再生可能エネルギーを「主力電源化」するため、保安林解除や国有林野の貸付けなどに関する手続が簡素化されました。林野庁がマニュアル[10]をつくり、ポータルサイト[11]を開設するなど、諸手続を迅速に処理できるように見直しが図られています。

10　林野庁治山課「保安林の指定解除事務等マニュアル（風力編）（令和 5 年10月改訂版）」〈https://www.rinya.maff.go.jp/j/tisan/tisan/attach/pdf/h_portal-7.pdf〉、林野庁治山課「保安林の指定解除事務等マニュアル（地熱編）（令和 5 年10月改訂版）」〈https://www.rinya.maff.go.jp/j/tisan/tisan/attach/pdf/h_portal-8.pdf〉。

11　林野庁「保安林ポータル」〈https://www.rinya.maff.go.jp/j/tisan/tisan/h_portal.html〉。

　㋒　転用のための解除

　保安林の指定は、①指定の理由が消滅したか、②公益上の理由が指定の理由を上回るかのいずれかの場合に解除されます。③転用のための解除は、その実質は①②以外の解除要件ではありません。しかし、林地の転用の特殊性は、保安林として指定された公益的に重要な森林を森林以外の恒久的な土地利用に供することになる（つまり森林を消滅させる）という点にあります。そのため、③については、①②以上により一層厳格な規制をかける必要があるということです。

　保安林の転用解除の審査にあたっては、まず、対象保安林を第1級地と第2級地に区分し、第1級地では原則として解除は行わないことになっています。それ以外を第2級地とし、保安林の配備状況や転用の目的、規模等を考慮のうえ、やむを得ざる事情があると認められ、かつ保安林の指定の目的に支障がない場合に限り、解除を行う運用がなされています。

　第1級地の要件は、ⓐ治山事業施行地、ⓑ傾斜度が25度以上のもの、その他地形、地質等から崩壊しやすいもの、ⓒ人家、校舎、農地、道路など国民生活上重要な施設等に近接する保安林であって、当該施設等の保全またはその機能の維持に直接重大な関係があるもの、ⓓ海岸に近接するもので、林帯の幅が150m未満（本州の日本海側および北海道の沿岸は250m未満）、ⓔ保安林の解除に伴い残置しまたは造成することとされたものとされています。

　なお、第1級地と第2級地の区分は保安林ごとに定められているものではなく、転用計画に基づき現地調査のうえ決定されます。

　保安林の転用解除にあたっては、この級地区分に加えて、地域の公的な土地利用計画に即したものであり、そのほかに適地を求められないことや、必要最小限のものであること、事業の実現確実性など、一定の要件を満たしているかを審査のうえ判断されることとなります。[12]

12　技術的な助言（地方自治法245条の4）として、林野庁長官による「保安林及び保安施設地区の指定、解除等の取扱いについて」（昭和45年6月24日付け5林野治第921号（最終改正：平成25年4月1日付け24林整治第2724号））および「保安林の転用にかかる解除の取り扱い要領の制定について」（平成2年6月11日付け2林野治第1868号（最終改正：令和3年12月27日付け3林整治第1537号））が取扱要領を公表しています。

(5)　保安林の指定と損失補償

　森林所有者は、所有山林が保安林に指定されることにより、指定施業要件の遵守や伐採規制などの公益上の目的達成のための権利制限を受けることになります。その権利制限は当該保安林指定の目的を達成するための必要最小限度のものでなければなりません。保安林皆伐面積の許容限度（〔図表31〕参照[13]）など、具体的な権利制限の方途については、森林法施行令4条・4条の2、森林法施行令別表第2に規定されています。

〔図表31〕　保安林皆伐面積の許容限度

○保安林皆伐面積の許容限度の公表

　森林法施行令（昭和26年政令第276号）第4条の2第3項の規定に基づき、令和6（2024）年度における保安林及び保安施設地区内において皆伐による立木の伐採をすることができる面積の許容限度を次のとおり公表する。

　　　令和○年○月○日

　　　　　　　　　　　　　　　　　　　　○○県知事　○　○　○　○

森林計画区名	単位区域名	市郡町村名	立木伐採面積の許容限度（単位 ha）					
			水源涵養保安林	土砂流出防備保安林	防風保安林	干害防備保安林	保健保安林	計
○○	○○	○○	○○	○○	○○			○○

　保安林の指定を受けても、売買等による権利譲渡に制限はかからないし、伐採規制についても、ほとんど普通の施業と変わらない区分皆伐を可能とするところも多く、そのような場合であれば、財産権に内在する一般的制限を超えた特別の犠牲を強いるものとはいえません。一方、単木択伐作業を求めるところもあり、場合によっては禁伐を求めるところもあるので、そのような場合には、保安林の指定によりその者が通常受けるべき損失を補償しなければなりません（森林法35条）。国及び都道府県は、「保安林の指定による損失補償に関する要綱」等の規程を定めています。

13　栃木県「保安林皆伐面積の許容限度の公表について」〈https://www.pref.tochigi.lg.jp/d08/kaibatukouhyou/documents/060603kaibatsu.pdf〉。

⑹　保安林指定を受けた場合の優遇措置

　保安林に対しては、固定資産税・不動産取得税・特別土地保有税の非課税措置、相続税・贈与税・所得税・法人税の軽減措置、相続税の延納に伴う利子税の特例を受けることができます。また、一定の条件を満たしている場合には、伐採が制限される立木の維持に必要な資金を、長期・低利で日本政策金融公庫から借りることができます。さらに、山崩れの防止など公益上重要な働きをしている保安林については、必要に応じて全額公費負担による治山事業で森林の整備を行うことができます。

⑺　保安林であることの公示

　保安林に指定されると、これまで述べたような施業制限が課せられるため、取引や開発の支障となる場合があります。かつて保安林指定のあることを物の隠れた瑕疵（平成29年（2017年）改正前民法570条）とした最判昭和56・9・8集民133号401頁が、瑕疵担保責任のうちの権利の瑕疵に関するリーディングケースとされていましたが、現在は、保安林であることが登記記録上に公示されるのみならず、森林計画図や台帳、インターネット上にも公示されるようになっているうえ、不動産取引実務として保安林であるかないかは当事者が当然に調査するべきことであるから、隠れた瑕疵の要件該当性は肯定できないと思われます。[14]

　もっとも、現在でも、すべての保安林が登記事項証明書の地目上保安林と修正されているとは限らないので、保安林の最終的な確認は、必ず保安林台帳にて行うべきです。保安林台帳は地番ごとで管理され、所轄の農林水産事務所や県の担当部署（「森林保全課」等の名称であることが多い）に備え置かれ、保安林の種類や伐採種、伐採の限度などが記載されています。

　保安林であっても土地の売買に制限はなく、新たに森林の所有者となった

14　令和2年（2020年）4月1日に施行された改正民法では、この瑕疵担保責任に代わって、契約不適合責任が定められました（同法562条1項）。売主の責任は、隠れた瑕疵ではなく、契約において定めた品質を伴っていなかったり、数量が不足するなどといった、契約の内容に適合しないことについての責任として見直されていまする。すなわち、同法562条1項は、買主の売主に対する追完請求権を、同法563条は代金減額請求権をそれぞれ明文化したうえ、債務不履行の一般法理の適用により解除権や損害賠償請求権がある旨も明記されました（同法564条で準用される541条・542条）。

場合は、市町村長への届出が必要です（森林法10条の7の2）。

3　保安施設地区

(1)　保安施設地区

森林法は、保安施設地区について規定しています（同法41条〜48条）。

保安施設地区とは、国が、水源の涵養や土砂の流出の防備など、保安林指定の目的（森林法25条1項各号の目的）を達成するために、森林の造成事業や森林の造成または維持に必要な事業を行う必要があると認められる場合に、指定した地区のことです。

(2)　渓間工と山腹工

治山事業の場合、森林法で規定される保安施設事業と、地すべり等防止法で規定される地すべり防止工事に関する事業に大別されますが、治山ダムを設置して荒廃した渓流を復旧する渓間工、崩壊した斜面の安定を図り森林を再生する山腹工が保安施設事業であり（〔図表32〕[15] 参照）、そのために指定される地区が保安施設地区です（地すべり防止工事では、地すべりの発生因子を除去・軽減する抑制工や、地すべりを直接抑える抑止工を実施しています）。

〔図表32〕　渓間工と山腹工

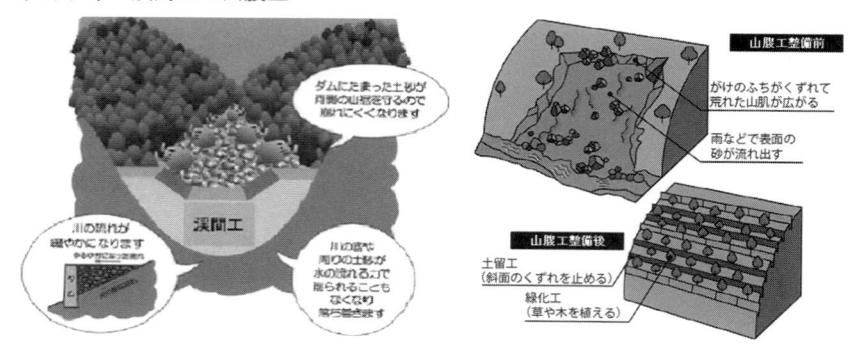

15　九州森林管理局「治山事業の概要」〈https://www.rinya.maff.go.jp/kyusyu/kumamoto/sub9.html〉、日光砂防事務所「事業のあらまし」〈https://www.ktr.mlit.go.jp/nikko/nikko00007.html〉。

(3)　保安施設地区の指定期間

　保安施設地区の指定有効期間は7年であり、必要な場合には、さらに3年の延長が認められます（森林法42条）。森林所有者その他権利を有する者は、保安施設事業の実施行為およびその期間満了後10年間の維持管理行為を受忍しなければなりません（同法45条）。

(4)　類似の事業（山地災害危険地区）

　保安施設地区と類似の事業として、林野庁は、山地災害危険地区を調査のうえ設定しています。山地災害危険地区には、山腹崩壊危険地区、地すべり危険地区、崩壊土砂流出危険地区の3種類があります。山地災害危険地区は、治山事業を計画的に実施するための基礎資料として設定しているものであり、直接、所有者の土地利用に制限がかかるものではありません。

4　林地開発許可制度

(1)　開発行為の許可──保安林以外の民有林の開発規制

　林地開発許可制度は、保安林以外の森林における開発行為を都道府県知事の許可制とすることで、森林の有する災害防止機能、水源の涵養および環境保全といった公益的機能を阻害しないよう開発行為を監督し、森林の土地の適正な利用を確保することを目的とするものです。

　ここでいう開発行為とは、土石または樹根の採掘、開墾その他の土地の形質を変更する行為で、森林の土地の自然的条件、その行為の態様等を勘案して政令で定める規模（森林法10条の2第1項、森林法施行令2条の3）を超えるものをいいます。

　昭和40年代後半からの高度経済成長期に、都市化の進展等の社会変化が大きく進み、ゴルフ場やスキー場の造成、工業用地の造成、土石の採掘等が、森林法による規制がなかった保安林以外の森林について急増するようになりました。

　その結果、無秩序な開発が国民生活の安全や地域社会の健全な発展に障害となる場合も散見されるようになったため、開発行為の規制や監督の必要性が認識されるようになり、昭和49年（1974年）に創設されたのが林地開発許可制度です。

　林地開発許可制度の対象森林は、地域森林計画（都道府県が立てる森林計画）の対象森林であること（5 条森林であること）が要件となります（森林法10条の 2 第 1 項）。

森林法

（開発行為の許可）

第10条の 2　地域森林計画の対象となっている民有林（第25条又は第25条の 2 の規定により指定された保安林並びに第41条の規定により指定された保安施設地区の区域内及び海岸法（昭和31年法律第101号）第 3 条の規定により指定された海岸保全区域内の森林を除く。）において開発行為（土石又は樹根の採掘、開墾その他の土地の形質を変更する行為で、森林の土地の自然的条件、その行為の態様等を勘案して政令で定める規模をこえるものをいう。以下同じ。）をしようとする者は、農林水産省令で定める手続に従い、都道府県知事の許可を受けなければならない。ただし、次の各号の一に該当する場合は、この限りでない。

一　国又は地方公共団体が行なう場合

二　火災、風水害その他の非常災害のために必要な応急措置として行なう場合

三　森林の土地の保全に著しい支障を及ぼすおそれが少なく、かつ、公益性が高いと認められる事業で農林水産省令で定めるものの施行として行なう場合

2 〜 6 　（略）

---

(2)　林地開発許可制度の体系

林地開発許可制度の体系は、次のとおりです（〔図表33〕参照）[16]。

16　林野庁「林地開発許可制度の体系図」〈https://www.rinya.maff.go.jp/j/tisan/tisan/attach/pdf/con_4-81.pdf〉。

〔図表33〕　林地開発許可制度の体系

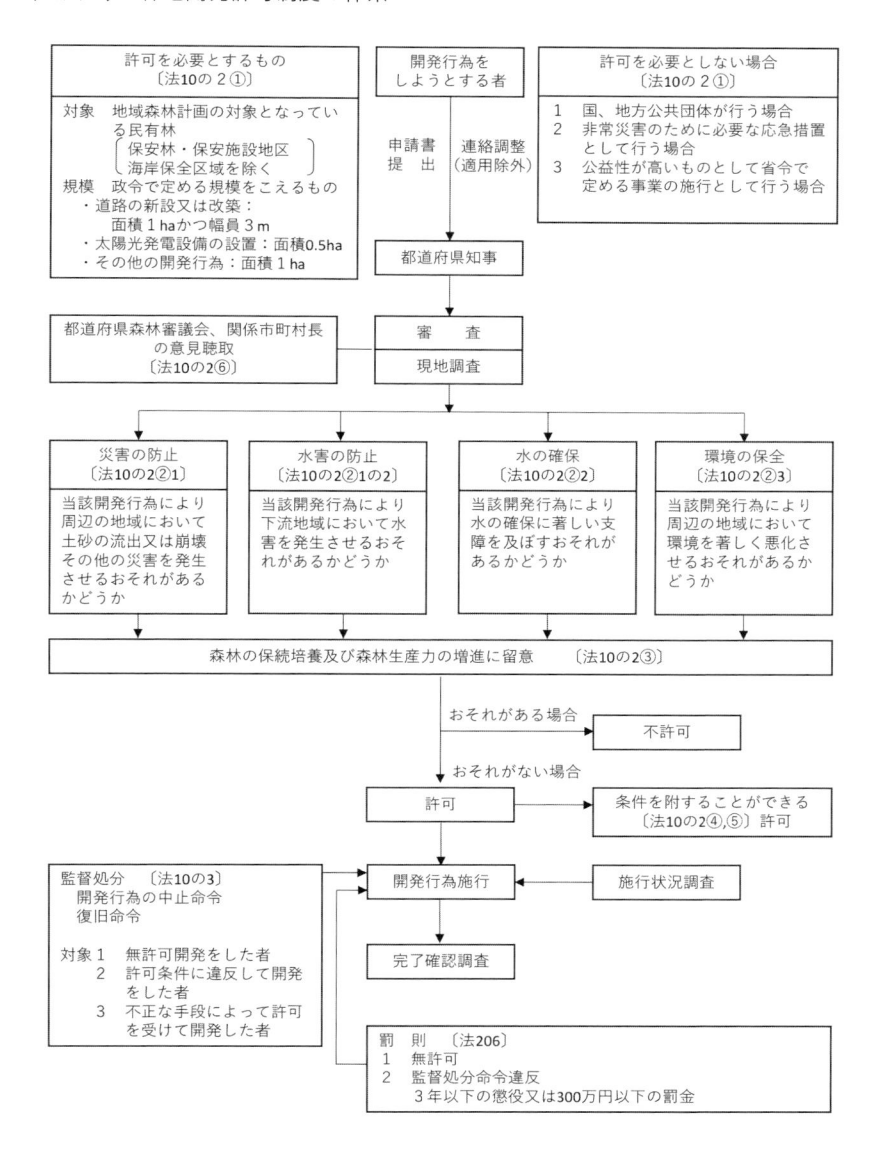

(3)　林地開発許可制度の対象となる開発行為

(ア)　開発行為の内容と規模

　許可制度の対象となる開発行為は、土石または樹根の採掘、開墾その他の土地の形質を変更する行為であって、次の①〜③に掲げる行為の区分に応じ、それぞれ次の規模を超えるものです（森林法10条の2第1項、森林法施行令2条の3）。

　①　もっぱら道路の新設または改築を目的とする行為（当該行為に係る土地の面積が1haを超え、かつ、道路（路肩部分および屈曲部または待避所として必要な拡幅部分を除く）の幅員が3mを超えるもの）（同条1号）

　②　太陽光発電設備の設置を目的とする行為（当該行為に係る土地の面積が0.5haを超えるもの）[17]（同条2号）

　③　①②に掲げる行為以外の行為（当該行為に係る土地の面積1haを超えるもの）（同条3号）

(イ)　林地開発許可制度の潜脱の防止

　林地開発許可制度の基準は厳格であり、この規制を免れるために、林地を細かく分割して段階的に開発を進め、最終的に大規模な開発行為が許可なしになされる事例が認められるようになっていました。こうしたことは林地開発許可制度の潜脱行為ですから、これを許さないよう、開発行為の規模を判断するにあたっては、「実施主体、実施時期、実施個所の相違にかかわらず一体性を有するものの規模」として判断されます（事務次官依命通知[18]）。

　すなわち、共同開発において各人の開発する森林面積は1ha以下であるが、合計面積で1haを超える場合に、①段階的に小規模開発を行い最終的な開発面積が1haを超えるとき、②集水区域が1haを超えるときには、開発許可が必要という考え方をとります（〔図表34〕[19]参照）。

17　令和5年（2023年）4月1日以降、森林法施行令の改正により、太陽光発電設備の設置を目的とする開発行為で0.5haを超え1ha以下のものが新たに許可制度の対象に追加されました。

18　農林水産事務次官による「開発行為の許可制に関する事務の取り扱いについて」（平成14年3月29日付け28林整治第2396号（最終改正：令和4年11月15日付け4林整治第1187号））。

〔図表34〕　開発行為の一体性

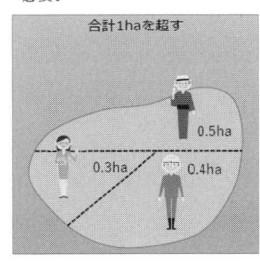
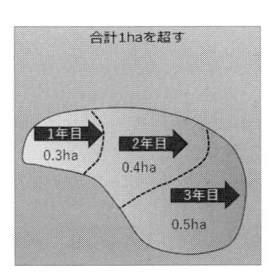
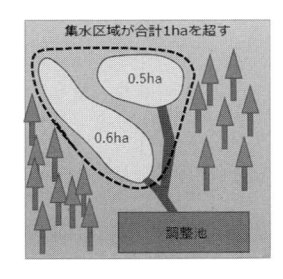

　　(ウ)　自治体による具体的開発行為の調査および指導監督

　事務次官依命通知を受けて、自治体においては内部処理基準を定めて指導監督を実施しています。

　具体的な規程は自治体により差異があり、各自治体の例規集やウェブサイトを確認してください[20]。

　たとえば、栃木県の場合は「小規模林地開発指導実施要領」が定められており、次の①～③の要領で、県および市町村による指導監督がなされています。

19　林野庁「林地開発許可制度について（令和 4 年 1 月）」〈https://www.rinya.maff.go.jp/
　　j/tisan/tisan/attach/pdf/con_4_6_1-4.pdf〉。

20　栃木県環境森林部「森林法に基づく林地開発許可申請の手引」〈https://www.pref.
　　tochigi.lg.jp/d08/eco/shinrin/hozen/documents/20230401rintikaihatukyokasinseinotebiki.
　　pdf〉、栃木県「栃木県小規模林地開発指導実施要領」〈https://www.pref.tochigi.lg.jp/
　　d08/eco/shinrin/hozen/documents/shoukiborintikihauhatuisdoujissiyouryou.pdf〉、千葉
　　県「伐採及び伐採後の造林届出制度」〈https://www.pref.chiba.lg.jp/shinrin/tetsuzuki/
　　bassaitodoke.html〉、茨城県「開発行為の一体性の判断について」〈https://www.pref.
　　ibaraki.jp/nourinsuisan/rinsei/keikaku/keikaku/contents/bassai-todokede/documents/
　　kaihatsukouiittaisei.pdf〉などが参考になります。

① 　林地開発許可基準以下の面積の林地を伐採する際には市町村の長に対して伐採届を提出するが、この伐採届に、伐採後においてその跡地が森林以外の用途に供される（林地の転用がなされる予定であることが示されている）場合には（そのような場合は、別に林地転用届が提出されなければならない）、転用行為の完了時に林地転用完了届を提出させ、実態調査を行うこと

② 　①の林地開発が、周囲の林地開発届と一体性があり、その規模が１ha（太陽光発電の場合は0.5ha）を超えると判断される場合には、迅速に適切な措置（森林の有する公益的機能を維持するための措置）をとるよう指導すること

③ 　小規模林地開発の一体性の判断基準として、ⓐ従前の開発行為の完了時からおおむね３年未満であること、ⓑ近接距離が60m 未満であること、ⓒ土地所有者と開発行為者のいずれかに同一性があること、ⓓ同一集水区域にあること

⑷　自治体の自治事務

　林地開発許可制度は、地方分権の推進を図るための関係法律の整備等に関する法律により、平成12年（2000年）４月１日より自治事務とされました。

　自治事務とは、「地方公共団体が処理する事務のうち、法定受託事務以外のもの」（地方自治法２条８項）と定められているにすぎませんから、法定受託事務の定義が重要となりますが、法定受託事務とは、「法律又はこれに基づく政令により都道府県、市町村又は特別区が処理することとされる事務のうち、国が本来果たすべき役割に係るものであつて、国においてその適正な処理を特に確保する必要があるものとして法律又はこれに基づく政令に特に定め」て地方公共団体の事務としているもの（同条９項１号）ということになります。

　林地開発許可処分について自治事務であるということは、地域における行政を自主的かつ総合的に実施する役割を担う都道府県の本来的な業務であり、都道府県が審査を行い、個々の開発行為に対して許可処分を行うことが適切と解釈されたということです。

　林野庁は、都道府県における林地開発許可制度の適正な運用に資するた

め、技術的な助言（地方自治法245条の４）として、事務次官依命通知等の各[21]
種通知を発出しており、それを基に都道府県ごとに要綱を定めて対応しています。

(5)　林地開発の許可要件

　森林法は、都道府県知事は、申請のあった開発行為が、①森林の災害防止機能が損なわれて土砂の流出・崩壊その他の災害を発生させるおそれがなく（同法10条の２第２項１号）、また水害防止機能が損なわれて水害を発生させるおそれがなく（同項１号の２）、②水の確保に著しい支障を及ぼすおそれがなく（同項２号）、③環境を著しく悪化させるおそれがない（同項３号）という要件を満たす場合には、林地開発を「許可しなければならない」と定めています。

森林法

（開発行為の許可）

第10条の２　（略）

　２　都道府県知事は、前項の許可の申請があつた場合において、次の各号のいずれにも該当しないと認めるときは、これを許可しなければならない。

　　一　当該開発行為をする森林の現に有する土地に関する災害の防止の機能からみて、当該開発行為により当該森林の周辺の地域において土砂の流出又は崩壊その他の災害を発生させるおそれがあること。

　　一の二　当該開発行為をする森林の現に有する水害の防止の機能からみて、当該開発行為により当該機能に依存する地域における水害を発生させるおそれがあること。

　　二　当該開発行為をする森林の現に有する水源のかん養の機能からみて、当該開発行為により当該機能に依存する地域における水の確保に著しい支障を及ぼすおそれがあること。

21　農林水産事務次官による「開発行為の許可制に関する事務の取り扱いについて」（平成14年３月29日付け28林整治第2396号（最終改正：令和４年11月15日付け４林整治第1187号））。

　　三　当該開発行為をする森林の現に有する環境の保全の機能からみ
　　　て、当該開発行為により当該森林の周辺の地域における環境を著し
　　　く悪化させるおそれがあること。
　3〜6　（略）

　しかし、これらの危険発生のおそれがあることを事前に具体的に予知し、
論理と証拠をもって指摘しておくことは極めて困難であるのが実情です。と
ころが一方で、そうして許可を与えて開発行為が行われた結果、災害・水害
の危険、水源や環境に対する脅威が発生あるいはそのおそれが認められる状
況になった場合に、現行法上打つ手がないことも問題なのです。

　事前規制において、災害や水害発生のおそれ等の説明や証明の難易度のレ
ベルをどこにもってくるかによって判断基準は容易に変わりうるので、許可
権者の恣意的な運用を招かぬよう、しかし同時に事後的に有害事象が発生す
るリスクを極力低下させておくことが、現場の運用には求められています。

　近年の気候変動に伴う山地災害リスクの増大に鑑みれば、事後的規制手段
を強める必要性が切迫しているとともに、本法の一層厳正な運用が求められ
ているといえます。

　なお、林地開発行為をしようとする当事者は、林地開発許可申請のほかに
も、開発の目的行為に関連する複数の許可申請を同時並行させていることが
通常でしょう。しかし、そうした他の許可申請が不許可となったとしても、
そのことを、林地開発許可申請の不許可事由とすることは許されないことは
銘記しておくべきです（仙台地判平成17・1・24判自271号58頁、甲府地判平成
24・6・26LEX/DB25482089）。

(6)　裁判例における「相当数の同意」の判断

(ア)　土地の形質の変更の程度による基準

　開発行為の許可の申請には、「開発行為に係る森林について当該開発行為
の施行の妨げとなる権利を有する者の相当数の同意を得ていることを証する
書類」を添付しなければなりません（森林法10条の2第1項、森林法施行規則
4条3号）。

　ここにいう「当該開発行為の施行の妨げとなる権利」とは、その土地の使

用収益に係る権利であり、共有持分や地上権・賃借権がそれです。

　また、「相当数の同意」について、実際のところどの程度のものを指すのか、法文は明記するところがありませんが、裁判例は、当該開発行為が土地の処分・変更をもたらすものであれば全員の同意を要し、管理にとどまるものであれば過半数の同意を要するという考え方を採用しています。

　甲府地判平成24・6・26は、「森林法10条の2第2項各号の不許可事由の有無を判断するにあたっては、権利者の同意を欠くことによって生じる開発行為への影響の内容やその程度等をも考慮して決すべきもの」であるとしたうえで、本件は廃棄物処理場設置のための土地賃貸借契約の締結についての同意を求めるものであるところ、同意書の提出は、本件土地上の「森林等を伐採し、掘削等を行った上本件廃棄物処分場を設置し、かつ、同地上に廃棄物埋立てをすることをいずれも了承するものにほかならず、本件共有地の形状を大きく変えることを意味するのであるから、民法251条が定める『変更』に当たると解すべきである」とし、共有者全員および地上権者全員の同意書が必要であるとしました。

　さらにこの判決は、本件林地開発行為につき同意の得られていない土地が全体の約12%を占めることについて、当該同意のとれない土地の具体的状況について、「事業計画地内の底地で渓谷を形成している部分に属する……工事の進行上、掘削や盛土、地滑り等の対策のために必要な法面工事等に対して支障を来たし、致命的な問題を抱えることになりかねない」などと指摘し、「雨水集排水施設の安定的な稼働に大きな懸念を残すことにな」り、「水害の防止等を果たすことが困難となる危険を生じる恐れが否定できないから、森林法10条の2第2項各号に該当する事由（不許可事由）があると認めるのが相当である」と、法の不許可要件にまでかからしめて論じています。

　　(イ)　不同意に合理的な理由がない場合

　同意しないことに合理的な理由がないのに同意が得られないというのはよくみられる事象ですが、この判決は、「不同意の理由に必ずしも合理性を認めがたいとしても、開発行為の遂行に支障が生じることが想定される以上は、このことを不許可事由の検討にあたり考慮要素から外すことは困難」であると判示しています。

⑺　林地開発の不許可と補償

　林地開発許可申請をしたところ、不許可事由（森林法10条の 2 第 2 項各号）への該当性を理由に不許可処分となった場合でも、保安林制度にあるような規制に伴う補償措置を受けることはできません。これは、保安林制度が、憲法29条 3 項の定める私有財産を公共のために用いる場合に該当するから「私有財産は、正当な補償の下に、これを公共のために用いることができる」の規定遵守を要請されるものであるに対し、林地開発許可制度は、特定の個人の私益を達成するための開発であるから、権利に内在する当然の制約として補償を要するものではないと解されるからです。

⑻　開発区域の周辺住民の原告適格

　林地開発許可の名宛人以外の者に取消訴訟を提起する原告適格が認められるのはどのような場合かという問題があります。行政処分の取消訴訟は、当該処分の取消しを求めるにつき法律上の利益を有する者に限り提起することができるから（行政事件訴訟法 9 条 1 項）、原告適格の問題は、「法律上の利益を有する者」の解釈の問題となります。

　下級審の判断は分かれていましたが、一応の基準を示したのが最判平成13・ 3 ・13民集55巻 2 号283頁です。

　最高裁判所は、林地開発許可の取消訴訟の原告適格について、土砂災害および水害発生のおそれの場合（森林法10条の 2 第 2 項 1 号・ 1 号の 2 ）と、水の確保・環境の保全に対する悪影響の場合（同項 2 号・ 3 号）について、異なる判断基準を適用しました。

　すなわち、土砂災害および水害発生のおそれの場合（森林法10条の 2 第 2 項 1 号・ 1 号の 2 ）については、森林において必要な防災措置を講じないままに開発行為を行うときは、その結果土砂の流出または崩壊、水害等の災害が発生して人の生命、身体の安全が脅かされるおそれがあるから、これら災害の被害が直接的に及ぶことが想定される開発区域に近接する一定範囲の地域に居住する住民の生命、身体の安全等を個々人の個別的利益として保護することとし、その取消訴訟における原告適格を有すると認めることとしました（そして具体的には、開発区域の下方100m ないし数百 m に位置し、過去に水害が発生したことのある川に近接する地点に所在する住居に居住する原告らにつ

き、原告適格を肯定しました）。

　一方、水の確保・環境の保全に対する悪影響の場合（森林法10条の2第2項2号・3号）については、これらの規定は、水の確保や良好な環境の保全という公益的な見地から開発許可の審査を行うことを予定しているものと解されるのであって、周辺住民等の個々人の個別的利益（土地の所有権およびその価値）を保護する趣旨を含むものと解することはできないとして、その取消訴訟は認めない方針を示しました。

　林地開発行為をめぐる取消訴訟だけではなく、森林法以外の法令に係る開発行為等の取消訴訟において、行為自体の当事者ではない第三者たる周辺住民に原告適格を認める基準についてはさまざまに論じられてきたところ（最判平成元・2・17民集43巻2号56頁、最判平成4・9・22民集46巻6号571頁、最判平成9・1・28民集51巻1号250頁など）、周辺住民に及ぶ可能性がある不利益ないし危険が、「公益」には解消し得ない要保護性が認められるか否かを基準として整理したことになります。

(9)　違法な開発行為

(ア)　取消訴訟の司法審査

　裁判所は、林地開発許可処分の取消訴訟における開発行為の違法性審査について、裁量処分（行政裁量）の司法審査であるから、全く事実の基礎を欠くか、または社会通念に照らし著しく妥当性を欠いたものである場合にのみ、裁量権の逸脱・濫用があったものとして違法と判断します。これは裁量統制の規範です（行政事件訴訟法30条）。

行政事件訴訟法

（裁量処分の取消し）

第30条　行政庁の裁量処分については、裁量権の範囲をこえ又はその濫用があつた場合に限り、裁判所は、その処分を取り消すことができる。

　岐阜地判平成12・3・9判自207号83頁は、「森林法は、右許可要件の審査基準の具体的な内容については、下位の法令及び内規等で定めることとし、その具体的な運用については、行政庁の専門技術的判断に委ねたものと解す

るのが相当であ」り、「現在の科学技術水準に照らし、右審査に用いられた具体的な審査基準に不合理な点があり、あるいは、行政庁である被告の判断過程に著しい過誤又は欠落がある場合」に取り消すこととなると判示しました。

　ここにいう「下位の法令及び内規」とは、前述の事務次官依命通知等[22]や、各都道府県の要綱または要領を指します（具体的な許可の事務は、都道府県知事から各市町村に権限が委譲されています）。

　　(イ)　違法な開発行為への事後的な対応

　林地開発の許可基準（森林法第10条の2第2項各号）は、都道府県に相当の裁量の幅を与えているから、林地開発許可後に基準を逸脱した違法な開発行為がなされていると認識した場合には、厳しい対応をとることが期待されています。

　しかし、林地開発許可の結果、森林への廃棄物等の投棄や安易な埋め戻し等の違反行為が行われ、堆積物等が隣接地等へ流出し災害を発生させる原因にもなるにもかかわらず、具体的な是正が図られないままになる事態が生じています。

　行政には、違反を発見次第、躊躇することなく迅速かつ柔軟な対応をとることが求められています。

　林野庁は、林野庁治山課長通知[23]を発出しており、違法な開発行為への事後的な是正手段として、①行政指導、②監督処分、③行政代執行、④森林法以外の法令違反への対応などの手法をとるよう関係部局を促しています。

　　(A)　行政指導

　行政指導は、相手方の任意の協力が得られる場合には、有効な手段です。

22　農林水産事務次官による「開発行為の許可制に関する事務の取り扱いについて」（平成14年3月29日付け28林整治第2396号（最終改正：令和4年11月15日付け4林整治第1187号））、林野庁長官による「開発行為の許可基準の運用細則について」（平成14年5月8日付け14林野治第25号（最終改正：令和元年12月24日付け元林整治第690号）))。

23　林野庁治山課長による「違法な開発行為等への対応の徹底について」（平成13年9月11日付け13林整治1197号（最終改正：平成29年5月29日付け29林整治第328号）)。

　　Ⓑ　監督処分

　行政指導を継続しても、違法行為の是正が図られない場合には、違反行為者に対して、監督処分（中止命令・復旧命令）を迅速に発出することが求められます（森林法10条の３）。

　事実認定にあたっては、立入調査等（森林法188条）や関係部局等との連携を密に行い、事実関係の把握に努める必要があります。この監督処分に従わない者に対しては、３年以下の懲役または300万円以下の罰金に処すると定められていますが（同法206条）、現実に捜査機関が動くことを期待するのは相当困難であるのが、わが国の現状です。

　　Ⓒ　行政代執行

　監督処分に従わない場合で著しく公益に反する事態が認められる場合には、行政代執行法に基づく行政代執行を行い、当該違法行為に起因する災害、水害、水の確保の支障、環境の悪化等の未然防止に努めるとともに、捜査機関と連盟を密にして遅滞なく告発（刑事訴訟法239条１項）を行います。

　　Ⓓ　森林法以外の法令違反への対応

　森林法以外の法令として、刑法261条（境界損壊）、廃棄物の処理及び清掃に関する法律16条（投棄禁止）、労働安全衛生法21条（土砂等崩壊の防止）等に基づく対応が考えられます。

5　太陽光発電と林地開発許可

(1)　太陽光発電設備の設置

　令和５年（2023年）４月１日より、森林を開発して太陽光発電設備を設置する場合、その面積が0.5ha を超えるものは、都道府県知事等の許可が必要となりました（森林法施行令第２条の３第２号）。

森林法施行令

（開発行為の規模）

第２条の３　法第10条の２第１項の政令で定める規模は、次の各号に掲げる行為の区分に応じ、それぞれ当該各号に定める規模とする。

　　一　専ら道路の新設又は改築を目的とする行為　当該行為に係る土地

　　の面積1ヘクタールで、かつ、道路（路肩部分及び屈曲部又は待避所として必要な拡幅部分を除く。）の幅員3メートル

　二　太陽光発電設備の設置を目的とする行為　当該行為に係る土地の面積0.5ヘクタール

　三　前2号に掲げる行為以外の行為　当該行為に係る土地の面積1ヘクタール

　この面積基準は、太陽光発電設備の設置を目的とした開発では、0.4ha を超えると土砂流出等の発生割合が増加するすること、他の開発の1ha における土砂流出等発生割合と同水準となる面積は0.57ha であることから設定されたものです。[24]

　なお、開発面積の縮小に先立ち、令和元年（2019年）12月に、林野庁長官による通知（太陽光発電基準通知[25]）が発せられ、令和2年（2020年）4月1日より、この許可基準に基づく運用がなされていました。主たる目的は、自然斜面のまま発電施設を設置する場合の防災施設の内容、排水施設の計画、地表保護のための措置、残置森林の配置などの基準を整備することにありました。

⑵　太陽光発電設備の設置に関する規制強化の背景

　平成24年（2012年）7月に、電気事業者による再生可能エネルギー電気の調達に関する特別措置法（当時）に基づく固定価格買取制度（FIT：Feed-in Tariff）が導入されて以降、太陽光発電施設の設置を目的とした林地開発許可案件が増大しました（〔図表35〕参照）。[26]

　しかし、まず、林地開発許可申請手続を免れるため開発面積を0.9ha 等とするものが相次ぎ、規制逃れとの批判を招くようになりました。また、人家

24　林野庁森林整備部治山課「太陽光発電に係る林地開発許可基準について」〈https://www.jpea.gr.jp/wp-content/uploads/20220624seminar_document3.pdf〉。

25　林野庁長官による「太陽光発電の設置を目的とした開発行為の許可基準の運用細則について」（令和元年12月24日付け元林整治第686号）。

26　林野庁「林地開発許可制度について（令和4年1月）」〈https://www.rinya.maff.go.jp/j/tisan/tisan/attach/pdf/con_4_6_1-4.pdf〉。

〔図表35〕　林地開発許可制度における太陽光発電の推移

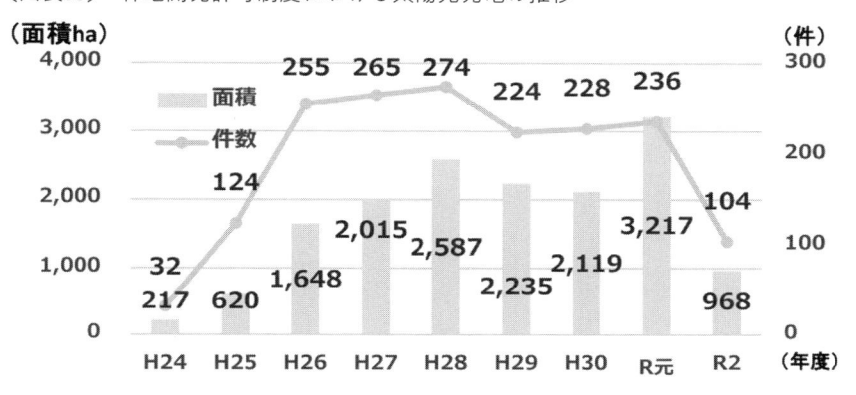

に接して建設されたもの多く、パネルの反射光が光害として認識されるようになったほか、境界部分が崩壊するなどの被害の発生が報告されるようになりました。

　太陽光パネル設置を目的とした開発の場合、切土・盛土をほとんど行わなくても現地形に沿った設置が可能であるという特殊性があります。そのうえ、急斜面であっても、開発後の地表に特段の法面保護の施工がなされずパネルが設置されうるため崩落する危険があります。また、不浸透性のパネルで地表を被覆するため、雨水が地表に浸透しにくく、さらにパネルの遮光によりその下の地表が長期間裸地または草地となると、立木の根系による土地の緊縛力に期待できなくなり、実際に、近年多発する豪雨の影響による土砂流出等の被害が報告されるようになりました。

　そうした状況を改善するため、太陽光発電施設の設置を目的とした林地開発許可案件についての審査基準の見直しが検討されていました。

(3)　開発行為の一体性の基準の適用

　今後は林地開発許可申請における一体性の基準が適用されるため、太陽光発電設備自体の設置面積が0.5ha に満たない場合であっても、当該発電設備に供する施設（資材置場等）もあわせて0.5ha を超える場合は林地開発許可が必要とされます。そのほか、災害防止・水害防止・水の確保・環境保全に対する危険の程度に応じて不許可とされたり、許可の場合も安全性の要件を

充足するに至るまで厳しい条件を付されたりすることになります（森林法10条の2第4号・5号）。

(4)　資力・信用・能力があることの証明書類の添付

令和4年（2022年）11月に、林野庁長官による通知が発せられ、林地開発許可申請の際に、防災措置を行うために必要な資力・信用、能力を有することを証する書類を添付することが新たに義務づけられました[27]。なお、この通知は、令和元年の太陽光発電基準通知とは違い、「太陽光発電設備の設置」に限らず従前の通知をまとめた内容になっています。

具体的には、①資力および信用があることを証する書類として、ⓐ資金計画書、ⓑ資金の調達について証する書類、ⓒ貸借対照表、損益計算書等の法人の財務状況や経営状況を確認できる資料、ⓓ納税証明書、ⓔ事業経歴書、ⓕ法人の登記事項証明書、ⓖ定款（法人の場合）、ⓗ住民票等（個人の場合）、②防災措置を講ずるために必要な能力があることを証する書類として、防災施設の設置にかかわる者に関し、ⓐ建設業法許可書（土木工事業）、ⓑ事業経歴書、ⓒ預金残高証明書、ⓓ納税証明書、ⓔ事業実施体制を示す書類（職員数、主な役員・技術者名等）、ⓕ林地開発に係る施工実績を示す書類（監督処分および行政指導があった場合は、その対応状況を含む。必要に応じ、一定の期間を定めその期間内の実績とすることができる）を添付しなければなりません。

6　伐採および伐採後の造林の届出等の制度

(1)　小規模な林地開発規制

林地開発許可制度の対象とならない小規模な林地開発については、伐採および伐採後の造林の届出等制度を活用して、森林の保全を図っています（森林法10条の8）。

森林所有者等が、地域森林計画の対象となっている民有林の立木を伐採する場合には、市町村長に対し、あらかじめ伐採および伐採後の造林の計画等を記載した届出書を提出しなければなりません（森林法10条の8第1項）。さらに、市町村が伐採後の森林の状況を把握しやすくするために、伐採後の造

27　林野庁長官による「開発行為の許可基準等の運用について」（令和4年11月15日付け4林整治第1188号）。

林の状況を報告することとされています（同法10条の8第2項）。このしくみを伐採および伐採後の造林の届出等の制度といいます。

(2)　再造林を誘導する施策

保全と開発の調整施策として、主伐と再造林を一貫して行う施業の推進をあげることができる。

平成30年度（2018年度）に創設された林業成長産業化総合対策の中の一施策として、主伐時の全木集材とそれと一貫して行う再造林に対して、林業・木材産業成長産業化促進対策交付金が得られるようになりました。

さらに令和3年（2021年）9月には、新たな森林・林業基本計画に基づき、届出様式を伐採計画書と造林計画書に分けることとしました。これは、まず伐採権者と造林権者の役割の明確化を図り、それとともに、造林計画書記載事項の充実を図り、適正な伐採・更新の確保を図ることとしたものです。

(3)　無断伐採・無届伐採

戦後の昭和26年（1951年）には、森林法に伐採許可制度が導入されて厳格な伐採規制がなされるようになり、後に伐採届の制度に緩和されたものの、無断で大規模な伐採がなされてしまう事例は絶えることはありませんでした（地域的偏差の大きい問題ではあります）。

所有者による無断伐採や盗伐について森林法には罰則の規定があるものの（同法208条）、これまでは、誰が、いつ行ったかの証拠を得るためには現行犯を捕らえるよりほかの立証手段が相当困難でした。しかし、近年の著しい全球測位衛星システム（GNSS：Global Navigation Satellite System）の技術の進展により、地表の映像を、人工衛星が一日に何度も旋回して撮像するようになっており、解像度も著しく上昇しています。現時点では、いかにその画像を各種事業者が合理的な価格で利用できるようにするかなどのハードルがありますが、GNSS分野の発展の速度は速く、状況を注視しておくべきでしょう。

また、伐採届出書等の偽造により、森林所有者に無断で森林の伐採が行われる事案の報告もなされています。伐採届における届出内容の確認の徹底、本人確認、委任関係確認、パトロールを実行するとともに、これも森林GNSS画像を活用して伐採状況を確認することが必要です。

7　伐採の規制と保全の推進（まとめ）

　本章では、保安林制度（森林法25条〜40条）および保護施設地区（同法41条〜48条）、林地開発許可制度（同法10条の 2 〜10条の 4 ）、伐採および伐採後の造林の届出等の制度（同法10条の 8 〜10条の10）を紹介してきましたが、最後に、地域森林計画の対象森林において伐採の計画をする場合における伐採の規制と保全の推進についての規定を整理すると、次の①〜⑤のようになります。

①　保安林および保安施設地区
　　ⓐ　伐採の規制：事前に都道府県知事の許可または届出が必要（同法34条 1 項・34条の 2 ・34条の 3 ・44条）
　　ⓑ　保全の推進：保安林についてその後の義務（同法34条の 4 ）

②　 1 ha を超える開発行為（土地の形質の変更）
　　ⓐ　伐採の規制：事前に都道府県に開発許可申請が必要（同法10条の 2 第 1 項）
　　ⓑ　保全の推進：開発許可の審査基準（同法10条の 2 第 2 項各号）、開発行為の許可基準に係る各種通知

③　太陽光発電施設設置のための伐採
　　ⓐ　伐採の規制：0.5ha を超える場合に林地開発許可申請が必要（令和 5 年 4 月 1 日より）
　　ⓑ　保全の推進：開発許可の審査基準を一層厳格化

④　森林経営計画における伐採
　　ⓐ　伐採の規制：市町村長へ事後の届出が必要（同法15条）
　　ⓑ　保全の推進：主伐時の全木集材とそれと一貫して行う再造林に対して林業・木材産業成長業化促進対策交付金

⑤　①〜④以外の伐採
　　ⓐ　伐採の規制：伐採の30日〜90日前に市町村長に対し伐採の届出が必要（同法10条の 8 ）
　　ⓑ　保全の推進：主伐時の全木集材とそれと一貫して行う再造林に対して林業・木材産業成長業化促進対策交付金

森の内緒話⑤　何もしないのも施業

　取得時効における、森林の継続占有の要件とは何でしょうか。

　ある土地を、自分の土地と勘違いして、苗木を植栽し、人工林施業を行っていたとします。人工林施業の一般的な時系列は、次のようなものです。

　植林後6年〜8年目くらいまでは、苗木が雑草に負けないよう毎年1回程度下刈りし、その後も最初の間伐まで年1回程度、生育の悪い木や自然に萌芽した別の種類の木を除伐したり、ふじなどのつる性植物が絡みつくのを切り払ったりします。下の方の枝を切り払うなど、製材後にきれいな木目が出るよう枝打ちを行うこともあります。こうした作業は林冠が閉鎖するまで行います。林冠が閉鎖するということは日光が林内に入らないということで、そうなればもう、成長の邪魔をする下草や低木の心配をする必要がなくなるからです。植林から15年くらい経つと、立木が混み合って下の方の枝にも太陽光が十分当たらなくなるので、間伐を行います。間伐は、伐期まで2回〜3回行うのが定石ですが、立木の径がそこそこ太り優勢になると、森に入ってやる仕事もそれほどなくなります。あとは、最短で40年、通常は50年〜60年の主伐の時期を待つのみです。

　こうした教科書どおりの施業だとして、それでは、森林の継続占有の要件について、裁判所はどう判断しているのでしょうか。

　判例・裁判例は多くはありません。

　最判昭和28・12・13民集17巻12号1696頁は、他人所有地の立木について所有の意思をもって平穏かつ公然に20年間占有した事実を認め、杉立木について取得時効の成立を認めたものです。どのような施業を認定して継続占有の要件の充足を認めたのかは明らかではありませんが、上記のような通常の施業ということでしょう。

　名古屋高判昭和62・9・29LEX/DB22006146は、通常の森林施業が認められれば継続占有の要件を充足することを、多少は具体的に述べてい

ます。「山林について時効取得の要件としての占有を継続したというためには、補助参加人が主張するように、客観的に明確な程度に排他的な支配状態を続けなければならないものであつて、そのためには、植林、下刈り、間伐、枝打ちをしたり、あるいは、境界に境界標識を設置し、法地につき崩落防止柵を設置するなど当該山林を保全するために必要な管理行為を行つていることが重要な要素となり、単に年に一、二度現地を見に行つたことがあり、また、植林可能地域を調査したことがあつたとしても、特段の事情のない限り、それだけでは客観的に明確な程度に排他的な支配状態を続けたものということができない」。

　やはり、通常の施業をしていれば継続占有の要件を認めてもらえそうではありますが、ただ気になるのは、盛んに「排他性」を強調することです。しかし、森林には排他的支配が確立しにくいということが、森林窃盗が普通窃盗より刑罰が軽いことの説明ですので（森林窃盗が 3 年以下の懲役または30万円以下の罰金（森林法197条）、普通窃盗が10年以下の懲役または50万円以下の罰金（刑法235条））（森林・林業基本政策研究会編著『改訂版解説森林法』（大成出版社・2017年）524頁）、植林、下刈り、間伐、枝打ちといった施業内容によっては排他性は認められません。他方、排他的支配の意思の表れともいえる境界標の設置や、崩落防止策などは、簡単に言ってくれますが、技術的にも法的にも予算的にもハードルの高い行為です。

　ある時期から土地の継続占有の要件として「排他性」「独占性」が言われるようになり、上記裁判例もこれに倣おうとしたものと推察されますが、そもそも時効制度の目的は、永続した事実状態を覆すことは社会の一般取引の安全を脅かすことになるからという点にあったはずで、当たり前の施業をしていたという事実状態を尊重することに尽きるのではないでしょうか（我妻榮ほか『民法 I 総則・物権法〔第 4 版〕』（一粒社・1992年）207頁）。

　2 年〜 3 年どころか 5 年〜 6 年、林地を見にいくことすらしなかったとしてもそれも施業、何もしないのも施業ということで、よいではありませんか。有名な造林の指導書である『吉野林業全書』（1898年）にも

『太山の佐知』（1849年）も、それがスタンダードな施業だよとうたっているということで、そうした基本的な育林技術は江戸時代から変わっていないということで。

　森林に、宅地や農地の論理をそのままスライドしてあてはめようとするから、認定が歪むのです。しかし裁判官を非難してはいけない。現行の民法の法文は、山林や林業についてよく知っている時代の立法や司法の人間が、あてはまり良く起案したもので、実際良くできています。その法文を活用して、解釈して、証拠をあてがい事実認定をリードすることができなくなったのは、弁護士が、森林をわからなくなったからでしょう。

第6章　森林経営管理制度の活用

1　はじめに──森林経営管理制度の理解のために

　国民は、憲法が保障する自由および権利を濫用してはならず、常に公共の福祉のためにこれを利用する責任を負います（憲法12条後段）。私権は公共の福祉に適合しなければなりません（民法1条1項）。

　これは法の基本原理であるにもかかわらず、他分野にはいまひとつ浸透していなかったようで、森林所有者が所有森林を荒廃するに任せておくことも、所有権の絶対性の表現として擁護されるという誤解をもつ人が少なからずありました。

　森林経営管理法が明確にこの誤解の修正を宣言したことの意義は大きいです。森林は公益性の高い存在ですから、公益を害する状態にある放置森林は、以後、市町村が管理していくことになります。これが森林経営管理法です。

　本章では、森林経営管理制度の趣旨や活用にあたっての具体的な進め方について、特に林業関係者の参考になるよう、基本的な事項の説明を厚く準備しています。

┌───┐

▶**本章で解説する内容**▶ ▶ ▶

☑　森林経営管理制度の創設（→2）

☑　森林経営管理の具体的な進め方（→3）

☑　特例措置の活用による経営管理権集積計画の策定（→4）

☑　不明森林共有者・不明森林所有者の探索（→5）

☑　都道府県知事による裁定（→6）

☑　経営管理実施権と経営管理実施権配分計画（→7）

☑　境界の不明確（→8）

☑　財産管理制度の活用（→9）

☑　未解決の問題（→10）

└───┘

2　森林経営管理制度の創設

(1)　森林経営管理制度導入までの経緯

(ア)　施業の集約化という目標のために

　森林資源を有効に活用し、持続的な森林経営を確保するためには、森林所有者等が計画的に森林を整備・保全していかなくてはなりません。

　森林所有者等に森林の整備・保全を動機づけするには、森林経営により収益が上がるものでなければなりません。森林経営により収益を上げるには、施業を集約化して、生産コストを下げることが必須なのです。

　施業の集約化による収益力の向上はいかにして実現されるのでしょうか。一言でいえば、よく整備された路網を周到に配置し、効率的な施業計画を立案して機械や人工を遊ばせないようにし、大量の材を市場に出すことです。

(イ)　施業の集約化の必要性

　わが国の私有林の所有構造は小規模・分散的であるため、森林組合ほかの

1　本章で個別に紹介する文献のほか、日本弁護士連合会所有者不明土地問題等に関するワーキンググループ編『新しい土地所有法制の解説』（有斐閣・2022年）、七戸克彦『新旧対照解説　改正民法・不動産登記法』（ぎょうせい・2021年）、山野目章夫『土地法制の改革——土地の利用・管理・放棄』（有斐閣・2022年）などが参考になります。

林業事業体にとっては、十分な収益性を確保するための事業量の確保が必要です。

せっかく高性能林業機械を導入しても、十分な事業規模を確保していなければ、個々の作業現場での作業効率が伸び悩み、一日あたりの生産コストは高いままになります。

農林水産省の調べでは、高性能林業機械を効率的に稼働できる規模として、年間9000m³の素材生産量と年間23ha 程度の主伐・再造林面積が必要と想定されています。[2] エリートツリー（**第11章2(3)(イ)参照**）等を考慮せず50年伐期で施業を行う場合、1150ha 以上の事業規模を有していることが効率的に機械を運用できる条件となるのです。しかし、わが国において、1000ha以上の森林を抱えている林業経営体は全体の1％程度であり、遠い目標です。

森林経営計画の策定にあたっては、林業経営体から個々の森林所有者に対して、施業の方針や事業を実施した場合の収支を明らかにした施業提案書を提示して働きかけを行います。林業経営体から積極的に施業の集約化を立案して提案していくのですが、所有者が不明であったり境界が不明であったりすると集約化は不可能です。そのような理由から、国内の私有林人工林のうち、森林経営計画が作成されていないなど経営管理が担保されていることが確認できない森林は、全体の3分の2にも及ぶといわれています。[3]

(ウ)　施業の集約化への試行錯誤

昭和43年（1968年）に創設された森林施業計画制度は、計画の作成のみを求めるもので、施業の集約化への誘導策は不十分でした。その反省から、平成23年（2011年）の森林法改正により創設された森林経営計画制度において、森林施業の集約化がめざされましたが、その効果もまた限定的なものでした。

計画立案に際して、複数の林班を束ねようにも所有者がわからないため、

2　農林水産省「2020年農林業センサス」〈https://www.maff.go.jp/j/tokei/census/afc/2020/index.html〉。

3　林野庁「令和2年度　森林・林業白書」〈https://www.rinya.maff.go.jp/j/kikaku/hakusyo/R 2 hakusyo/attach/pdf/zenbun-64.pdf〉50頁・80頁。

話合いをする相手がわからず、相手が判明しても境界が不明確で、到底同意取得までたどり着かないということがしばしばありました。森林の場合、一言で境界が不明確といってもその内実は、宅地や農地のように、隣接土地所有者間で歩み寄ればよいという類のものではありません。公図と森林計画図がまるでかみ合わず、あるはずのものがない、ないはずのものがあるという塩梅なのです。

　平成28年（2016年）の森林法改正では、新たに共有林の持分移転の裁定制度が創設されました（同法10条の12の2〜10条の12の8）。これは、共有森林の共有者が「過失がなくて当該森林の森林所有者の一部を確知することができない」場合には、市町村長に対する申請から都道府県知事の裁定を経て、不確知共有者の立木持分または土地使用権を取得できることにしたものです（同法10条の12の2第1項）。

　この制度が現実にどの程度活用されているかは不明ですが、施業の集約化を、森林所有者や森林組合などの民間事業体の自主性な取組みに期待することには限界があるということは明らかになりました。

　森林所有者の高齢化や不在村化が進行しているため、所有者の探索や境界の明確化には多大な時間や労力を要します。地形等の条件や、林班面積があまりに小さいなどの理由により民間の林業事業体にとっては合理的な経営対象とみることができない森林が多くあることも明らかとなりました。そうした諸問題は、民間事業体の知恵や労力、費用対効果の限界を超え、森林施業の集約化の足かせとなっていました。

　　㈃　森林経営管理法の誕生

　こうした問題解決のための技能と資力を民間に期待することには無理があるとは判明しましたが、森林は適切に経営管理しなければ公益的機能を発揮することができません。そこで、市町村に経営管理の基幹的な役割を担わせることにしたのです。何人も、自己の財産権行使の自由（放置する権利）を根拠に公益を害することはできないという憲法上の原理原則（同法12条・29条2項）に立脚するものです。

　平成30年（2018年）6月1日に公布され、平成31年（2019年）4月1日に施行された森林経営管理法は、そのような考えの下、まず、森林所有者には

適切に自己の森林について経営管理をする責務があることを宣言しました（同法 3 条）。そのうえで、経営管理が適切に行われていない森林については、市町村が主体となって、適切にこれを図るよう、大胆な制度変更を行ったものなのです。

> **森林経営管理法**
> **（責務）**
> **第 3 条**　森林所有者は、その権原に属する森林について、適時に伐採、造林及び保育を実施することにより、経営管理を行わなければならない。
> 2　市町村は、その区域内に存する森林について、経営管理が円滑に行われるようこの法律に基づく措置その他必要な措置を講ずるように努めるものとする。

⑵　森林経営管理制度の概要

　　㋐　新たな森林管理システム

　森林経営管理法は、森林資源を適切に管理し林業の成長産業化を図るため、市町村を主体とする新たな森林管理システムを創設したものです（〔図表36〕参照）[4]。

　森林経営管理法の新しさは、次の①〜④のような点にあります。

①　森林所有者の森林管理の責務を明確化する

②　森林所有者自らが適切な経営管理を実行できない場合に、市町村が経営管理の委託を受けたうえで、さらに民間の担い手（林業事業体）に再委託する

③　再委託先がない森林や再委託に至るまでの間の森林については、市町村が経営管理を行う

④　所有者不明森林や合理的な理由なく森林所有者が経営管理権を委託しない森林等については、市町村による探索・公告、都道府県知事による

4　林野庁「令和 2 年度　森林・林業白書」〈https://www.rinya.maff.go.jp/j/kikaku/hakusyo/R 2 hakusyo/attach/pdf/zenbun-64.pdf〉81頁。

〔図表36〕 森林経営管理制度の概要

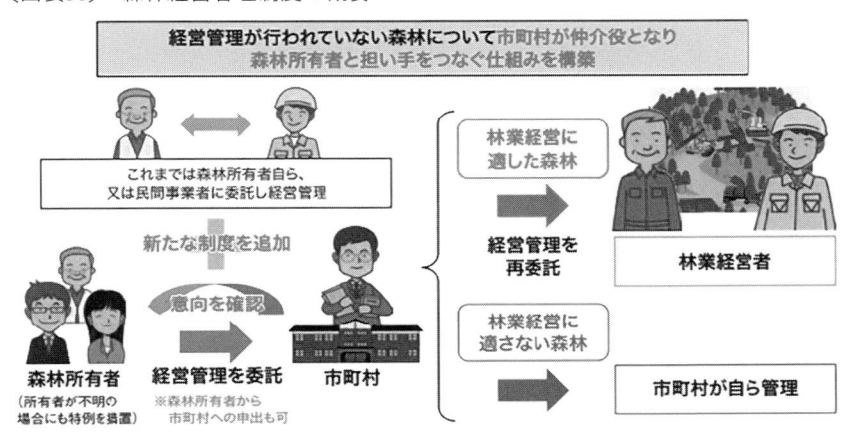

裁定等の手続を経て、森林所有者の同意なくして市町村に経営管理権を設定できるよう措置する

(イ) 森林経営管理制度の法律構造

　市町村は、その区域内にある地域森林計画の対象となっている民有林につき、10年を一期とする市町村森林整備計画を立てる責務を負っていますが（森林法10条の5第1項）、それとはまた別の責務として、経営管理権集積計画を定める義務を負うことになりました（森林経営管理法4条1項）。

　地域森林計画や市町村森林整備計画が、その区域内の森林の取扱いに対するグランドデザインであるのに対し、経営管理権集積計画は、手入れのされていない個々の森林を集約して効率的に林業経営・森林管理することに目的を絞ったものです。

　森林所有者がこれまで、みずからまたは森林組合等の林業事業体に委託して、経営管理していた森林は、森林経営管理制度の対象とはなりません。そうした森林の施業が、林野庁や研究者が望ましいと考えるところに沿わなくても、森林所有者において何かしらの考えをもって取り組んでいることであれば、それはそれでよいのです。

　森林経営管理法の対象森林はあくまで、手入れのされていない森林であり、そのような林地に市町村が経営管理権を設定するというものです。

〔図表37〕　森林経営管理制度の法律構造

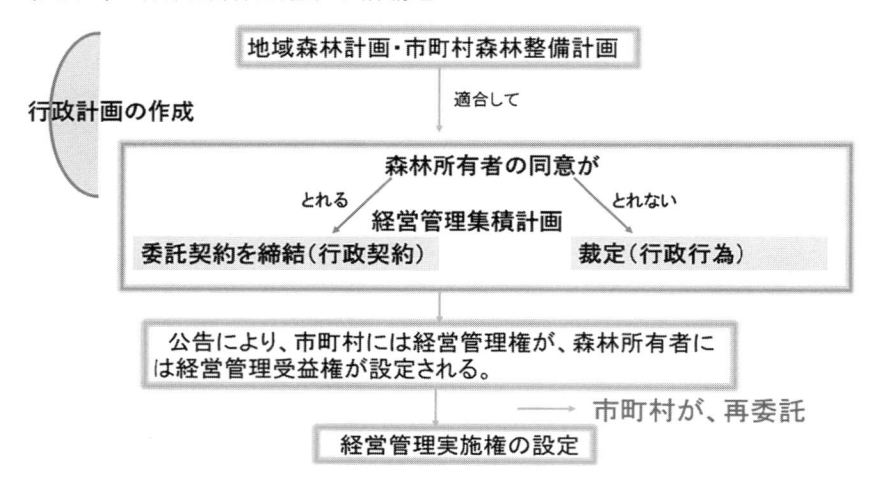

　手入れのされていない一団の森林を対象として策定する行政計画である[5]と同時に、森林所有者からの委託を受けて実施する部分については、合意の下に委託契約を締結するのですから行政契約[6]であり、何らかの理由で委託が成立しない部分については裁定により強権的に森林経営管理権を設定するのですから、それについては行政処分[7]（講学上の行政行為）であるという構成になる。

　そのようにして作成された経営管理権集積計画は公告され（森林経営管理法7条1項）、それにより、市町村には経営管理権が、森林所有者には経営管理受益権が設定されることになります（同法2項）。市町村は、みずから森林経営管理に臨むこともできますし、都道府県が公表した林業事業体

5　行政計画とは、目標を定立し、その目標を実現するために諸種の手段を総合して体系化するものです。行政計画には、直接の外部的効果を有する場合もありますが（計画に適合した私人の行為に対して税制優遇措置を与えるなど）、通常、行政契約あるいは行政行為のどちらかを介在させて行政目的を達成します。

6　行政契約とは、行政主体と相手方が対等な立場で合意して、契約を締結するものです。

7　行政行為とは、相手方の意思に反しても、一方的に相手方の権利を制限したり義務を課したりすることができます。わが国の法規においては「行政処分」として言い表されています（宇賀克也『行政法概説Ⅰ行政法総論〔第8版〕』（有斐閣・2023年）360頁。）

（「意欲と能力のある林業経営者」と説明される場合が多いです）に再委託することもできます（同法36条 2 項）（〔図表37〕参照）。

3　森林経営管理の具体的な進め方

経営管理権集積計画の具体的な作成プロセスについては、林野庁が手引やガイドライン等で詳しく説明していますが[8]、所有者が判明しており同意を得ることができる場合の基本的な手続のフローは〔意向調査→同意取得→経営管理権集積計画の作成→経営管理権集積計画の公告〕となります（〔図表38〕[9]参照）。

本書では、手引やガイドライン等の内容を繰り返すことは極力省きながら、これらに従った手続を進める中で直面するであろう問題につき、具体的な解決のヒントや留意点をあげていくこととします。

まずは、森林所有者の同意を取得することができるスタンダードな場合（行政契約締結に進む場合）について解説します。所有者不明を含む、森林所有者の同意が得られない場合の処理については特例措置の適用があり（森林

〔図表38〕　森林経営管理制度全体のスキーム

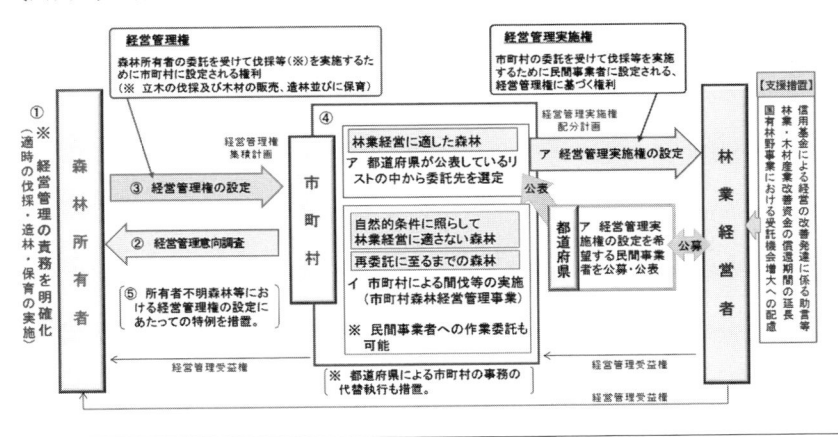

8　林野庁「森林経営管理制度（森林経営管理法）について」〈https://www.rinya.maff.go.jp/j/keikaku/keieikanri/sinrinkeieikanriseido.html〉。

9　林野庁森林利用課「森林経営管理制度に係る事務の手引」〈https://www.rinya.maff.go.jp/j/keikaku/keieikanri/attach/pdf/sinrinkeieikanriseido-21.pdf〉 2 頁。

経営管理法10条〜32条）、それについては**本章 4** で解説します。

（1）　経営管理意向調査

㋐　意向調査の内容

　市町村は、経営管理権集積計画対象森林の森林所有者に対し、当該森林についての経営管理の意向に関する調査を行わなければなりません（森林経営管理法 5 条）。

　意向調査票については林野庁がモデル書式を提示していますが、意向調査を行う目的は、実際にどのエリアで経営管理権集積計画の作成を進めるかの判断材料としての情報収集ですから、地域の実情や対象となる森林の特性に応じて、内容に工夫をしていくのがよいでしょう。

森林経営管理法

（経営管理意向調査）

第 5 条　市町村は、経営管理権集積計画を定める場合には、農林水産省令で定めるところにより、集積計画対象森林の森林所有者（次条第 1 項の規定による申出に係るものを除く。）に対し、当該集積計画対象森林についての経営管理の意向に関する調査（第48条第 1 項第 1 号において「経営管理意向調査」という。）を行うものとする。

森林経営管理法施行規則

（経営管理意向調査）

第 3 条　法第 5 条の規定による経営管理意向調査は、次に掲げる事項について、書面により行うものとする。
　一　当該集積計画対象森林についての経営管理の現況
　二　当該集積計画対象森林についての経営管理の見通し
　三　その他参考となるべき事項

　意向調査においては、集積計画対象森林の経営管理の現況と将来見通しを調査するよう規定されています（森林経営管理法施行規則 3 条）。加えて、「その他参考となるべき事項」（同条 3 号）としては、次の①〜③のような点に

も回答を求めていくのが有益と思われます。

①　森林所有者みずから経営管理を行う意向を有しているかどうか

②　市町村に経営管理を委託する意向を有しているか

③　森林共有者の誰かに、森林経営管理法の手続を進めていくについての代理権を付与してもよいという考えをもっているか、あるいは逆に、他の共有者から代理人になってほしいという要望があった場合に、これを受けることが可能であるか

①については、そもそも集積計画対象森林となる森林は、適切な経営管理が行われていない森林ですから、森林所有者みずから経営管理を行う意向は有していない場合がほとんどでしょう。

稀に、手入れがされておらず荒廃した森林であるにもかかわらず、森林所有者みずから経営管理を行う意向を示す場合があります。しかし、現状において荒廃森林であるという事実は見過ごすことができず、森林所有者の真意が、単に他者の介入を拒むところにあって、近い将来確実に森林管理を行いそうにない場合には、森林の公益的機能がすでに侵されている事実を重く受け止め、特例措置（**本章 4** 参照）に進むべきです。具体的には、確知所有者不同意森林（森林管理法16条）として裁定の手続に進むことを検討するべきです。

②については、森林経営管理制度のしくみは決して単純なものではないので、意向調査票に添えた簡単な説明のみで即断を期待できるものではありませんが、森林所有者に、森林の経営管理を市町村に委託できるようになったこと、その際に森林所有者には金銭的な負担はないこと、場合によっては市町村が民間の林業事業体に再委託することもあることを説明し、可能な限り理解を得ておくことが望ましいです。

また、森林所有者の中には、市町村への委託であれば同意できるが、民間の林業事業体に対する再委託（経営管理実施権の設定）については消極的な考え方を有している場合があります。しかし、市町村が受託するといっても、役所の職員みずからが作業するわけではなく、結局のところ請負業者に依頼するわけですから、再委託する場合と具体的に何がどう違うのかを説明できるよう準備しておかなければなりません。

　③については、当該森林が共有状態にある場合に、他の任意の共有者に代理権を授与しておき自分は積極的にかかわる意思はないか、代理人として適役と思う人がいるとすれば誰か、あるいはみずから積極的に今後の手続に関与する意向があり、他の共有者が代理権を付与する意向がある場合にこれを受けることは可能であるかを、あらかじめ明確にしておいてもらうものです。

　ここで重要なことは、伐採により収益が生じ、森林所有者に分配可能な状態になった場合に、金銭受領の代理権も与えてよいか否かについて、見解を明確にしておいてもらうことです。

　　(イ)　意向調査の送付先

　意向調査の名宛人は、その時点での森林所有者であることが原則です。すなわち、登記事項証明書や林地台帳に記載されている所有者について、まず生死を確認し、死亡している場合には、相続人を探索しなければなりません。

　遺産は、遺産分割の手続が完了するまでは、複数の相続人の観念的な共有状態にあります。その共有の持分割合は、法定相続分に従います。このような状態を遺産共有といいます。

　遺産共有の場合には、全員が権利者であるから、共有者全員に対して意向調査票を送付することになります。この考え方を基礎としますが、それぞれの家族の事情はまちまちであるし、意向調査の結果、直ちに経営管理権を設定するなど権利関係に変更をもたらすものでもないので、将来の手続に向けた基礎調査としてある程度は緩やかに考えておくことも許される段階です。

　たとえば、本人が認知症等で法律行為能力が減弱している場合に、通常代わって意思表示をしている家族等がいる場合には、そうした実情を踏まえて、本人の意思を推測しながら記入してもらうことでもよいでしょう。森林経営管理権集積計画を、その森林を含む一団のまとまりある区域で策定するかどうかを判断する段階にすぎないのですから、当面の資料としては、十分な参考情報となります（本人が直接記入できない事情も記載してもらっておくと、一層有益です）。

(2)　経営管理権集積計画の策定

　経営管理権集積計画の策定は、前述のとおり、行政計画であると同時に、森林所有者との行政契約です。特例措置を活用した裁定による場合は行政処分（講学上の行政行為）です。ここでは、行政契約の締結が可能であった場合（権利者の同意が得られる場合）の進め方について説明します。

(ア)　数次相続が発生している場合

　権利の帰属主体は、故人ではありません。現在生存している相続人です。

　経営管理権集積計画には森林所有者との契約締結のフェーズが含まれますが、契約の締結は法律行為であり、法律行為は意思表示によるものであり、意思表示は生存している人間しかなし得ません。ですから、現在生存している相続人こそが権利の帰属主体であり、契約締結の意思表示をなしうる者です。

　共有・遺産共有の場合には、現在生存しているすべての相続人からの同意を得る必要があります。

　ところが、山林の登記が、明治時代や大正時代の所有権者のまま何代にもわたり相続人名義の書き換えがなされず、長らく放置された状態になっていることは珍しくありません。その場合は、登記事項証明書の森林所有者の住所から本籍地の戸籍謄本を請求し、そこから順次相続人をたどり、現在生存している相続人を探索する必要があります。

　本籍地がわからなかった、戸籍が消除されているなどの理由により、相続人を探索できない場合は少なくありません。そのような場合は、所有者不明森林（森林管理法24条）として特例措置に進むことになります。

　一方、子・孫・玄孫と順次たどると、最終的に何百人もの共有状態に至ることも珍しくありません。そうなると、実務を担う市町村の担当者が投下する労力は天文学的なものになりますが、だからといって、現行法上は、他に方途はなく、1人ひとり相続人を探索してその同意を得ていく以外にはありません。

　自治体によっては、職権で戸籍や住民票を入手することができる司法書士等の外部業者に外注しているところもあります。森林環境譲与税は施業の集約化の目的に資する使途に使うことができ、所有者探索業務は、まさにその目的に適うことですから、効率的な選択といえます（**本章3(5)**参照）。

　(イ)　相当な努力が払われたと認められるものとして政令で定める方法

　相続人の探索は「相当な努力が払われたと認められるもの」でよいという規定は、森林経営管理法10条・24条だけではなく、土地基本法13条5項、農地法32条3項等にもみられるものです。

　あたかも、前述の数次相続が発生している場合に述べた相続人の探索方法を簡略化してもよいかのような表現であり、実務担当者に期待をもたせますが、誤解してはなりません。現行制度上可能な限り所有者を探索する術を尽くし、なお現在生きている相続人にたどり着かない場合には、所有者不明土地としてそれぞれの法律が用意する特例措置の適用に進むことができるという趣旨にとどまるものです。実際のところ、政令（森林経営管理法施行令1条・2条）が規定する探索方法には、特段簡略化したところはありません（**本章3**(5)参照）。

　(ウ)　所有権以外の権利の登記がある場合

　(A)　登記可能な権利

　登記できる権利は、所有権、地上権、永小作権、地益権、先取特権、質権、抵当権、賃借権、採石権の9つです（〔図表39〕参照）。

　森林経営管理法は、「経営管理権集積計画は、集積計画対象森林ごとに、当該集積計画対象森林について所有権、地上権、質権、使用借権による権利、賃借権又はその他の使用及び収益を目的とする権利を有する者の全部の同意が得られているものでなければならない」と規定しています（同法4条5項）。

　条文には「使用及び収益を目的とする権利」とあり、物の使用価値を把握する権利を「用益物権」といいます。所有権・地上権・使用借権は用益物権です。賃借権は債権ですが、物の使用価値を把握する権利ですから、ここでは取り立てて用益物権と区別して把握する必要はありません。

　質権は、物の交換価値を把握する権利、すなわち担保物権に分類されています。もっとも質権は、質権者が対象物を管理し、使用収益も行うことができる点に特徴があります。これに対して、担保権の代表である抵当権の場合、対象物は抵当権設定者（一般的には所有者）が引き続き使用収益できます。そのような違いがあるため、質権だけが条文中に入れ込まれたものと思

〔図表39〕　物権の種類

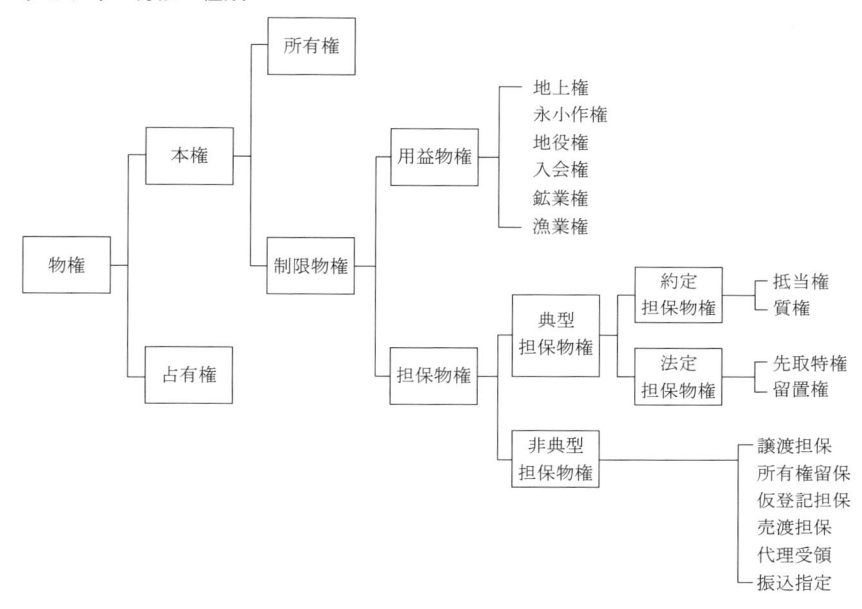

われます。

　(B)　地上権の登記がある場合の権利消滅

　期間満了による権利の消滅、完済による債務の消滅、時効消滅など、権利が消滅する事由にはいくつかのものがあります。

　造林地の場合には、地上権の登記をしばしばみることがあります。しかし、ここ10年、20年の新しい登記ではなく、相当古い登記であることが多いでしょう。地上権には通常期間の約定がありますし、その場合、地代の約定もあるはずであり、それを支払っていないのであれば権利を放棄した可能性があり、そうでなくても時効消滅します（民法166条２項）。そうした期間が経過している場合には、特に同意取得を考える必要はありません。

民法

（地上権の存続期間）

第268条　設定行為で地上権の存続期間を定めなかった場合において、

別段の慣習がないときは、地上権者は、いつでもその権利を放棄することができる。ただし、地代を支払うべきときは、1年前に予告をし、又は期限の到来していない1年分の地代を支払わなければならない。

2　地上権者が前項の規定によりその権利を放棄しないときは、裁判所は、当事者の請求により、20年以上50年以下の範囲内において、工作物又は竹木の種類及び状況その他地上権の設定当時の事情を考慮して、その存続期間を定める。

民法
（債権等の消滅時効）
第166条　（略）

2　債権又は所有権以外の財産権は、権利を行使することができる時から20年間行使しないときは、時効によって消滅する。

3　（略）

実体権が消滅している場合には、登記の抹消請求をすることが可能ですが、森林経営管理法の手続を進めていくうえでは、登記が残存していても特に支障はありません。

　ⓒ　質権の登記がある場合

森林に質権の登記があることはほとんど考えられません。質権は、確かに「質権の目的である不動産の用法に従い、その使用及び収益をすることができる」ものですが（民法356条）、その存続期間は10年を超えることができないからです（同法360条）。更新可能ではありますが、造林目的で使用収益する期間としては短すぎて、制度利用のメリットがありません。

民法
（不動産質権の存続期間）
第360条　不動産質権の存続期間は、10年を超えることができない。設定行為でこれより長い期間を定めたときであっても、その期間は、10

　　　年とする。

　　2　不動産質権の設定は、更新することができる。ただし、その存続期
　　　間は、更新の時から10年を超えることができない。

　逆にいえば、この質権の登記がある場合、存続期間はとうに超えている可
能性が大きいのです。その点をヒアリング等して調査し、現在の森林所有者
に何ら心当たりがないということであれば、実体権は存続期間の満了により
消滅していると考えてよいでしょう。

　登記が残存していても森林経営管理法の手続を進めるうえでは特に支障が
ないということになります。

　　(D)　抵当権の登記がある場合

　抵当権は、純然たる交換価値を把握する権利です。土地の交換価値ですか
ら、立木には及ばないのでしょうか。

　山林に生育する立木は、特別に明認方法[10]あるいは立木登記[11]などにより独立
の物権とされていない限り、土地に付加して一体をなしています（民法370
条）。つまり、立木が土地の価値の一部を構成するので、理論上は、立木の
伐採については土地の抵当権者等の交換価値を把握する者（以下、「抵当権者
等」といいます）の同意が必要になってきてしまいます。

　しかし、どのような場合であっても、抵当権がある限り、抵当権者の同意
がなければ、森林経営管理法によって荒廃山林の手入れもできないとまで考
える必要はありません。

　休眠抵当権の場合は、特段支障になりません。休眠抵当権・休眠担保権と
は、明治時代、大正時代、昭和時代の何十年も前の時からついていて、放置
された古い抵当権・担保権のことをいいます。抵当権は、20年で消滅時効に
かかる（平成29年（2017年）改正前民法167条2項、民法166条2項）ので、弁済

10　明認方法とは、土地から独立して立木の所有権を公示する慣習法上の方法です。樹皮
　を削って名前を書く、立て札を立てる等の方法が継続している間は不動産登記と同等の
　効力を有します。

11　立木登記は、立木ニ関スル法律に規定されています。所有権保存登記がなされた立木
　は、土地から独立した不動産となります。

期（または分割払いの最後の支払いのとき）から20年経過している抵当権については、登記の抹消が可能な状態になっており、森林経営管理法の手続については特に支障なく進めることができます。

民法

（債権等の消滅時効）

第166条（略）

2　債権又は所有権以外の財産権は、権利を行使することができる時から20年間行使しないときは、時効によって消滅する。

3　（略）

旧民法

（債権等の消滅時効）

第167条（略）

二　債権又は所有権以外の財産権は、20年行使しないときは、消滅する。

　一方で、休眠抵当権でない場合は、要注意です。抵当権者が、あえて立木の価値に注目して山林に抵当権を設定するという場合はあまり考えられなく、通常は、債務者所有の不動産全部に抵当権を設定したところその中に山林も含まれていたという成り行きでしょう。あえて立木の価値に権利設定するのであれば、明認方法を施すか、立木登記をしておくでしょう。

　それでも、抵当権は、被担保物権の交換価値を把握する権利であり、立木が土地の付加一体物である以上、その価値は立木部分も含めて構成されているという理屈は残ります。それが、伐採搬出されることにより交換価値の一部を捕捉することができなくなったから抵当権者に損害が発生したと観念することは可能なのです。よって、最後の弁済期（分割払いであれば、最後の支払いのとき）から20年を経過していない抵当権であれば、抵当権者の同意を要すると考えておくのが安全です。

> 民法
>
> **（抵当権の消滅時効）**
>
> **第396条**　抵当権は、債務者及び抵当権設定者に対しては、その担保する債権と同時でなければ、時効によって消滅しない。

　(E)　時効の援用権者

　時効の援用をするかどうかはあくまで当事者の意思に委ねられています。経営管理権集積計画を設定しようとする市町村は、時効の援用権者ではないので、期間が経過しているからといって当然に権利が消滅していると扱うことはできない点に注意を要します。あくまで、所有権者に、たとえば古い地上権者が権利を主張してくるような場合に、「地上権の成立からもう〇年経過しており、地上権者は森林施業をここ〇年しておらず、地上権放棄の実態がありますよ」とアドバイスしても間違いではないということです（行政庁の職員がそのような助言をしてもよいかどうか少々疑問にはなりますが、公益保全目的があるし、法理論としてごく基本的事項であるから、一律にしてはいけないとも思われません）。

　民法の時効の規定は、平成29年（2017年）の改正法が、令和2年（2020年）4月1日に施行となっています。この日より前に発生した権利については平成29年（2017年）改正前民法が適用になり、後に発生した権利については現行民法が適用になります。

　　㈡　相続以外の原因による権利移転がある場合

　売買・贈与・交換といった相続以外の原因によって山林の所有権が移転する場合、一般的には、登記をきちんとしていることが多いです。相続のように被相続人の死亡により当然発生するものではなく、当事者が主体的・自覚的に行動し意思表示した結果として新しい地位を取得するのですから、登記まできちんと具備しようという動機づけが働くのでしょう。

　それでも、口約束のみで売買・贈与・交換による所有権移転をすることはあり得ます。そもそもわが国の民法は「物権の設定及び移転は、当事者の意思表示のみによってその効力を生ずる」（同法176条）として意思主義・契約

自由の原則をとっているため、昔から、口約束のみで山林と農地を交換したり、入会権者らが入会関係を解消して等分に分割したりといったことをしてきているのです。証書をつくっていてもそれが後の相続人にきちんと承継されているとも限らず、時を経るうちに事実関係が曖昧になってくることも珍しくありません。その他の書き付けや手書き地図が出てきても、どういう意図で作成されたのかが不明瞭で、意味づけをめぐって関係者が首をひねった挙句、わからないから手を付けないでおこうという結末になることもよくあります。

　森林経営管理法は、さまざまな事情により、手入れがされなくなった山林について、市町村が代わって手入れを行うものですから、権利関係が曖昧であることを理由に消極的になることがあってはなりません。

　このような場合、当事者（当時者の相続人を含む）間で「確かに売買した」「確かに交換した」等と認識が一致しているのであれば、登記の有無にかかわらず、その認識の一致に基づき経営管理権集積計画を策定してかまいません。しかし、認識に不一致があるようであれば、登記上の所有権者に所有権があるものとみて、経営管理権集積計画を策定することになります（物権変動の対抗要件主義）。

(3)　経営管理権集積計画の公告

　市町村は、経営管理権集積計画を定めたときは、遅滞なくその旨を公告します（森林経営管理法7条1項）。この公告により、市町村に経営管理権が、森林所有者には経営管理受益権（主伐により収益が出た分の配分を受ける権利）が、それぞれ設定されることになります（同条2項）。

　森林経営管理権の設定により、森林所有者に必ず収益が発生するということではありません。森林施業の内容に主伐が含まれている場合に、収益が発生することもあり得ますが、施業内容を間伐にとどめる自治体も多いものと予想され、その場合収益の発生は期待できません。

　この点、森林経営管理法は、経営管理受益権を（森林所有者の）「金銭の支払いを受ける権利」と規定していますが（同法7条2項）、他の箇所では「販売収益から伐採等に要する経費を控除してもなお利益がある場合」と説明しており（同法4条2項5号等）、必ずしも収益が発生することを想定してはい

ません。

　経営管理権は、公告の後において、相続や売買等により当該経営管理権に係る森林の森林所有者となった者に対しても、その効力があります（森林経営管理法7条1項〜3項）。

4　特例措置の活用による経営管理権集積計画の策定

(1)　制度導入の背景と3種の特例措置

　これまで所有者や一部の共有者が所在不明であったり、到底合理的とはいえない理由から同意が得られなかったりした場合には、なすすべがありませんでした。

　山林の裾野から頂上まで林道を敷設して集約的かつ効率的な森林経営を行いたいと思っても、所有者不明の林地がその中にあると同意取得ができないから、その林地を避けて路網設計しなければならなくなります。

　そうすると、地形・地質上最適解となる路網の設計ができなくなくなるだけではなく、多くの場合、路網設計自体が不可能になってしまうのです。集約的・効率的な森林経営によって利益を出していかなければならないのに、同意のある森林にすら林道を敷設することができないのでは何もできません。伐採搬出のめどが立たないのに森林経営計画を立てることはできません。そのようにして、所有者が判明している森林すら手入れをすることができなくなっていったのです。

　たとえば、架線を張って集材するタワーヤーダは、本来上げ荷（低いところから高いところに集材すること）とすることで、力学上のバランスがとりやすく、労働安全にも資し、操作スピードもアップできるため林業の効率化を実現するものです（〔図表40〕参照）[12]。

　しかし、所有者不明土地等があると、上まで林道を引くことができません。林道を引くことができないと、架線を張ったところで、フォワーダ等の木材運搬車両を持ってくることができないのです。そのため、下げ荷（高いところから低いところに集材すること）にするほかなく、力学的安定性が弱

---

[12]　林野庁「タワーヤーダの構造と索張り方式」〈https://www.rinya.maff.go.jp/j/kaihatu/kikai/attach/pdf/jigyo-3.pdf〉。

〔図表40〕　タワーヤーダによる集材

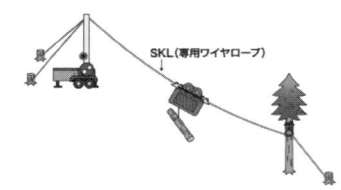

く、危険であり、操作スピードも上げ荷に比較して何倍も遅くせざるを得な
いのです。[13]

　戦後の拡大造林の時代から半世紀以上が経過し、うまく成林した山は伐採
搬出したいし、荒廃して使えない山もいったんリセットしたいという時代が
到来しました。そうした頃、宅地や農地でも所有者不明土地問題が国家的課
題として認識されるようになり、土地法制の改革の波がやってきたのです。

　こうした経緯で誕生した森林経営管理法は、これらの問題に対応するた
め、所有者不明等森林について特例措置をおき、市町村が行政処分（行政行
為）という行為形式で経営管理権を設定し、施業を行うことができるように
なりました。

　森林経営管理法では、①共有者不明森林に係る特例（同法10条〜25条）、②
確知所有者不同意森林に係る特例（同法16条〜23条）、③所有者不明森林に係
る特例（同法24条〜32条）の3種の経営管理権集積計画の特例措置を規定し

13　〔**図表40**〕のうち上部は、タワーヤーダの通常の用い方である上げ荷の構造です。下部
　　の左写真は、下げ荷架線のため大がかりな重量物を設置して張力のバランスをとるもの
　　です。右写真は、鬱蒼とした山中で下げ荷の木材を運ぶものです。途中の木に引っかかる
　　と、身動きがとれずタワーヤーダもろともひっくり返る危険もあります。

〔図表41〕　特例措置の概要（手続の流れ）

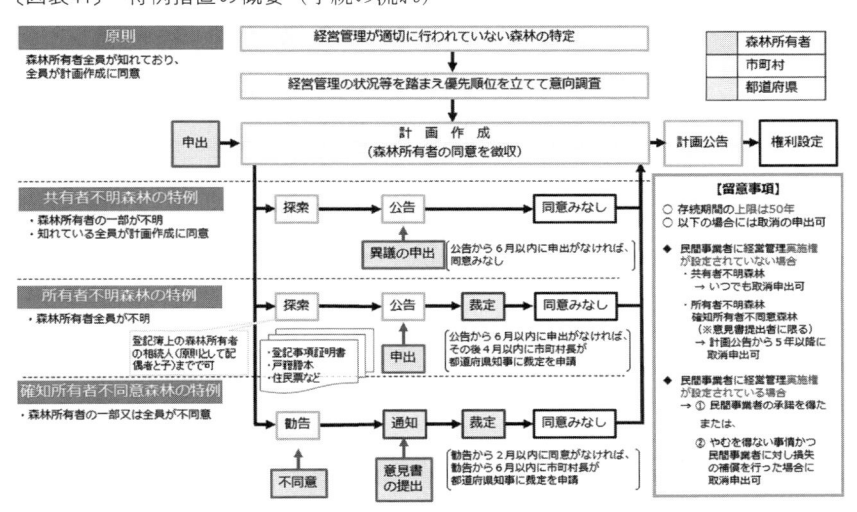

ています（〔図表41〕参照）。

　理論上は、この3種の特例措置により、これまで所有者の意思表示が得られず施業ができなかったすべてのケースについて、対応可能になったということができます。

　行政手続としては、共有者不明森林については公告のみで、確知所有者不同意森林と所有者不明森林については公告と裁定の2段階の手続を踏まえて、経営管理権を設定することが可能になったということになります。

(2)　共有者不明森林

　判明している森林共有者が経営管理権集積計画に同意している場合において、市町村は、①不明森林共有者を探索し（森林経営管理法10条）（探索については**本章4(5)参照**）、②なお不明の場合はその旨および当該経営管理権集積計画を公告し（同法11条1項）、③公告期間中に異議の申出がない場合は不明森林共有者が同意したとみなして経営管理権集積計画を定めることができます（同法12条）。

14　林野庁「森林経営管理制度（森林経営管理法）について」〈https://www.rinya.maff.go.jp/j/keikaku/keieikanri/sinrinkeieikanriseido.html#4〉。

森林経営管理法

（不明森林共有者の探索）

第10条　市町村は、経営管理権集積計画（存続期間が50年を超えない経営
　　管理権の設定を市町村が受けることを内容とするものに限る。以下この款
　　において同じ。）を定める場合において、集積計画対象森林のうちに、
　　数人の共有に属する森林であってその森林所有者の一部を確知するこ
　　とができないもの（以下「共有者不明森林」という。）があり、かつ、
　　当該森林所有者で知れているものの全部が当該経営管理権集積計画に
　　同意しているときは、相当な努力が払われたと認められるものとして
　　政令で定める方法により、当該森林所有者で確知することができない
　　もの（以下「不明森林共有者」という。）の探索を行うものとする。

（共有者不明森林に係る公告）

第11条　市町村は、前条の探索を行ってもなお不明森林共有者を確知す
　　ることができないときは、その定めようとする経営管理権集積計画及
　　び次に掲げる事項を公告するものとする。

　　一〜七（略）

（不明森林共有者のみなし同意）

第12条　不明森林共有者が前条第六号に規定する期間内に異議を述べな
　　かったときは、当該不明森林共有者は、経営管理権集積計画に同意し
　　たものとみなす。

　判明している森林共有者が全員同意していることが前提であり、もし判明
している森林共有者中に合理的な理由なく不同意とする者がある場合は、そ
の者については確知所有者不同意森林に係る特例措置（**本章 4 (3)**参照）を適
用しなければなりません。

　また、判明している森林共有者の持分割合にかかわらず、不明森林共有者
は同意したものとみなされます（森林経営管理法12条）。すなわち、判明して
いる森林共有者の持分割合が100分の 1 であっても、他の100分の99につきみ
なし同意となり、森林経営管理権集積計画の内容が主伐再造林を含むもので

あれば、そのように施業されることになります。

　極めて多数の共有状態になり探索の手の施しようがなくなっているケースを、メガ共有地問題と呼称しますが（**本章10(2)**参照）、これはとりわけ山林にはよくみられる状態であり、森林経営管理の支障となっています。共有者不明森林の特例措置を用いるとしても、法の建て付けは、現在生存している相続人はひととおりすべて探索のうえ、同意を求めることになっており、それを現実に履践する負担は計り知れません。

　ここであるケースを紹介します。この登記事項証明書は、昭和27年（1952年）には分母が981に達していますが、その頃以降はほとんど相続登記がな

表題部（土地の表示）	調製	平成22年1月7日	不動産番号	○○○○○○○○○○
地図番号	余　白	筆界特定	余　白	
所　　在	○○郡○○町大字○○字○○		余　白	
	○○市○○字○○		平成17年1月31日変更 平成19年4月17日登記	
① 地　番	② 地　目	③ 地　籍　　m²	原因及びその日付〔登記の日付〕	
○番の2	山林	○○ ┆ ○	余　白	
余　白	余　白	余　白	平成17年法務省令第18号附則第3条第2項の規定により移記 平成22年1月7日	

権利部（甲区）（所有権に関する事項）			
順位番号	登記の目的	受付年月日・受付番号	権利者その他の事項
1	共有者全員持分全部移転	大正3年7月4日 第2136号	原因　大正3年6月15日売買 共有者 　○○郡○○町大字○○字○○ 　持分327分の32 　○　○　○　○ 　○○郡○○町大字○○字○○ 　持分327分の4 　○　○　○　○ 　○○郡○○町大字○○字○○ 　持分327分の5 　○　○　○　○ 　○○郡○○町大字○○字○○ 　持分327分の26 　○　○　○　○

されなくなったまま、現在に至っています。現在はさらに相続人が増えているはずで、こうなると、多忙な市役所職員が探索しきることは現実的に不可能です。メガ共有地問題については、抜本的な解決策が必要とされるところです。

(3)　確知所有者不同意森林

　確知森林所有者が、経営管理意向調査を実施してもそれに無回答または不同意の意思表示をするが、当該森林は施業が必要な状態であり、かつ当該確知所有者が不同意とすることに合理的な根拠が見出しがたい場合において、市町村は、①当該森林所有者に経営管理権集積計画に同意されたい旨の勧告を行い（森林経営管理法16条）、②なお同意しない場合には都道府県知事に裁定を申請し（同法17条）、③都道府県知事は確知森林所有者に対し意見書を提出する機会を与え（同法18条1項）、④都道府県知事より経営管理権の集積をすることが必要かつ相当であるとの裁定があれば（同法19条1項）、当該森林所有者が当該経営管理権集積計画に同意したものとみなして経営管理権集積計画を定めることができます（同法20条1項・2項）。

森林経営管理法

（同意の勧告）

第16条　市町村が経営管理権集積計画を定める場合において、集積計画対象森林のうちに、その森林所有者（数人の共有に属する森林にあっては、その森林所有者のうち知れている者。以下「確知森林所有者」という。）が当該経営管理権集積計画に同意しないもの（以下「確知所有者不同意森林」という。）があるときは、当該市町村の長は、農林水産省令で定めるところにより、当該確知森林所有者に対し、当該経営管理権集積計画に同意すべき旨を勧告することができる。

（裁定の申請）

第17条　市町村の長が前条の規定による勧告をした場合において、当該勧告をした日から起算して2月以内に当該勧告を受けた確知森林所有者が経営管理権集積計画に同意しないときは、当該市町村の長は、当該勧告をした日から起算して6月以内に、農林水産省令で定めると

ころにより、都道府県知事の裁定を申請することができる。

（意見書の提出）

第18条　都道府県知事は、前条の規定による申請があったときは、当該申請をした市町村が希望する経営管理権集積計画の内容を当該申請に係る確知所有者不同意森林の確知森林所有者に通知し、2週間を下らない期間を指定して意見書を提出する機会を与えるものとする。

2　前項の意見書を提出する確知森林所有者は、当該意見書において、当該確知森林所有者の有する権利の種類及び内容、同項の経営管理権集積計画の内容に同意しない理由その他の農林水産省令で定める事項を明らかにしなければならない。

3　都道府県知事は、第1項の期間を経過した後でなければ、裁定をしないものとする。

（裁定）

第19条　都道府県知事は、第17条の規定による申請に係る確知所有者不同意森林について、現に経営管理が行われておらず、かつ、前条第1項の意見書の内容、当該確知所有者不同意森林の自然的経済的社会的諸条件、その周辺の地域における土地の利用の動向その他の事情を勘案して、当該確知所有者不同意森林の経営管理権を当該申請をした市町村に集積することが必要かつ適当であると認める場合には、裁定をするものとする。

2　（略）

（裁定に基づく経営管理権集積計画）

第20条　都道府県知事は、前条第1項の裁定をしたときは、農林水産省令で定めるところにより、遅滞なく、その旨を当該裁定の申請をした市町村の長及び当該裁定に係る確知所有者不同意森林の確知森林所有者に通知するものとする。当該裁定についての審査請求に対する裁決によって当該裁定の内容が変更されたときも、同様とする。

2　前項の規定による通知を受けた市町村は、速やかに、前条第1項の裁定（前項後段に規定するときにあっては、裁決によるその内容の変更後のもの）において定められた同条第2項各号に掲げる事項を内容とす

> る経営管理権集積計画を定めるものとする。
>
> 3　（略）

　当該森林所有者が、それなりに合理的かつ信頼性がある施業計画を有している場合には、本特例措置に及ぶことはできません。林野庁が推奨する施業方法に沿わなくても、科学的に一応の説明がつく施業方法にはいろいろなものがあるのですから、森林所有者が明らかに独りよがりな空論を言っているのでなければ、それは尊重しなければなりません。

　しかし、当該森林所有者の不同意に合理的な根拠がない場合（自分は相続人ではない、かかわり合いになりたくないなど）や、林地は一団のまとまりごとに効率的な施業計画を立案するべきところ、他の林地に通じる林道の敷設を拒絶したり（林道等のための使用権設定については、使用権設定のための裁定手続に関する規定（森林法50条以下）を活用する途もあります）、全域で行わなければ意味がない病虫害や獣害の防護策を、当該林地のみ同意しないような場合には、森林経営管理法上の特別措置をとってでも、森林経営管理権を設定していく必要があります。

⑷　所有者不明森林

　森林所有者を確知することができない場合（森林の共有者ら全員が不明の場合を含む）において、市町村は、①不明な森林共有者を探索し（森林経営管理法24条）（探索については**本章 4 ⑸**参照）、②なお不明の場合はその旨および当該経営管理権集積計画を公告し（同法25条）、③公告期間中に不明森林所有者が現れない場合は市町村が都道府県知事に裁定を申請し（同法26条）、④都道府県知事の裁定があれば（同法27条 1 項）、当該経営管理権集積計画に不明な森林所有者が同意したとみなして経営管理権集積計画を定めることができるというものです（同法28条 2 項）。

　森林共有者の一部が判明し、意思表示できる状態にある共有者不明森林に比較して、都道府県知事の裁定を要する分、厳重な手続となっています。

5　不明森林共有者・不明森林所有者の探索

⑴　相当な努力が払われたと認められるものとして政令で定める方法

　不明森林共有者・不明森林所有者の探索にあたっては、「相当な努力が払われたと認められるものとして政令で定める方法」により行うことと規定されています（森林経営管理法10条1項・24条1項）。

　ここにいう「政令で定める方法」とは、不明森林共有者については、森林経営管理法施行令1条および森林経営管理法施行規則8条〜10条、不明森林所有者については、森林経営管理法施行令2条および森林経営管理法施行規則21条（不明森林共有者についての条文を準用しています）に規定されています。

◎不明森林共有者の探索

森林経営管理法施行令

（不明森林共有者の探索の方法）

第1条　森林経営管理法（以下「法」という。）第10条の政令で定める方法は、共有者不明森林の森林所有者の氏名又は名称及び住所又は居所その他の不明森林共有者を確知するために必要な情報（以下この条において「不明森林共有者関連情報」という。）を取得するため次に掲げる措置をとる方法とする。

　一　当該共有者不明森林の土地及びその土地の上にある立木の登記事項証明書の交付を請求すること。

　二　当該共有者不明森林の土地を現に占有する者その他の当該共有者不明森林に係る不明森林共有者関連情報を保有すると思料される者であって農林水産省令で定めるものに対し、当該不明森林共有者関連情報の提供を求めること。

　三　第1号の登記事項証明書に記載されている所有権の登記名義人又は表題部所有者その他前2号の措置により判明した当該共有者不明森林の森林所有者と思料される者（以下この号及び次号において「登記名義人等」という。）が記録されている住民基本台帳又は法人の登

記簿を備えると思料される市町村の長又は登記所の登記官に対し、当該登記名義人等に係る不明森林共有者関連情報の提供を求めること。

四　登記名義人等が死亡又は解散していることが判明した場合には、農林水産省令で定めるところにより、当該登記名義人等又はその相続人、合併後存続し、若しくは合併により設立された法人その他の当該共有者不明森林の森林所有者と思料される者が記録されている戸籍簿若しくは除籍簿若しくは戸籍の附票又は法人の登記簿を備えると思料される市町村の長又は登記所の登記官その他の当該共有者不明森林に係る不明森林共有者関連情報を保有すると思料される者に対し、当該不明森林共有者関連情報の提供を求めること。

五　前各号の措置により判明した当該共有者不明森林の森林所有者と思料される者に対して、当該共有者不明森林の森林所有者を特定するための書面の送付その他の農林水産省令で定める措置をとること。

森林経営管理法施行規則

（不明森林共有者関連情報を保有すると思料される者）

第8条　令第1条第2号に規定する農林水産省令で定める者は、次に掲げる者とする。

一　当該共有者不明森林の土地を現に占有する者

二　当該共有者不明森林について所有権以外の権利（登記されたものに限る。）を有する者

三　経営管理意向調査により判明した当該共有者不明森林に係る不明森林共有者関連情報を有すると思料される者

四　前各号に掲げる者のほか、市町村が保有する情報（不明森林共有者の探索に必要な範囲内において保有するものに限る。）に基づき、不明森林共有者関連情報を有すると思料される者

（登記名義人等が死亡又は解散していることが判明したときの不明森林共有者関連情報の提供を求める措置）

第９条 市町村は、令第１条第４号の規定により不明森林共有者関連情報の提供を求めるときは、次に掲げる措置をとるものとする。

一 登記名義人等が自然人である場合には、当該登記名義人等が記録されている戸籍簿又は除籍簿を備えると思料される市町村の長に対し、当該登記名義人等が記載されている戸籍謄本又は除籍謄本の交付を請求すること。

二 前号の措置により判明した当該登記名義人等の相続人が記録されている戸籍の附票を備えると思料される市町村の長に対し、当該相続人の戸籍の附票の写し又は消除された戸籍の附票の写しの交付を請求すること。

三 登記名義人等が法人であり、合併により解散した場合には、合併後存続し、又は合併により設立された法人が記録されている法人の登記簿を備えると思料される登記所の登記官に対し、当該法人の登記事項証明書を求めること。

四 登記名義人等が法人であり、合併以外の理由により解散した場合には、当該登記名義人等の登記事項証明書に記載されている清算人に対して、書面の送付その他適当な方法により当該共有者不明森林に係る不明森林共有者関連情報の提供を求めること。

（共有者不明森林の森林所有者を特定するための措置）

第10条 令第１条第５号の農林水産省令で定める措置は、当該共有者不明森林の森林所有者と思料される者に対して、当該共有者不明森林の森林所有者を特定するための書類を書留郵便その他配達を試みたことを証明することができる方法により送付する措置とする。ただし、当該共有者不明森林の所在する市町村内においては、当該措置に代えて、当該共有者不明森林の森林所有者と思料される者を訪問する措置によることができる。

◎不明森林所有者の探索
森林経営管理法施行令

（不明森林所有者等の探索の方法）

第２条　法第24条及び第43条第１項第２号の政令で定める方法については、前条の規定を準用する。

森林経営管理法施行規則

（不明森林所有者関連情報等を保有すると思料される者等）

第21条　第８条の規定は、令第２条において準用する令第１条第２号の農林水産省令で定める者について、第９条の規定は、令第２条において準用する令第１条第４号の農林水産省令で定める措置について、第10条の規定は、令第２条において準用する令第１条第５号の農林水産省令で定める措置について、それぞれ準用する。

　条文の「相当な努力が払われたと認められる」という文言から、弁護士等の法専門家が業務で行う探索方法より簡易な方法を認めるのか、何らかの省略を許すのかと期待させますが、「政令で定める方法」をみる限り、同じく厳格な手順を踏むよう求めています。戸籍謄本や住民票、戸籍の附票（以下、「戸籍謄本等」といいます）を収集して現在生きている相続人までたどるということに尽きます。

(2)　所在不明と所有者不明

(ア)　あて所に尋ねなし

　森林経営管理法に基づいて森林所有者の探索をしていて、現在の森林所有者（あるいは相続人）が生存していることは確認できるが、住民票上の最後の住所地に郵便物を送付しても「あて所に尋ねなし」で戻ってくる場合があります。宛先の住所に名宛人が居住していないという趣旨であり、いわゆる所在不明ケースです。

　所有者不明とは、対象物件の所有者が実在するのか、生存するのかが、戸籍や住民票の探索をもってしてもわからない場合であるのに対し、所在不明とは、対象物件の所有者（またはその相続人）の氏名と、その人が現在どこかで生存していることははっきりしているが、どこに住んでいるのかがわからないという場合です。人の所在は住民票で調べるわけですが、その住民票

が示す住所地に居住していないということです。

　　(イ)　所在不明の場合の対応

　裁判手続の場合、住民票上の最後の住所地に赴いて、居住の実態がありかなしかを調査して、裁判所に報告しなければなりません。たとえ訪問時には留守でも、表札の氏名が探している人物と同じであるか、ガスや電気の基本料金メーターが動いているか、新聞や郵便物が溜まっていないかを調べ、居住の実態を確認するのです。これを所在調査と呼んでいます。

　森林経営管理法の手続を進めるうえで、所在不明の場合の「相当な努力が払われたと認められる」方法として、この所在調査までが必要かどうかは1つの考察点でしょう。

　自治体が実施する、空家等対策の推進に関する特別措置法に基づく手続や公用収用の手続においては、（すべての自治体の確認がとれているわけではないですが）裁判手続と同等の方法を履践しているようですので、森林経営管理法に基づく手続においても、これに並んでおくのが万全とはいえます。

　しかし、森林経営管理法は、土地所有権を侵奪するまでには及ばないものですから、所在調査までは必要ではなく、「あて所に尋ねなし」を受領したところで、所有者不明森林として手続を進めることも許されるのではないかと思われます。

　この点、裁判所が相手方所在不明の場合に公示送達等の手続に進むために要求する調査報告書が、所在不明の場合の調査項目につき参考になるでしょう。

事件番号　令和　年（　）第　　　号
原　　告
被　　告

　　　　　　　　　　　　所在調査報告書

　被告＿＿＿＿＿＿＿の住所及び就業場所を調査した結果は，次のとおりです。

1　調査した者　氏名
　　（原告との関係　□本人　□社員　□その他（　　　））

2　調査方法

（1）調査日時　　年　　月　　日　□午前　□午後　時　分頃

（2）調査場所　□訴状記載の住所地

　　　　　　　　□その他＿＿＿＿＿＿＿＿＿＿＿＿

（3）調査対象　上記場所を訪問して，次の者に面会

　　　　　　　　□被告本人

　　　　　　　　□被告の家族（氏名　　　　　続柄　　　　　）

　　　　　　　　□第三者

　　　　　　　　　（□家主　□管理人　□近隣の人　□同居人　□雇い人）

（4）上記の面会者から聴取した内容

　　＿＿＿＿＿＿＿＿＿＿＿＿＿＿＿＿＿＿＿＿＿＿＿＿＿＿＿＿

3　以前の就業場所＿＿＿＿＿＿＿＿＿＿＿＿＿＿（　　年　　月頃退社）

4　その後現在までの就業場所

　　□無職

　　□判明（会社名＿＿＿＿＿＿＿＿所在地＿＿＿＿＿＿＿＿＿＿）

　　□不明

5　住居の状況

（1）住居　　□持家

　　　　　　　□借家

　　　　　　　（□一戸建て　□マンション　□アパート　□社宅　□寮）

　　　　　　　□その他（　　　　　　　　　　）

（2）表札　　□あり　□なし

（3）郵便物　□滞留あり　□滞留なし

（4）電力計　□あり（□動いている　□動いていない）　□なし

6　その他の判明事項及び調査結果

　　＿＿＿＿＿＿＿＿＿＿＿＿＿＿＿＿＿＿＿＿＿＿＿＿＿＿＿＿

7　住民票の添付　□あり　□なし

以上、相違ありません。

　　　　　　　令和　　年　　月　　日

原告＿＿＿＿＿＿　　印

＿＿＿＿＿＿簡易裁判所民事　　係　御中

　　　㋒　関連情報を保有すると思料される者

　不明森林共有者・不明森林所有者の探索にあたっては、「関連情報を保有すると思料される者」に対して、その情報の提供を求めることと規定されています（森林経営管理法施行令1条2号、森林経営管理法施行規則8条）。

　不明者の探索は、戸籍謄本と住民票を追うことで、客観性と正確性を備えた情報が完備されます。裁判手続においてもそれで完結するのであり、聞いた話は必要とはされていません。

　仮に市町村職員が、「関連情報を保有すると思料される者」から聞いた話にアクセスできるとしても、そうした得た情報の裏どりは、結局戸籍謄本や住民票でする必要があるので（森林経営管理法施行令1条3号）、結果的に二度手間です。

　このような規定を掲げる積極的な意味合いは薄いといわざるを得ません。

　森林・林業においては、長い間、他人の戸籍謄本や住民票の取得権原を有しない森林組合職員等の民間事業者が、地域の古老等の事情通を尋ね歩いて森林所有者を探索する慣行が根づいていました。業界全体として、そうする以外のリーガルな方法があるとは認識されてこなかったのです。

　森林経営管理法施行令や森林経営管理法施行規則のこの条文は、こうした今までの慣行から急激にパラダイムシフトすることは難しいであろうとの配慮と解釈できないことはありませんが、早々に脱却するべきところです。

6　都道府県知事による裁定

（1）裁　定

　裁定とは、行政機関等が申請に基づき行う何らかの判断のことです。裁定手続が対象とする事案の範囲は広く、単なる権利の存否の確認の場合もあれば、原因や責任の有無の判断に及ぶ場合もあります。

　もっとも広く知られている裁定は、年金等の給付を受ける権利（給付額、

給付の種類等含む）を制度運営者（公的年金なら厚生労働大臣および共済組合等、企業年金なら年金基金等）が確認する行為としての裁定でしょう。これは、給付を受ける本人あるいは遺族からの請求に基づいてなされる判断です。

　公害等調整委員会の裁定は、民事紛争としての公害紛争について、３人〜５人の委員から構成される裁定委員会が所定の手続により、法律的な判断を下すことによって、紛争の解決を図る手続です。

　これらのほか、都道府県の公安委員会がする犯罪被害者等給付金支給裁定、文化庁長官が行う著作権者不明等の場合の裁定制度、労働委員会の行う仲裁裁定などがあります。

　裁定の手続は、請求者が行う裁定申請により開始され、外部専門家を委員に招いた裁定委員会を構成して行う場合もあれば、行政機関内部の意思決定（決裁）としてなされる場合もあり、その手続過程は多様です。

(2)　確知所有者不同意森林・所有者不明森林についての裁定手続

　森林経営管理法は、確知所有者不同意森林と所有者不明森林について、市町村長から都道府県知事に対する申請により裁定すべしと定めています（確知所有者不同意森林について同法19条、所有者不明森林について同法27条）。もっとも、裁定の具体的な方法については特に規定することなく、都道府県の判断に委ねています。

森林経営管理法

（裁定）

第27条　都道府県知事は、前条の規定による申請に係る所有者不明森林について、現に経営管理が行われておらず、かつ、当該所有者不明森林の自然的経済的社会的諸条件、その周辺の地域における土地の利用の動向その他の事情を勘案して、当該所有者不明森林の経営管理権を当該申請をした市町村に集積することが必要かつ適当であると認める場合には、裁定をするものとする。

　２・３（略）

　森林経営管理法が裁定制度を設けたのは、これに先行して、平成25年（2013年）年に農地法が遊休農地に利用権を設定するための裁定制度（同法39条）を創設したことに倣っています。

　裁定手続において、まず、確知所有者不同意森林については、所有者が不同意とする理由が事実に基づく正当性のあるものであるか否か、所有者の不同意にもかかわらず経営管理権を設定することの必要性と相当性が、合理的な森林経営の観点から説明されていなければなりません。

　また、所有者不明森林については、戸籍や住民票による所有者探索の手続に誤りがなかったかどうかを二重にチェックすることが、裁定の趣旨となります。

　裁定が単なる事実の存否の判断にとどまらず、何らかの価値・優劣の判断を伴う場合には、裁定委員会を開いて外部有識者の意見を総合することが万全です。

7　経営管理実施権と経営管理実施権配分計画

（1）　経営管理実施権

（ア）　市町村森林経営管理事業

　経営管理権集積計画を公告した市町村は、みずから森林の経営や管理を行うことができます。これを、市町村森林経営管理事業といいます（森林経営管理法33条1項）。

（イ）　経営管理実施権と経営管理実施権配分計画

　一方、制度上、市町村がみずから森林経営をせずに、民間事業者を選定して、経営管理を再委託すること（市町村が森林所有者から委託を受けた、あるいは特例措置のみなし同意により委託を受けた森林についてするので、再委託となります）も可能です（森林経営管理法35条以下）。

　この場合の民間事業者とは、「意欲と能力のある事業者」として市町村が適格性を認めたものに限定されています[15]。このとき、民間事業者に設定する権利が経営管理実施権（同法2条5項）であり、これに先立ち、どの林地にどのように民間事業者を配置し、どのような方針での経営管理を委託するかを定めておくのが、経営管理実施権配分計画です。

　なお、市町村がみずから行う市町村森林経営管理事業においても、実際に施業を行うのは、市町村から作業を請け負った民間事業者であって市町村職員が直接施業を行うわけではありません。

(2)　経営管理実施権配分計画の対象森林

　経営管理権集積計画と経営管理実施権配分計画の最も大きな違いは、事業主体が市町村であるか、民間事業者であるかです。

　市町村森林経営管理事業の対象となるのは、自然的条件に照らして林業経営に向かず、効率的かつ安定的な森林経営管理が望めない森林と想定されています。民間事業者を募集しても、手を挙げる者がいないような森林ということです。

　どのような森林に手を挙げる者がいないかというと、伐採搬出による収益が見込まれない森林です。そのような森林であっても、このまま放置して荒廃するに任せるのではなく、間伐により林内照度を上げて生育を促したり、複層林への誘導により公益的機能を発揮させるよう努めることに目的があります。

　一方、経営管理実施権配分計画の策定が可能な森林は、経済林として成立可能な森林であると想定されています。

　伐採搬出後、費用等控除した後に利益が残っている場合には、その分を森林所有者に支払うことになります（森林経営管理法2条4項・5項）。所有者不明森林のため特例措置を利用した場合には（同法28条3項）、供託制度を利用して支払いを了しておきます（同法29条）。

15　意欲と能力のある事業者とは、法律上の文言ではありませんが、①経営管理を効率的かつ安定的に行う能力を有すると認められること、②経営管理を確実に行うに足りる経理的な基礎を有すると認められることの2要件を満たす民間事業者を意味するものです（森林経営管理法36条2項）。このような事業者を市町村が公募により選定し、公表することとされています。行政の選定基準としては、素材生産の体制とスキルを有し、主伐後の再造林をきちんと行うはずであると信用することができ、労働事故の多い林業現場で安全な作業を遂行できるコンプライアンス体制を備える事業体であるかということになります。

(3)　経営管理権集積計画の存続期間と終了事由

(ア)　経営管理権集積計画の存続期間

(A)　合意による経営管理権集積計画の場合

　経営管理権集積計画の存続期間には、上限・下限の定めはありません。したがって、市町村と森林所有者の間に合意が成立すれば、存続期間はいかようにも定めることができます。

　もっとも、当事者の一方である市町村は森林施業に精通したものであるのに対して、委託をする側の森林所有者は必ずしもそうではありません。両者の間には、知識や経験の不均衡が存在しています。

　市町村は、この不均衡に乗じて無責任な施業計画を押し付けることのないよう、経営管理権に基づき行う施業の内容に合致する存続期間を定めなければなりません。

(B)　特例措置による経営管理権集積計画の場合

　森林経営管理法は、特例措置の場合、存続期間の上限を50年と定めています（共有者不明森林について同法10条、確知所有者不同意森林について同法19条3項、所有者不明森林について同法27条3項）。これは、森林所有者の合意なく行政処分によって設定した経営管理権の存続期間として、標準伐期齢（各市町村の森林整備計画において、地域の標準的な主伐の林齢として定められていますが、おおむねスギで35年〜50年、ヒノキで45年〜60年）を基準にするのが相当と考えられたものです

　もちろんそれより短期であることは差し支えありません。しかし、たとえば主伐を含む経営管理権集積計画の場合には、その後の森林の更新と成林を見届ける期間を含めた存続期間を設定するなどして（15年程度）、造林の責任を果たすことが望ましいです。

(イ)　経営管理権集積計画の存続期間の満了による終了

　経営管理権集積計画で定めた存続期間が満了したときに、当然終了となります。

　法律上自動更新の規定はありませんが、合意による経営管理権集積計画の場合には、黙示の更新に関する具体的な定めをおいておけば、その内容が公序良俗違反でもない限り有効です。

　一方、特例措置による経営管理権集積計画の場合には、自動更新しません。そもそも自動更新は、当時者の意思の合理的な推認に基づくものですから、合意によって経営管理権集積計画を設定したのではない以上、認められるものではありません。

⑷　経営管理権集積計画の取消し

㋐　市町村からの取消し

㈠　合意による経営管理権集積計画の場合

　経営管理権集積計画が公告された後は、相続その他の権利移転により新たにその森林に係る権原を有するに至った者に対しても、経営管理権の効力は及びます（森林経営管理法７条３項）。

　ただし、森林所有者の不正により経営管理権集積計画が定められるに至った場合や、森林所有者の変更により経営管理権集積計画の維持に不都合が生じた場合に、市町村の側から取消しをすることは可能です（森林経営管理法８条２号）。

　また、森林所有者が偽りその他不正な手段により市町村に経営管理権集積計画を定めさせたことが判明した場合、その他経営管理に支障を生じさせるものとして農林水産省令で定める要件に該当する場合にも、市町村の側から、取消しを選択することは可能です（森林経営管理法８条１号・３号）。「経営管理に支障を生じさせるものとして農林水産省令で定める要件」については、次のとおり規定されています（森林経営管理法施行規則６条１号～５号）。

森林経営管理法施行規則

（経営管理権の効力が及ばない森林所有者）

第６条　法第７条第３項の農林水産省令で定める者は、国及び次に掲げる事由により法第７条第１項の規定による公告（以下この条において単に「公告」という。）の後において当該経営管理権に係る森林の森林所有者となった者とする。

　一　公告の前にされた差押え又は仮差押えの執行に係る国税徴収法（昭和34年法律第147号）による滞納処分（その例による滞納処分を含むものとし、以下この条において単に「滞納処分」という。）又は強制

執行

二　公告の後にされた差押え又は仮差押えの執行に係る滞納処分又は
強制執行（配当等を受けるべき債権者のうちに公告の前に対抗要件を備
えた担保権者（当該経営管理権集積計画に同意した担保権者を除く。第
４号において同じ。）があるものに限る。）

三　公告の前に対抗要件を備えた担保権（当該経営管理権集積計画につ
いて担保権者の同意を得たものを除く。）の実行としての競売

四　公告の後に対抗要件を備えた担保権の実行としての競売（配当等
を受けるべき債権者のうちに公告の前に対抗要件を備えた担保権者があ
るものに限る。）

五　公告の前に仮登記がされた所有権の設定、移転、変更又は消滅に
関する請求権（始期付き又は停止条件付きのものその他将来確定するこ
とが見込まれるものを含み、当該経営管理権集積計画について仮登記の
登記名義人の同意を得たものを除く。）の行使

経営管理権集積計画の取消しをした場合には、遅滞なくその旨を公告しな
ければなりません（森林経営管理法９条１項）。

(B)　特例措置による経営管理権集積計画の場合

特例措置による経営管理権集積計画の場合、市町村からの取り消しに関す
る規定はありません。

⑷　森林所有者からの取消し

(A)　合意による経営管理権集積計画の場合

経営管理権集積計画が、森林所有者と市町村との合意に基づく契約である
以上、森林所有者の一方的意思表示で取り消すことはできません。

もっとも、森林所有者と市町村が互いに合意したうえで契約解除すること
は可能であり、それは、経営管理権集積計画の取消しでもあるので、市町村
はその旨公告しなければなりません（森林経営管理法９条１項）。

(B)　特例措置による経営管理権集積計画の場合

(a)　共有者不明森林の特例措置

共有者不明森林の特例措置については、不明森林共有者が現れ、経営管理

権集積計画に同意できないという場合、その者の共有持分に限り、経営管理権集積計画の取消しを市町村長に申し出ることができます（森林経営管理法13条1項）。

　民間事業者が経営管理実施権の設定を受けている場合には、その承諾があるか、やむを得ない事情がありかつ民間事業者に通常生ずる損失の補償をした場合に限り、経営管理権集積計画の取消しを市町村長に申し出ることができます（森林経営管理法14条1項）。

　これらの場合、市町村長は申出から2か月を経過した後に速やかに経営管理権集積計画を取り消し、公告しなければなりません（森林経営管理法13条2項・14条2項・15条1項）。

　　(b)　確知所有者不同意森林の特例措置

　確知所有者不同意森林の特例措置については、都道府県知事の裁定に際し意見書の提出をした確知所有者に限り、経営管理権集積計画の公告があった日から5年経過後に、市町村長に対し、経営管理権集積計画の取消しを申し出ることができます（森林経営管理法21条1項）。

　民間事業者が経営管理実施権の設定を受けている場合には、その承諾があるか、やむを得ない事情がありかつ民間事業者に通常生ずる損失の補償をした場合に限り、経営管理権集積計画の取消しを市町村長に申し出ることができます（森林経営管理法22条1項）。

　これらの場合、市町村長は申出から2か月を経過した後に速やかに経営管理権集積計画を取り消し、公告しなければなりません（森林経営管理法21条2項・22条2項・23条1項）。

　　(c)　所有者不明森林の特例措置

　所有者不明森林の特例措置については、不明であった森林所有者が現れ、経営管理権集積計画に同意できないという場合、経営管理権集積計画の公告があった日から5年経過後に、市町村長に対し、経営管理権集積計画の取消しを申し出ることができます（森林経営管理法30条1項）。

　民間事業者が経営管理実施権の設定を受けている場合には、その承諾があるか、やむを得ない事情がありかつ民間事業者に通常生ずる損失の補償をした場合に限り、経営管理権集積計画の取消しを市町村長に申し出ることがで

きます（森林経営管理法31条1項）。

　これらの場合、市町村長は申出から2か月を経過した後に速やかに経営管理権集積計画を取り消し、公告しなければならない（森林経営管理法30条2項・31条2項・32条1項）。

(5)　経営管理権設定後の当事者の変更

(ア)　包括承継と特定承継

　経営管理集積計画が公告され、市町村に経営管理権が、森林所有者に経営管理受益権が設定された後に、相続・売買等の原因により森林所有者に変更があった場合においても、経営管理権の効力は失われません（森林経営管理法7条3項）。

　経営管理権は、立木の伐採および木材の販売、造林ならびに保育等を実施するための権利として債権と位置づけられており、森林所有者の側からみれば債務ともいえ、また受益権としての債権でもあります。

　相続とそれ以外の原因の場合とでは、承継が発生する理論的根拠に違いがあります。

　相続により森林所有権が移転した場合、相続は権利の包括承継（他人の権利義務を一括して承継すること）であるから、債権債務も当然に承継されます。森林経営管理法で特別に規定しなくても、当然に承継されるものです。

　しかし、相続以外の、売買や贈与といった契約に基づく所有権移転の場合は特定承継（他人の個々の権利義務を個別的に承継すること）ですから、当然承継とはなりません。そこで、「公告の後において当該経営管理権に係る森林の森林所有者となった者（国その他の農林水産省令で定める者を除く。）に対しても、その効力がある」として、特別の規定（森林経営管理法7条3項）をおく意義が生じるのです。

(イ)　相続の場合における市町村による取消し

　市町村が経営管理権集積計画を取り消すことができる場合として、「当該森林に関する権原を有しなくなった場合」と規定されています（森林経営管理法8条2号）。相続・売買等の原因により、当初の森林所有者に変更が生じた場合、さまざまな理由により、市町村が新所有者との契約継続を望まないことが考えられます。そのような場合のために、市町村の側には取消しの

選択肢が与えられています。

8　境界の不明確

(1)　地籍調査の遅れ

　地籍調査の開始は昭和26年（1951年）にさかのぼりますが、その開始から70年以上が経過しても、全国での進捗率は53％程度にとどまり、とりわけ山村部では遅れており、進捗率は47％程度です（令和5年度（2023年度）末時点）[16]。もっとも、地域によって進捗に大きな開きがあり、進んでいる地域ではすっかり終了していますが、遅れている地域ではほとんど手付かずという状況です（〔図表42〕[17]参照）。

　森林経営管理法は、全国の地籍調査の進捗度合がかんばしくないことを前提として、地籍調査未済で、現時点で境界が明確ではない林地であっても、手入れが必要な現状であれば経営管理権を設定することを想定しています。

〔図表42〕　地籍調査の実施状況

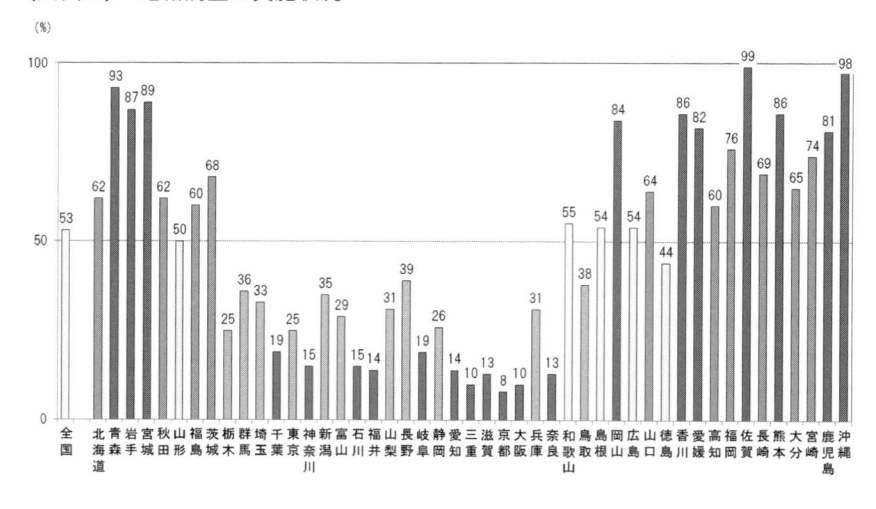

16　国土交通省（地籍調査 Web サイト）「全国の地籍調査の実施状況」〈http://www.chiseki.go.jp/situation/status/index.html〉。

17　国土交通省（地籍調査 Web サイト）「全国の地籍調査の実施状況」〈http://www.chiseki.go.jp/situation/status/index.html〉。

(2)　境界不明地域における森林経営管理

　森林経営計画（森林法11条以下）を策定する場合には、まず森林基本図を基盤情報とし、その上に公図や森林簿情報を突合し、さらに GNSS 情報で微地形を照合・調整するという手法によって当該林班を特定している事業体が多いと思われます（**第 9 章 4（2）（イ）参照**）。

　境界不明地域で経営管理権集積計画を策定する場合にも基本的に同様の手法によりますが、とりわけ山林は地図混乱地域が多いので、アクセス可能な地理情報を突合しても全く重ならない、大きくずれる、片方にあるものが片方にはない、どの地図上にも見当たらないが登記事項証明書では存在することになっているなど、さまざまな問題が発生することが想定されます。

　しかし、そうした状況にひるむことなく、判明する限りの情報を活用して、森林所有者らの協議と同意を図りながら進めていくべきです。なぜなら、森林経営管理法による森林管理は、実質的な土地の所有権界侵犯を行うものではなく施業界を問題とするものにすぎないので、仮に境界の判断を誤ったとしても不可逆的な損害を与えるものではないうえ、森林の循環利用を促進して「持続可能な森林経営」を実践するものにほかならないからです。放置され荒廃した森林を整備して公益的機能を発揮させる意義のほうが上回るといえます。

　言い換えれば、森林整備を境界不明土地に対してなすことの問題の本質は、不明部分について、誰の承諾を得て「あるべき森林施業」を施したのかということに尽きます。主伐を避けておくことも 1 つのやり方ですが、主伐により収益が発生した場合には、供託により確保されるのですから、損害を与えたとはいえません。そのほか、何らかの権利侵害的側面が認められるとしても、それは抽象的で軽度なもの、他方で、森林の荒廃がもたらす反公益性は具体的で重大ですから、公益を優先し、かつ所有者らに対する権利侵害のおそれに対しては最大限に配慮して、次の①〜③のような点に留意しながら進めていくべきです。

① 　判明している周辺林地の所有権者らと、現地立会いあるいは地理情報
　　システム（GIS：Geographic Information System）にて境界確認を行う

② 　外縁が明確となるまで対象地域を押し広げ、その内部の権利者と、内部

　の境界は不明確であるにかかわらず、森林整備を進めることを合意する

③　不明確な範囲を除外し明確な内側ラインを施業界とする

　今後、個別具体的な問題処理の事例が蓄積されることで、より多様な事案解決への手がかりが導き出されるはずです。

　林野庁が公表している森林経営管理法のガイドラインでは、「所有者不明森林については、片側の所有者にしか境界の確認を求めることができないが、集積計画を定めてもよいか」という設問に対して、次の①〜③のような指針が示されています[18]。

①　境界の明確化は、現地の状況（林相）や既存の図面の状況、森林整備の内容に応じて実施することで差し支えない（たとえば、一体的に合意形成が図られた森林内に介在する森林が所有者不明である場合、境界を明確に確定する必要性は低いことから、当該森林の外側の所有者による確認のみとすることも可能）

②　所有者不明森林と隣接林分との林相の違いが明らかな場合、現地の境界線と森林計画図との整合がとれている場合、地元で境界に関する係争等がない場合などは、必ずしも厳密な境界明確化を行う必要はない

③　森林所有者の全部または一部が不明な森林において、皆伐等の収益を伴う施業を行う場合であって、厳密に境界線を確定しようとする場合は、所有者不明土地管理人制度を活用することも考えられる

　森林経営管理制度の活用に熱心な自治体では、すでに、林務担当者が地籍調査と同等の方法論や精度で境界不明問題に対処していく方針の下に活発に学習し、事案解決にあたっています（森林と境界問題については、**第 7 章**でさらに検討します）。

18　林野庁「所有者不明森林等の特例措置活用のためのガイドライン」〈https://www.rinya.maff.go.jp/j/keikaku/keieikanri/attach/pdf/sinrinkeieikanriseido-147.pdf〉4 (3)③ Q15。

9　財産管理制度の活用

(1)　従来の財産管理制度の限界

(ア)　森林経営管理制度のみでは対応しきれない問題──著しい境界不明

所有者不明土地において、境界不明問題を伴う場合は珍しくありません。

とりわけ森林の場合には、境界がこちらの線かあちらの線かといった外縁の差異の問題にはとどまらず、様相は複雑です。あるはずのものがない、ないはずのものがある、公図と林地台帳附属地図が、形状も面積も地番も符合しないといった状況で、隣接所有者間の互譲によっては問題解決できない事態に至っていることは珍しくないのです。

そのような場合でも、不明者の林地を端的に処分することができれば、判明する森林所有者間でさまざまな協議や調整が成立する可能性があります。また、境界の立会いをして隣地所有者との合意を形成することが、管理を超えて、所有権の処分ともいえる大胆な意思決定によらねばならない場合も考えられます。

森林経営管理法だけでは太刀打ちできない問題が、森林には山積しているということがいえます。

(イ)　従来の財産管理制度とその限界

そのような場合の解決方法として、令和3年（2021年）改正前民法や会社法の従来の財産管理制度では、次の①～④のような方途を用いることが想定されていました。

① 　不在者財産管理制度（民法25条～29条）：土地所有者等が不在である場合に、家庭裁判所から選任されて、不在者の利益保護の観点から、土地等の管理および保存を行う制度（財産の売却などの処分が必要な場合、家庭裁判所に権限外行為許可の審判申立てをして許可を受ける必要がある）

② 　相続財産管理制度（民法951条～959条）：土地所有者等がすでに死亡し、相続人がない場合（相続放棄がなされている場合を含む）、家庭裁判所から選任されて、相続財産の管理・清算を行う制度（相続財産管理人は、相続財産法人を代理（代表）する機関となる）

③　清算人制度（会社法475条以下）：解散等した法人名義の残余財産等について、清算事務が必要であるのに清算人が存在しない場合、地方裁判所から選任されて、財産の管理・清算その他の事務を行う制度

④　仮取締役制度（会社法346条）：長期間企業活動をしていない休眠会社（会社法472条）、代表取締役等の役員の所在も不明な会社について、地方裁判所から選任されて、一時役員の職務を行うべき者を選任する制度

　こうした制度の不都合な点は、何といっても、制度が未来志向でも公益志向でもなく、「いない人」や「亡くなった人」のための制度であるという点です。これらの制度は、人または法人のすべての財産を管理し清算しなければならないうえ、申立人の資格を「直接の利害関係を有する者」（利害関係人＝不在者の推定相続人、不在者の債権者・債務者など）に厳しく限定していたことから、特定の不動産の公益的活用や経済的活用を望んでも、ほとんど不可能だったのです（場合によっては、スポット運用といって特定の財産に限定しての処分が許される場合もありましたが、相隣関係問題の解決や公益的課題の克服の場合に「裁判官によっては」認めてくれる程度でした）。

　そのため、たとえば、不明者甲さん名義の土地がA〜Jまで10筆あり、そのうちJのみが山林であり、その山林を整備するために自治体が不在者財産管理人選任の審判申立てに及んでも、不在者財産管理人に就任した弁護士が、宅地Aや農地Bの問題にかかりきりになり、Jの問題に一向に取り組んでくれないまま何年も経過するという事態に陥っていたわけです。

　ましてや土地を経済的に活用したいと考える者が申立てをすることは許されておらず、極めて使いにくい制度でした。

　このような制度であったのは、財産管理制度が、あくまで不在者等の財産保護および相続人の財産すべての清算のための制度だったことに起因します。地域の福利や、土地の利活用など「いま生きている人」のための制度では、全くなかったからです。

　その問題点を意図的に克服するよう設計されたのが、令和3年（2021年）に改正された民法中の所有者不明土地管理命令制度です。

(2)　所有者不明土地管理命令制度

(ア)　所有者不明土地管理命令制度の主眼

　裁判所は、所有者を知ることができず、またはその所在を知ることができない土地（土地が数人の共有に属する場合にあっては、共有者を知ることができず、またはその所在を知ることができない土地の共有持分）について、必要があると認めるときは、利害関係人の請求により、その請求に係る土地または共有持分を対象として、所有者不明土地管理人による管理を命ずる処分（所有者不明土地管理命令）をすることができます（民法264条の2）。

　また、共有持分を有する者の1人または複数人が不明であっても、その不明者全員分の共有持分について所有者不明土地管理命令を発することができます（民法264条の2）。数人の者の共有持分を対象として所有者不明土地管理命令が発令された場合には、所有者不明土地管理人は、当該所有者不明土地管理命令の対象とされた共有持分を有する全員のために、誠実かつ公平にその権限を行使しなければなりません。

民法

（所有者不明土地管理命令）

第264条の2　裁判所は、所有者を知ることができず、又はその所在を知ることができない土地（土地が数人の共有に属する場合にあっては、共有者を知ることができず、又はその所在を知ることができない土地の共有持分）について、必要があると認めるときは、利害関係人の請求により、その請求に係る土地又は共有持分を対象として、所有者不明土地管理人（第4項に規定する所有者不明土地管理人をいう。以下同じ。）による管理を命ずる処分（以下「所有者不明土地管理命令」という。）をすることができる。

2　所有者不明土地管理命令の効力は、当該所有者不明土地管理命令の対象とされた土地（共有持分を対象として所有者不明土地管理命令が発せられた場合にあっては、共有物である土地）にある動産（当該所有者不明土地管理命令の対象とされた土地の所有者又は共有持分を有する者が所有するものに限る。）に及ぶ。

3　所有者不明土地管理命令は、所有者不明土地管理命令が発せられた後に当該所有者不明土地管理命令が取り消された場合において、当該所有者不明土地管理命令の対象とされた土地又は共有持分及び当該所有者不明土地管理命令の効力が及ぶ動産の管理、処分その他の事由により所有者不明土地管理人が得た財産について、必要があると認めるときも、することができる。

4　裁判所は、所有者不明土地管理命令をする場合には、当該所有者不明土地管理命令において、所有者不明土地管理人を選任しなければならない。

　つまり、土地共有者のうち、複数の者が所在不明である場合には、所有者不明土地管理人はこれら複数の所在等不明者の共有持分を対象として選任されることもありうるところ、この不明な共有者の利益を犠牲にして他の共有者の利益を図るような行為をしてはならないということです。

　所有者不明である場合、所在不明である場合、相続人の有無が不明である場合、相続人が相続放棄をしている場合、法人が解散している場合、休眠状態である場合、法人の本店や事務所、代表者が不明等の場合のすべてにおいて、所有者不明土地管理命令制度を使うことができます。

㈡　利害関係人

　所有者不明土地管理命令制度では、従来の財産管理制度に比べて利害関係人の範囲が広がっており、たとえば、民間の土地買受希望者であっても、一律に排除されることはなく事案に応じて総合的に判断されます。これは、所有者不明土地管理命令における利害関係人は、所有者不明土地を地域の福利の観点から適切に管理するという制度趣旨に照らして判断されるためです。

　もっとも、森林経営管理法の執行にあたる市町村については、従来の財産管理制度においても、利害関係人として申立人たり得たものと思われますから、所有者不明土地管理命令制度においても当然、利害関係人と認められましょう。

　このように、特定の土地またはその共有持分のみを対象として、管理目的のみならず、売買等の処分の目的のためであっても、地域の福利と土地の適切な管理という制度趣旨に合致する限り、所有者不明土地管理人を選任して

目的を達することができるという点が新制度の主眼です。

㈦　所有者の探索

所有者探索の方法については、最終的には裁判所の判断によりますが、通常の訴訟における所在調査と同様の調査が必要と解されています。

すなわち、当該土地の住所に居住していないかどうか、所有者が死亡している場合には、戸籍等を調査して現在生存している相続人をすべて探索する必要があるということです。

また、所有者が法人の場合には、登記記録上の住所地や代表者の登記記録上または住民票上の住所に居住していないかどうかを探索する必要があります。

㈣　権限の専属と処分行為

所有者不明土地管理人が選任された場合には、その対象地を管理および処分をする権利は、所有者不明土地管理人に専属します（民法264条の3第1項）。対象地の登記事項証明書には、選任の嘱託登記がなされているので、その公示をもって、取引の安全を図る趣旨です。

民法

（所有者不明土地管理人の権限）

第264条の3　前条第4項の規定により所有者不明土地管理人が選任された場合には、所有者不明土地管理命令の対象とされた土地又は共有持分及び所有者不明土地管理命令の効力が及ぶ動産並びにその管理、処分その他の事由により所有者不明土地管理人が得た財産（以下「所有者不明土地等」という。）の管理及び処分をする権利は、所有者不明土地管理人に専属する。

2　所有者不明土地管理人が次に掲げる行為の範囲を超える行為をするには、裁判所の許可を得なければならない。ただし、この許可がないことをもって善意の第三者に対抗することはできない。

　一　保存行為

　二　所有者不明土地等の性質を変えない範囲内において、その利用又は改良を目的とする行為

　所有者不明土地管理人の権限は、土地の適切な管理を目的とするものですから、基本的には、土地の保存行為およびその土地の性質を変えない範囲において利用改良を目的とする行為となっています（民法264条の３第２項）。

　しかし、地域の福利のために、低利用地・未利用地を積極的に活用することが望ましいと考えられる場合には、処分行為が可能となります。処分行為を必要とする場合には、その理由を疎明したうえで、権限外行為許可の審判申立てを行って裁判所の許可を得る必要があります。

　　(オ)　森林における所有者不明土地管理命令制度の活用

　森林の関係で処分行為の事例として想定されるのは、林地を隣地所有者などの第三者に売却すること、地図混乱地域において、今後権利主張される見込みは薄いことを前提として、処分行為に近い内容の境界の合意（放棄を含む）を行うことなどが考えられます。

　たとえば、次のように、公図と林地台帳付属地図を重ねてみましょう（〔図表43〕参照）。濃色の線が公図、淡色の線が林地台帳付属地図です。林地台帳付属地図を基盤として公図の縮尺や方角を調整するなどして重ね合わせたものですが、公図の線が途中で切れるなどして重ね合わせが破綻している

〔図表43〕　筆界と林班の不一致

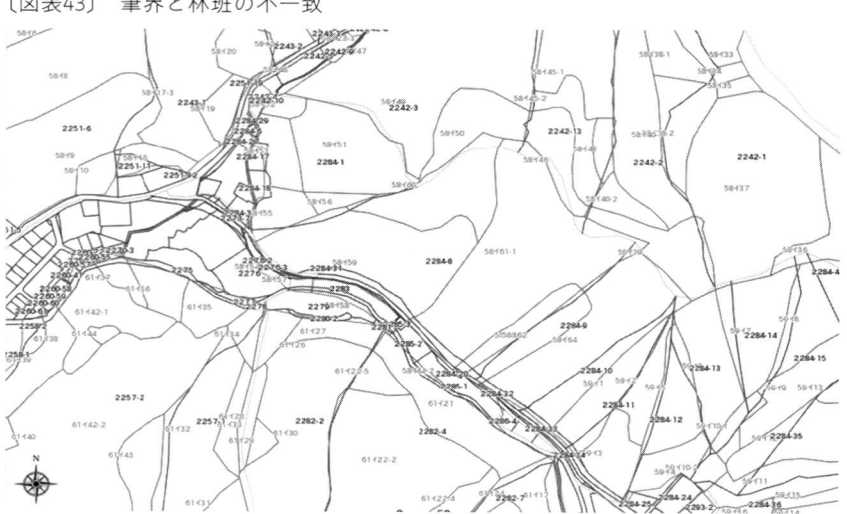

ことがわかります。地図の種類間でその境界が一致していないことは、宅地や農地でも稀にみられる現象ですが、森林の場合にはとりわけ頻繁にみられます。そのうえ、地図上重なっている区域であれば所有者は同じであるかというと、全く違うということもあります。しかも珍しいことではありません。

このような状況であるために、これまで施業集約化を担ってきた森林組合等の林業事業体も、境界をどこに定めて誰の承諾を得たらよいのかが皆目わからず、それがためにこれまで森林の整備が困難であり、よって荒廃されるにまかされてきた林地がそこかしこにあるのです。

このようなところでは、所有者不明土地管理人から、隣地等所有者に土地を譲渡してもらうなり、放棄してもらうなりしてもらわないと、森林経営管理権集積計画の策定が不可能となります。所有者不明土地管理命令制度の積極的な活用が望まれるところです。

10 未解決の問題

(1) 地籍調査事業との整合性

地籍とは、土地に関する戸籍のことであり、地籍調査とは、主に市町村が主体となって、一筆ごとの土地の所有者、地番、地目を調査し、境界の位置と面積を測量する調査です。

国家として、精確な地図情報と筆ごとの所有者情報を把握し管理していることは当然とも思われますが、実態はほど遠いことは前述のとおりです。このことは、昨今、所有者不明土地問題や空き家問題といった用語とともに、国民の間に広く周知されるようになりました。

地籍調査事業は、昭和26年（1951年）から国土調査法に基づく国土調査の1つとして実施されてきていますが、すでに70年以上が経過した現在であっても、とりわけ山村部では進捗は遅々としたものです。

一方、森林経営管理法は、所有者や境界が不明の林地であっても経営管理権を設定していく建て付けになっており、その手続の過程で所有者や境界について解明作業を進行させることになっています（森林経営管理法の実践過程における境界確定問題については、**第7章**において具体的に解説します）。そう

すると、地籍調査事業と森林経営管理法という、同じ目的を有する事業が2つあることになり、税金の使い途として二重の負担にはならないか、また森林経営管理法の手続が先行した場合に、結果的に地籍調査との整合性がとれるものになるのかという懸念が生じるところです。

(2)　メガ共有問題

　昭和23年（1948年）の民法改正以前は家督相続制度があり、家督を継いだものに家産が集約されるのが通例でした。宅地や農地の場合は、遺産共有で持分が細分化されてしまうのは戦後の新民法以後のことです。

　ところが、山林の場合には、入会地の実質を継承する形として、登記が作成された初めから数百人の共有登記になっていることもあります。

　しかもそれが、戦後の民法になって子の全員が法定相続人となると、戦後第一世代はとりわけ兄弟が多い世代ですから、一気に相続人の数は10倍に膨れ上がり、現在はその子らの世代です。共有者の数は初めの何十倍に達していたとしても不思議ではありません。

　そのような林地について森林経営管理を行わなければならない市町村の林務担当者にとっては、所有者探索にかかる作業時間負担と労力的負担は甚大なものです。

　所有者不明土地管理命令の新設をもってしても、この問題の解決にまでは至らないでしょう。結局、市町村ではそのような林地には手をつけないようにし、単独あるいは少数の共有者からなる林地を対象として経営管理権集積計画の立案にかかるのが実際のところだと思われます。

　現在生存する共有者1名あたりの持分と価値はわずかなものであり、また森林経営に関心がなく、あるいは森林を有することすら自覚していないメガ共有の森林が、施業されないまま残っていくことになるでしょう。これをどのように取り扱うかが議論された形跡は見当たらず、今後の展開を待つしかない状況です。

森の内緒話⑥　山中での履き物

　スポーツ用品店で売っている山歩き用の登山靴は、足首をしっかり保護する造りになっているので、とりわけ下山のときは衝撃が吸収されてありがたいですが、登山道から林内に踏み入る際にはお勧めできません。

　森林作業で山中を歩き回る場合には、足首が自由でないとかえって危険です。たとえば、ほとんど垂直の斜面を助走をつけてエイヤッと登ったりする場面を想定すると納得しやすいでしょう（失敗してコロコロ落ちるのもまた一興です。しかし、はしゃいでいると、首を折って亡くなる人もいるから気をつけてなど注意されてしまいます）。

　大学の演習林にお邪魔させていただくと、森林科学を専攻する学生の男女比は、女子の占有率が半分をちょっと切るくらいという印象ですが、その中でスパイク地下足袋を愛用される方が多いのは大変印象深いことでした。

　林内には、伐採木（切り捨て間伐の伐採木）や倒木、落枝が下草に隠れてそこここにあり、踏みつければ腐朽していてぐしゃっと転びそうになったりしますので、目ざとく見つけてはひらひらと飛び回れるスパイク地下足袋の軽さは体力を消耗しなくて済み、ぴったりくるものです。最寄りの森林組合を訪ねると、注文しなくても普通に女性用の23cm が展示してありまして、林業従事者にも女性が増えている時代の趨勢を感じます。

　ただ地下足袋は、水に濡れると終日どころか次の日も気持ち悪いので、そのあたりを気にされる人は長靴を選択されるほうがよいでしょう。

　スパイク地下足袋には、スパイク部分が金属のもののほか、ゴムでで

きているものもあり、ゴムスパイク地下足袋として区別されています。金額は、5000円でお釣りがくるくらいです。

　男性は、ゴムスパイク付きの長靴の人が多いように見受けます。釣具店で探すのだと聞いたことがあります。

　伐採木等に足を取られ骨を折りかけたなどという思いをすると、つま先部分に金属が入っている安全靴の長靴に移行したりするようです。森林学科の女子大生が、卒業して技官へと成長していき、重い安全靴で颯爽と林内を踏破してゆく姿が恰好いい。

　私が林内に入るときは、周囲もある程度気を遣ってくれてそれほどハードなところへは案内されないというのもありまして、膝までの長靴、スパイクなしです。ゴムスパイクの長靴で女性用サイズのものに巡り合ったことがなく、探しています。とにかく、ヒルの殺虫スプレーを膝までたっぷり塗りたいという一心です（「化学物質を林内に落とさないで！」と怒られるときもあります）。

森の内緒話⑦　森林の処分・変更・管理・保存

▶森林の循環利用

　現代の高校生物では森林生態系が必修項目でありますし、また昨今SDGs が社会課題となったおかげで、森林の持続可能な経営とは、森林の循環利用のこと、すなわち植林→間伐→主伐→植林のサイクルを維持していくことだという理解が、一般に浸透してきました。

　森林・林業の世界では、森林の循環利用は大昔から当たり前だったことです。

　森林法は、「木材の集団的な生育に供される土地」を森林の定義に含めていますが（同法 2 条 2 項）、これは、皆伐跡地であっても、将来的に造林される予定であれば「木材の集団的な生育に『供される』土地」として森林に含めるということです。禿山でも、造林するつもりであれば「森林」、つまり循環利用されるありよう全体を「森林」として観念しているのです。

　このことを踏まえて、森林の処分・変更・管理・保存をどう理解していけばよいのでしょうか。

　所有者不明や境界不明など、森林法律の実務に携わっていて、とても悩まされるのが、人間社会に立脚した民法学における共有物の処分・変更・管理・保存の概念に、いかに森林の具体的取扱いをあてはめていくかということです。

　民法学の教科書の共有物の処分・変更・管理・保存の解説においては、もれなく「樹木を 1 本切っても変更」である、と言っています。森林は、全体としての状態ではなく、「樹木＋樹木＋樹木＋樹木＋……」であるという考え方に固定してしまっています。古い教科書でも「共有山林の伐採は変更に当る」（我妻榮『新訂物権法（民法講義Ⅱ）』（岩波書・1932年）323頁）、新しい教科書でも「土地に生立する樹木の共有者の一人がこれを伐採することは、もちろん変更である」（山野目章夫『土地法制の改革──土地の利用・管理・放棄』（有斐閣・2022年）137頁）。この理

によれば、共有者の全員が同意しなければ、除伐も間伐もできないことになります。

「森林」というのは、上記のような循環利用を前提とした土地のありようであり、森林の処分というのは森林を森林ではなくすることであり、森林の管理や保存というのは森林を森林という状態に保ち続けることだと理解することはできないでしょうか。

▶短期賃貸借と共有物の管理の条文を参考に

実は、わが国民法の条文中には、森林をこのように理解する趣旨の規定もあります。管理者権限で主伐することを容認する、短期賃貸借と共有物の管理（2021年（令和 3 年）改正後）の条文です。

（短期賃貸借）

第602条　処分の権限を有しない者が賃貸借をする場合には、次の各号における賃貸借は、それぞれ当該各号に定める期間を超えることができない。契約でこれより長い期間を定めたときであっても、その期間は、当該各号に定める期間とする

一　樹木の栽植又は伐採を目的とする山林の賃貸借　10年

二〜四（略）

（共有物の管理）

第252条（略）

2・3（略）

4　共有者は、前 3 項の規定により、共有物に、次の各号に掲げる賃貸借その他の使用及び収益を目的とする権利（以下この項において「賃貸借等」という。）であって、当該各号に定める期間を超えないものを設定することができる。

一　樹木の栽植又は伐採を目的とする山林の賃借権等　10年

二〜四（略）

5（略）

上記 2 つの条文は、森林を循環利用されるべき状態として把握し、山

林における樹木の栽植も伐採も「使用収益」ととらえて、管理概念の中に収めています。10年間の管理期間中、間伐だろうが主伐だろうが、普通に森林施業をやってください、ただし森林を森林でなくすることはやめてくださいね、です。

　共有者の過半数の同意により賃借権が設定された場合の賃借人は主伐ができるのに、単なる共有状態では立木一本の除伐・間伐にも共有者全員の同意が必要となるのは矛盾であるし、なによりわが国山林は荒廃するばかりとなってしまいます。

　このほかにも、各種森林施業を、民法の共有物の処分（変更）・管理・保存概念に落とし込んで説明することには、無理を感じることが多々あります。皆伐は、間伐は、択伐は、樹種変更は、林道の敷設は、森林保険への加入は……。森林施業は永遠の実験過程であり、そのスパンは50年以上に及ぶものですが、50年経過してこの土地にはこの樹種は合わなかったな、成林しなかったなとわかっても、共有者全員の合意がないから樹種転換もできませんと、このような考え方で、うまくいかなかった森林（「不成績造林地」と呼ぶことがあります）がずっとそのまま放置されてしまっています。

▶共有物の処分・変更・管理・保存の概念の混乱

　しかし、我妻の上記文献が引用する判例の要旨は、次のように語っています。「共有ノ目的物カ山林ナル場合ニ於テ其ノ林木ヲ原判示ノ如キ程度ニ伐採スルカ如キハ啻ニ山林ヲ需用ニ供シ若クハ其ノ果実ヲ収得スルニ止ラス山林其ノモノヲ毀損スルモノナレハ是レ即チ共有物ニ変更ヲ加フルモノニ外ナラスシテ……」（大判昭和2・6・6新聞2719号10頁）。本件の具体的事案がどのようなものかは不明なのですが、「たんに山林を需要に供したり」する行為は「共有物の変更」ではなく、「山林そのものを毀損するもの」が「共有物の変更」である、と述べているのです。それが、昭和2年当時の裁判官の感覚であり、それは、民法602条1号や252条4項1号の示すところとは何の齟齬もありません。

　法務省は、森林の間伐は管理だが主伐は変更だという解釈に落ち着けたいようです。これはこれで、上記我妻先生や山野目先生といった民法

学者の伝統的解釈からは離れたものですが、どのみち民法学者の解釈から離れるのならもっと森林の現場に寄り添ってもらいたいものです。

　このように、森林に関して、共有物の処分・変更・管理・保存の概念は混乱をしており一貫性のある解釈指針を導き出せないのが現状で、申し訳ないです。森林業の実務を担う方々には、具体的事案に応じて賢く立ち回っていただくよう念じるばかりです。相談を受けた弁護士は、将来世代のために何が良いかを判断の基軸にしてください。森のほうから、法律の通説に歩み寄ってくれることはないのです。

第7章　森林の境界

1　はじめに——森林の境界不明

　森林業界は多彩な専門分野のコンサルタントや技術者に取り囲まれており、彼らにかかればどんな問題もたちどころに解決するような売り文句です。

　森林の境界不明問題もその1つですが、現状は、地理的特性の描出の優劣を競うばかりで所有権の問題を置き去りにする傾向があります。

　法律家がこの状況に接したとき、注意喚起しておく必要はありますが、何でもかんでも所有権がはっきりしないとだめだと突っぱねるべきでもありません。とりわけ森林経営管理法の対象森林となり健全な森林への誘導が急がれる場合には、それぞれの技術の特性を十分理解したうえで、善意無過失のライン、不可逆的な損害とはならない施業のラインを提案しながら、関係者と合意形成していかなければなりません。[1]

1　本章で個別に紹介する文献のほか、實金敏明＝右近一男編著『山林の境界と所有』（日本加除出版・2016年）、江口滋ほか『実務必携境界確定の手引』（新日本法規出版・2019年）、藤田耕三＝小川英明編『不動産訴訟の実務〔七訂版〕』（新日本法規出版・2010年）などが参考になります。

> ▶本章で解説する内容▶ ▶ ▶
> ☑　森林の境界（→ 2）
> ☑　境界の確定（→ 3）

2　森林の境界

(1)　境界確認の必要性

　伐採や植林などの森林施業を行うにあたり、境界がわからないと、どこからどこまでやっていいのかがわかりません。しかし、実際には、森林の境界はよくわからないことが多いのです。

　境界を間違えて施業をすると、ややこしい問題に逢着することになります。多くの場合、直ちに気がつくものではなく、数年経過してから判明するということもまた、事態を複雑にします。

　たとえば、自分の土地だと思って伐採や植林をした後に、他人の土地だと判明しても、伐採した木を元には戻せません。10年以上自分の土地だと信じて下刈りや間伐をしてきたが、その後、他人の土地だと判明して取得時効の主張をすることを検討する場合（民法162条 1 項・ 2 項）、悩ましいのが森林の継続占有の要件とは何かということです（**森の内緒話⑤**参照）。取得時効の効果が及ぶのは、立木のみなのか、あるいは、土地も含まれるのでしょうか。

　植林した苗木は 1 年程度で土地に活着するものではないので、早い時期に間違いが判明したら稚樹を引っこ抜いて持っていきたいという考えも起きてしまいますが、土地に付合してしまった場合はその土地の構成部分となってしまいます（最判昭和40・ 8 ・ 2 民集19巻 6 号1337頁）。

民法
（不動産及び動産）
第86条　土地及びその定着物は、不動産とする。
 2 （略）
（不動産の付合）

> **第242条**　不動産の所有者は、その不動産に従として付合した物の所有
> 権を取得する。ただし、権原によってその物を附属させた他人の権利
> を妨げない。

付合したかどうかは、「分離できない」とか「取り外しが困難」といった基準で判断されますが、稚樹の場合、どの時点をもってそういえるのか、樹種によっても地質によっても、気候条件によっても違い、一言では言い表せません。

そういった諸々の問題の発生を避けるためにも、森林の経営管理において境界問題には神経質にならざるを得ないのです。

(2) 筆界・所有権界・施業界

(ア) いくつもの境界概念

筆界、所有権界、施業界、いずれもそれぞれ、境界の一種です。そもそも境界は1つであるべきなのに、わが国の境界概念は、法律上のもの・実務上広く定着したものと複雑に錯綜しており、混乱の元となっています。

ここまではず、それぞれの概念が生起した背景を確認します。

(イ) 筆界

筆界とは、土地が登記された際にその土地の範囲を画するものとして定められた線です。不動産登記法の第6章に「筆界特定」の章があり、筆界の定義は「表題登記がある一筆の土地（以下単に「一筆の土地」という。）とこれに隣接する他の土地（表題登記がない土地を含む。以下同じ。）との間において、当該一筆の土地が登記された時にその境を構成するものとされた二以上の点及びこれらを結ぶ直線をいう」（同法123条1号）とされています。

登記所（法務局）には、この筆界（土地の区画）を明確にするための資料として地図が備え付けられることになっています（不動産登記法14条1項）。

そしてこの土地の区画には、地番が付されています（不動産登記法14条2項）。

> **不動産登記法**
> （地図等）

> **第14条**　登記所には、地図及び建物所在図を備え付けるものとする。
>
> 2　前項の地図は、一筆又は二筆以上の土地ごとに作成し、各土地の区画を明確にし、地番を表示するものとする。
>
> 3 〜 6　（略）

ところが、この地図（不動産登記法14条に根拠を有するため、「14条地図」ともいい、また、「地籍図」ということもあります）[2]は、全国くまなく備え付けられているわけではありません。国は、地籍調査（主に市町村が主体となって、一筆ごとの土地の所有者、地番、地目を調査し、境界の位置と面積を測量する調査）事業を進めて地図の完成をめざしていますが、令和 5 年度（2023年度）末時点で、国全体の大体半分程度が終わったという状況です（**第 6 章 8**(1)・10(1)参照）。

しかし、土地の位置や形状を示す資料が何もないということでは極めて不便です。そこで、地図が備え付けられるまでの間、地図に準ずる書面として公図（土地台帳附属地図）を備え付けることになっているのです（不動産登記14条 4 項）。

> **不動産登記法**
>
> **（地図等）**
>
> **第14条**　（略）
>
> 2・3　（略）
>
> 4　第 1 項の規定にかかわらず、登記所には、同項の規定により地図が備え付けられるまでの間、これに代えて、地図に準ずる図面を備え付けることができる。
>
> 5・6　（略）

公図の多くは、明治時代の地租改正に伴い、徴税の参考資料として作成さ

2　なお、旧不動産登記法（平成17年（2005年）に現在の不動産登記法に改正される前の不動産登記法）の時代は、同17条に規定があったことから「17条地図」と呼称されていました。

れた図面（「字切図」「字図」「字限図」「野取絵図」などさまざまな呼称がありましたが、現在は法務局や市役所で「あざきりず」と言えば大体通じます）をそのまま、あるいはそれを基にしたもので、また当時の技術では正確な測量が難しかったこともあり、現況と大きく異なる場合があります。

　それでも、公図の他に公的な資料がない地域では、土地の大まかな位置や形状を明らかにできる点で資料価値があるため、公図を参照することが多いです。

　　㈦　所有権界

　所有権界とは、隣接する土地所有者間の所有権の範囲を画する線です。

　そもそも、明治時代の地租改正における公図作成時には、筆界と所有権界は一致していたはずです。しかし、所有権は、（不動産に限らず動産でも）私人間の合意や時効取得により変動するものです。それにより、筆界と所有権界の不一致が発生するのです。

　しかし、山林の場合は、最初の時点で実際に現地踏査し測量したとは考えがたいので、そもそも筆界と所有権界の一致すらなかった場合も多いと考えられます。林班図（林地台帳附属地図）（**第9章4⑵参照**）と公図がまったく一致しない地区も少なくないのは、このような事情によります。

　　㈢　施業界

　施業界というのは、法律用語ではありません。森林所有者が、自分の山林として、あるいは、森林組合等の林業事業体が委託を受けて施業する際に、どこからどこまでやっていいのかという問題に答える林業の業界用語です。森林施業に取りかかる場合、まず森林計画図をみます。森林計画図では、地域森林計画対象の民有林は、林班という単位で区画されており、それが、林小班という単位にさらに区域分けされる構造になっています。施業界は、この林班・林小班に基づいて考えるのです。

　林班は半永久的な固定的森林区画であり、一般に、尾根・沢・河川などの自然的地形や道路等の構造物を境界とします。これに対して、林小班は、林分（樹種、年齢、立木密度、生育状況などがほぼ一様で、隣接したところとは林相（森林の様相）が異なり、明らかに区別がつく一段の森林）ごとに区域分けされ、相続による細分化にも対応して、必要に応じて枝番号をつけています

〔図表44〕　林小班

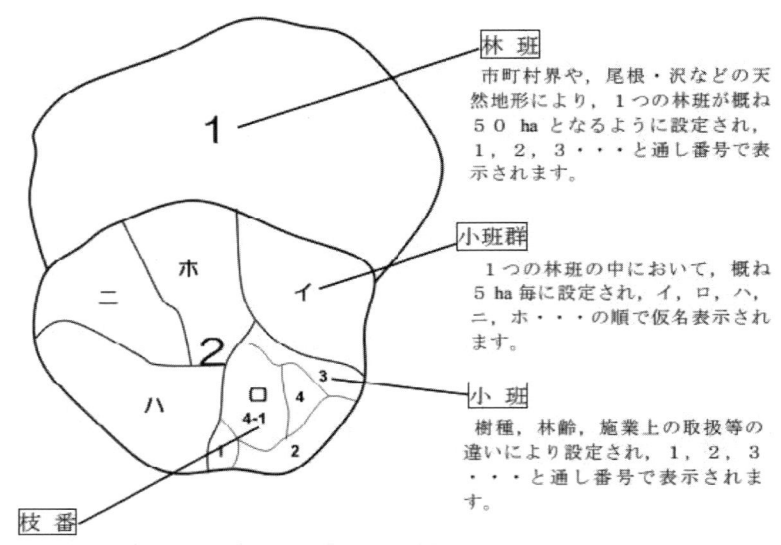

林　班
市町村界や，尾根・沢などの天
然地形により，１つの林班が概ね
５０ ha となるように設定され，
１，２，３・・・と通し番号で表
示されます。

小班群
１つの林班の中において，概ね
５ ha 毎に設定され，イ，ロ，ハ，
ニ，ホ・・・の順で仮名表示され
ます。

小　班
樹種，林齢，施業上の取扱等の
違いにより設定され，１，２，３
・・・と通し番号で表示されま
す。

枝　番
場合に応じ，小班をさらに細分する必要が
ある時に設定され，-1，-2，-3
・・・・と表示されます。枝番が無い林
小班もあります。

例：　旧花山村 12 ロ 3 −1 等と表記されます。
　　　　　　　　林班　　小班　　枝番
　　　　　　　　　小班群

(〔図表44〕[3] 参照)。

　筆界と所有権界と施業界は、本来一致してしかるべきものですが、それは
前述のとおり、わが国における地図形成の経緯や地籍調査の遅れ、所有権の
範囲に変更があっても筆界は変更されない法律構造など諸々の理由から、将
来にわたっても、一目瞭然の一致をみることは困難です。

　林務の現場では、そのような状況であっても森林整備を進めなければなら
ないから、行き過ぎた権利侵害にわたらない施業界を見出して、将来行われ
るはずの地籍調査の結果と大きな齟齬が生じず、むしろ地籍調査の基礎資料

3　宮城県「森林計画図とは」〈https://www.pref.miyagi.jp/documents/20886/shin-
　　rinkeikakuzu_setumei.pdf〉。

として役立つ方法でもって、森林の境界＝施業界問題にあたっていくのです。

3　境界の確定

(1)　地籍調査進捗の状況

(ア)　地籍調査の困難さ

地籍調査は、筆ごとの土地について、所有者、地番、地目の調査ならびに境界および地籍に関する測量を行ってその結果を地図と簿冊に作成することです（国土調査法2条5項）。

国土調査法

（定義）

第2条　この法律において「国土調査」とは、左の各号に掲げる調査をいう。

一・二　（略）

三　地方公共団体又は土地改良区その他の政令で定める者（以下「土地改良区等」という。）が行う土地分類調査又は水調査で第5条第4項又は第6条第3項の規定による指定を受けたもの及び地方公共団体又は土地改良区等が行う地籍調査で第5条第4項若しくは第6条第3項の規定による指定を受けたもの又は第6条の3第2項の規定により定められた事業計画に基くもの

2〜4　（略）

5　第1項第3号の「地籍調査」とは、毎筆の土地について、その所有者、地番及び地目の調査並びに境界及び地積に関する測量を行い、その結果を地図及び簿冊に作成することをいう。

6・7　（略）

しかし、山村部にあっては、ただでさえ精度が悪い字限図や公図はいっそう概略的なものであることが多く、現地で復元しようにも手がかりとなりにくいのです。そのうえ、境界確認の立会いを求めるべき所有者（の相続人）

が遠方に居住して、所有山林に関する知識も関心も乏しいようになってしまっています。さらに、土地の境界に詳しい地元民の数も少なくなっている等により、地籍調査の実施が一層困難となっているのが実情です。

　令和 5 年度（2023年度）末時点で、林地の地籍調査の進捗率は46%です（〔図表45〕参照）。[4]

〔図表45〕　地籍調査の進捗率（令和 5 年度（2023年度）末時点）

		対象面積	実施面積	実績面積	進捗率
人口集中地区		12,673㎢	30㎢	3,413㎢	27%
人口集中地区以外	宅　地	19,453㎢	48㎢	10,100㎢	52%
	農用地	77,690㎢	105㎢	55,048㎢	71%
	林　地	178,150㎢	508㎢	83,063㎢	47%
合　計		287,966㎢	692㎢	151,623㎢	53%

　　㈡　森林組合による地籍調査

　山村部には、急傾斜地など危険な箇所や、山奥で容易にはたどり着けない箇所などもあり、測量や調査を実施することが困難な地域が存在します。そのようなところで山林における地籍調査の実行部隊となっているのは、実のところ、都道府県や市町村から委託を受けた森林組合であることが多いです（〔図表46〕参照）。[5]そのような森林組合は、地籍調査に十分な測量技術と経験を有しています。

　昨今の測量技術は、GNSS 情報（**第 9 章 2 参照**）を基盤とするようになっているから、実施主体が誰であれ大きな齟齬は生じないはずです。地籍調査と森林経営管理法上の境界調査とは相互補完的に実態に迫りうるものととらえることができます。

4　国土交通省（地籍調査 Web サイト）「全国の地籍調査の実施状況」〈http://www.chiseki.go.jp/situation/status/index.html〉。

5　国土交通省「航測法を用いた地籍調査の手引」〈http://www.chiseki.go.jp/law/tuuchi/index.html〉。

〔図表46〕　森林組合による地籍調査（栃木県森林組合連合会）

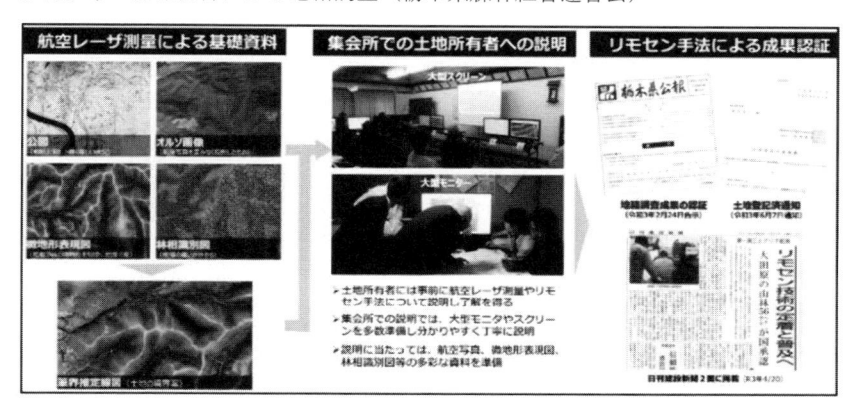

　　(ウ)　効率的手法導入推進基本調査

　国は、平成22年度（2010年度）から、土地の境界に詳しい者の踏査によって、山村の境界情報を調査し、簡易な測量をしたうえで、境界に関する情報を図面等にまとめるという山林境界基本調査を実施しています。

　この調査は、国が全額経費を負担して行うもので、市町村等の負担はありません。

　地籍調査のように土地所有者による立会いや精密な測量は行われませんが、簡易な手法により広範囲の境界情報を調査・保全しながら、森林整備を進め、さらに、調査の成果を後続する地籍調査で活用することができます。

　しかし、実施の進捗ははかばかしくなく、令和２年度（2020年度）から、第７次高度調査事業十箇年計画（令和２年（2020年）年５月26日閣議決定）に基づき、新しい調査手続の活用と地域の特性に応じた効率的な調査手法の導入によって地籍調査の円滑化・迅速化を図ることとしました。

　その結果、山林については、効率的手法導入推進基本調査と名前を変え、空中写真測量やレーザー測量技術等のリモートセンシング技術をフル活用して、一筆地調査や測量作業を簡便化し、調査を効率化することとしています（〔図表47〕参照）[6]。

6　国土交通省（地籍調査 Web サイト）「効率的手法導入推進基本調査」〈http://www.chiseki.go.jp/plan/kourituteki/index.html〉。

〔図表47〕　効率的手法導入推進基本調査

効果①：測量作業の迅速化等

　現地で行っていた測量作業について、航空機レーザ測量等によるリモートセンシングデータを用いることで、従来よりも広範囲の測量を現地に行くことなく実施することが可能となり、作業の大幅な迅速化が可能となります。
　加えて、現地測量作業に伴う危険も減少します。

現状

　急峻な山岳地であっても、土地の境界点一点一点毎に、現地に測量機器を設置し、座標値の測量を実施する必要があります。

新手法

　主要な基準点は現地測量しますが、基本的に航空レーザ測量で得られた様々な成果を用いて、画像上で土地の境界点を確認し、その座標値を算出します。

効果②：現地立会等の効率化

　現地で行っていた立会の代わりに、微細地形や植生状況等が把握可能なリモートセンシングデータを活用して作成した境界案を用いて集会所等で確認を行うことにより、立会に要する時間や労力の大幅な効率化が可能となります。
　加えて、現地立会に伴う危険や困難も減少します。

現状

　急峻な山岳地等の危険等を伴う場所であっても、土地所有者が現地に赴いて立会いすることにより、土地境界位置を確認する必要があります。

新手法

　土地所有者等が急峻な山岳地等の現地に行くことなく、集会所で、空中写真や航空レーザ測量で得られた様々な成果を基に境界案を確認することが可能となります。

　　　㈡　国土調査の成果の認証

　土地に関するさまざまな測量・調査の成果が、地籍調査と同等以上の精度・正確さを有する場合には、地籍調査の成果と同様に取り扱うことが合理的です。

　国土調査法19条５項の指定を受けることにより、これを実現することが可能です。

国土調査法
（国土調査の成果の認証）
第19条（略）

2〜4　（略）

5　　国土調査以外の測量及び調査を行つた者が当該測量及び調査の結果
　　作成された地図及び簿冊について政令で定める手続により国土調査の
　　成果としての認証を申請した場合においては、国土交通大臣又は事業
　　所管大臣は、これらの地図及び簿冊が第2項の規定により認証を受け
　　た国土調査の成果と同等以上の精度又は正確さを有すると認めたとき
　　は、これらを同項の規定によつて認証された国土調査の成果と同一の
　　効果があるものとして指定することができる。

6〜8　（略）

　指定を受けた地図は、14条地図（土地の正確な位置、形状を表した地図）と
して備え付けられます（**本章2(2)**参照）。国土調査法19条5項の指定を受ける
ことができれば、その後、地籍調査を実施する必要はなくなるのです。

　近年、GNSS測量が普及し、さらに測量機器等が高度化したことで、よ
り簡便に高精度な測量を実施することが可能となったことが、こうした制度
の適用のハードルを著しく下げたことはいうまでもありません。

(2)　地籍調査を待たずに行う境界明確化作業

　森林における地籍調査は、前述のとおり、筆界・所有権界・施業界を一致
させる作業にほかなりません。

　令和3年（2021年）年4月1日より施行されている森林経営管理法に基づ
く経営管理権集積計画を立てる際にも、境界不明確問題は乗り越えなければ
ならないテーマです（**第6章8**参照）。従来の民有林森林施業は、筆界・所
有権界・施業界を全体として照らし合わせて、問題なさそうなところを拾っ
てやっていくものでしたが、森林経営管理法では、その問題ありそうなとこ
ろに果敢に挑むべしというのですから、現場の悩みは深いです。

　そこで市町村や委託を受けた事業者が実施していくほかないのですが、後
続する地籍調査の結果がこれを踏襲したものになるよう、また境界確定訴訟
や所有権確認訴訟などの法的紛争を招くことのないよう、隣接所有者の認識
を救い上げながら所有権界と施業界を確定していかなければなりません。

　その作業は、将来実施されるはずの地籍調査の基礎資料となりうる質を担

保することが期待されています。将来の地籍調査により確定される筆界と齟齬を生じない、あるいは齟齬があっても軽微にとどまるものにするということです。

(3)　リモートセンシング技術が汎用化される以前の境界確定手法

ここで、リモートセンシング技術登場以前の境界確定手法につき述べておきます。

森林の境界は、自然地形や容易に動くことのない自然物を目印に、古くから決められていることが多いです。

戦後の米軍占領時代およびそれ以降、全国くまなく空中写真が撮影されてきたことはよく知られ、利用もされていますが、かつての空中写真は画像が荒く、山影が映り込むため有効な資料とはいえませんでした。そこで現地踏査を併用せざるを得ないのですが、境界標や明認方法を発見できることもあれば、何の標識も見つからず徒労に終わることもまた多かったのです。

いずれにせよ、以下の境界標となるものを参考にしながら、隣接地所有者同士が現地に立ち会い、双方同意により定めてきたのです。

(ア)　尾根・崖・谷・沢などの自然地形

尾根・崖・谷・沢といった自然地形を利用して境界を定めていたことが多いです。そのため、これらの地形は有益な資料となりますが、自然地形は、年月の経過に伴い風化や浸食等により変化するものであることも考慮に入れておく必要があります。とりわけ、沢の形状は台風等の大水により容易に変化するので注意が必要です。

(イ)　境界木または境界石

境界となるような木を植林しておいたり、石を設置しておく方法もよくとられています。元からある巨木や巨石を境界として利用することも多いです。もっとも、紛争が深刻になると、境界木を伐採したり、境界石を動かしたりといったことも起こり得ますから、慎重な取扱いが必要です。

(ウ)　林相・樹齢

林相とは、樹種、樹冠、樹齢、密度、生育状況などによる森林の状態のことをいいます。所有者が違えば、森林施業の内容も異なるから、林相や樹齢が異なるようになるのは当然のことで、実務では極めて有効な指標です。

　ただし、林相の違いというのは、森林を業として携わる人らにとっては一目瞭然のことであっても、それは経験の蓄積のなせる業であって、一般の方にとっては一目瞭然ではありません。

　紛争化した場合にはこの点が留意されなければならず、林相に関し写真等を証拠提出しても、裁判官には何がどう特徴的なのか皆目わからない場合があります。医療事件における、画像診断のようなものですが、専門家意見を付けて林相判断を提出しても「わからない」と判決されてしまうのですから、医療事件とはずいぶんと格差ある取扱いを受けているといえます。

(4)　境界紛争に関する裁判

(ア)　二つの訴訟類型

　公図、林地台帳付属地図、実測面積、登記事項証明書記載の面積との間に大きな乖離があるということは、森林では珍しくありません。そのような場合、関係当事者間の合意により境界を定めることは、なかなか困難であり、むしろ裁判によるほうが近道です。

　土地の公法上の境界（筆界）について争いがある場合は、境界確定訴訟により、所有権の範囲について争いがある場合には、所有権確認訴訟によることになります。

　境界確定訴訟は非訟事件です。非訟事件とは、裁判所が後見的に介入して処理することを特徴とする事件類型をいいます。裁判所は当事者の主張に拘束されず、職権で証拠収集することもあり、当事者間の和解による終結はできません。原告の立証が不十分だからといって、棄却して何の判断も残さないことはできず、裁判所が、その裁量によって将来に向かって法律関係を形成します。つまり、必ずどこかに境界線を定めなければならないのです。

　これに対して、所有権確認訴訟は非訟事件ではなく、一般的な民事事件です。弁論主義[7]・処分権主義[8]が働く場であるため、裁判所は当事者の主張に拘束され、原則的に職権で証拠を収集することはありません。また、当事者間

7　弁論主義とは、裁判の基礎となる事実についての資料の収集を当事者の権能かつ責任とする考え方で、民事訴訟法の基本原則です。

8　処分権主義とは、民事訴訟の当事者に、訴訟の開始、審判対象の特定やその範囲の限定、判決によらずに終了させる権能を認める建前のことで、民事訴訟の基本原則です。

の和解による終結も可能です。原告の立証が不十分であれば、単に棄却として何の判断も残さずに終結することができます。

　(イ)　裁判例の考え方

　境界確定訴訟・所有権確認訴訟のいずれの訴訟類型によるとしても、境界の見立てに関する裁判所の判断基準が変わるわけではありません。

　裁判所の境界確定に関する基本的な考え方は、「裁判所は、まずできるだけ客観的に存在している境界線を発見するように努力しなければならないのはもちろんであり、……もしこれらの証拠資料によっても境界を知ることができないときには、衡平の原則から争いのある地域を平分して境界を定めるなどしなければならない」（東京高判昭和39・11・26高民集17巻7号529頁）というものです。

　公図の信頼性については、「境界が直線であるか否か、ある土地がどこに位置しているかといった定形的なものは比較的正確だとしても、距離・角度といった定量的なものは不正確なもの」（名古屋地判昭和53・9・22下民集29巻9〜12号276頁）という評価がされています。

　また、山林においては各資料間に大きな矛盾がある場合が多いですが、そのような場合であっても、「山林の境界が不明の場合は、山林境界に関する付近の慣習をも斟酌しつつ、境界石、境界木などの存否、地形、地相、植林の有無、その林相、樹齢などに示される土地の占有管理状況、公簿面積と実測面積の比較対象、古図面の記載などを総合判断の上、その確定がなされるべきであるが、これらの諸事実が矛盾、相反する場合には、事実審裁判所は、判断の法則に反しない限り、これら諸事実を取捨選択し自らが重きを置く事実に基づき境界の確定をなしうるもの」（東京高判昭和54・6・19判タ392号71頁）として、事情を総合的に斟酌して境界を決定していくこととしています。

(5)　リモートセンシング技術が汎用化されて以降の境界確定手法

　(ア)　地籍調査における現地立会いの省略

　令和2年（2020年）に地籍調査作業規程準則が改正され、地籍測量の作業工程で航則法（測量の一手法）に関する規定が整理・追加されました。[9]

　地籍測量は、地上測量による地上法、空中写真測量および航測レーザ測量

による航測法、それらを併用する併用法とに分類され、リモートセンシングデータの活用により、現地での作業を最小限にとどめ、従来現地で行っていた一連の測量作業（多角測量、細部測量、調査点測量、一筆地測量など）がすべて航空測量に代わることとなりました。[10]今後、現地での作業は、座標値測定のための GPS を地表に設置する等の必要最小限のもののみになっていく可能性があります。

　さらに、リモートセンシングデータの活用により、目視以上に自然地形や林相の違い、境界木や樹高がビジュアル化されます。

　これらを用いて筆界案を作成し、土地所有者への説明にあたるわけですが、その際、昨今の DX の技術を用い、これまで現地で行っていた境界の確認・立会作業を、集会所や、あるいはそれぞれの隣接土地所有者の自宅で、対話しながら進行させることが可能となりました（地籍調査作業規程準則23条の2第1項2号・30条2項）。

　なお、土地の所有者等の一部または全部の所在が明らかではない場合の地籍調査の方法として、筆界案を公示し公告し、20日を経過しても所在不明土地所有者等から意見の申出がない場合には、土地所有者の確認を経ずに調査を進めることができるとする規定が追加されています（地籍調査作業規程準則30条3項・4項）。

　　㋑　森林の所有権界・施業界の確定

　森林経営管理法等の実践過程で必要となる境界の確定作業も、リモートセンシング技術がこのように汎用化されている以上、同じ技術で進めることになります。

　一例として、京都府福知山市が進める森林境界明確化業務の流れを示します（〔図表48〕参照）。

9　地籍調査作業規程準則（昭和32年総理府令第71号）、地籍調査作業規程準則運用基準（平成14年3月14日付け国土国第590号国土交通省土地・水資源局長通知）。

10　国土交通省土地・建設産業局地籍整備課「リモートセンシング技術を用いた山村部の地籍調査マニュアル」（平成30年（2018年）5月）」〈http://www.chiseki.go.jp/law/tuuchi/index.html〉、国土交通省土地政策審議官部門地籍整備課「航測法を用いた地籍調査の手引」（令和4年（2022年）4月）〈http://www.chiseki.go.jp/law/tuuchi/index.html〉。

〔図表48〕　森林境界明確化業務の流れ

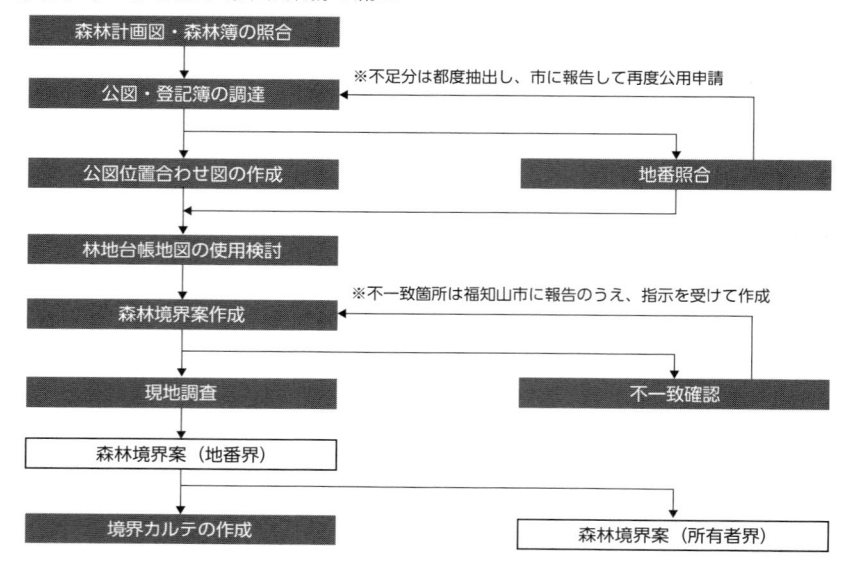

　まず、現地調査、森林境界案（地番界）、森林境界案（所有者界）、境界カルテの作成のフェーズで、リモートセンシング測量成果の各種主題図[11]を所有者に提示して、説明し、同意を求めていくことになります。

　林相の主題図を使って所有者らに境界確認をしてもらう場合を例にとると（〔図表49〕[12]参照）、上段が従来使用されてきた空中写真の画像であり、目視の様相です。土地所有者が森林の素人であれば、第三者から説明してもらわなければ違いが認識できないという程度の差異にすぎません。これに対して、下段はリモートセンシング技術を使った林相識別図であり、これによると、樹種ごとの林冠の状況がはっきりと差別化されます。

　リモートセンシングにより、航空測量成果から、空中写真、微地形表現図、樹高分布図、林相識別図、3Dビューア等が作成され境界確認に用い

11　地図は、一般図と主題図の2種類に分けることができます。一般図とは、地形の状態を縮尺に応じて正確に表した白地図や地形図であり、主題図とは、利用目的に応じてある特定の主題を表現した地図のことです。林班の所在を示した森林計画図も主題図です。

12　アジア航測株式会社によるレーザ林相図（特許第5592855号）。

〔図表49〕　林相の判読

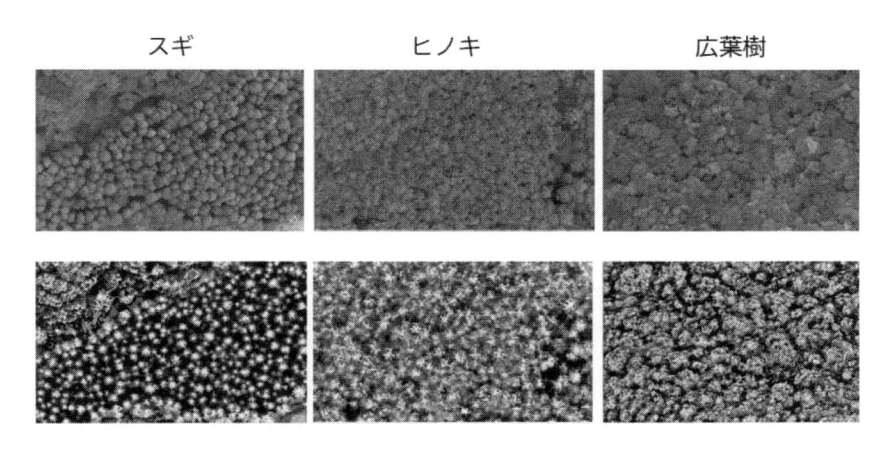

| スギ | ヒノキ | 広葉樹 |

〔図表50〕　森林境界案

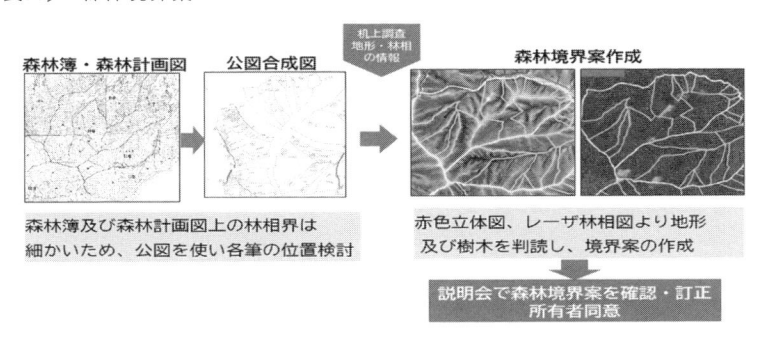

られています。今後もさらなる発展を遂げる分野であるため、随時知識の
アップデートが必要です。

　京都府福知山市では、森林簿・森林計画図上の情報を公図と合成し、その
上にリモートセンシングの調査成果である各種主題図を載せて、地元所有者
らへの説明に用いています（〔図表50〕参照）[13]。

13　アジア航測株式会社による赤色立体地図（特許第5281518号）。

㈻　これからの境界確定実務の課題

⒜　現地精通者頼りからの脱却

　行政庁が作成した境界確定に係る手引やマニュアルの類においては、いまだいわゆる現地精通者の証言に重きをおく記載があります。

　しかし、法専門家からの助言としては、常に、紛争化した場合の証拠としての有用性を念頭におくべきで、裁判例の基準を重視しなければなりません。裁判例においては、現地精通者の意見を否定するものは見当たりませんが、さりとて特に重視するものもなく、むしろ、前述の指標（①山林境界に関する付近の慣習、②境界石・境界木などの存否、③地形、④地相、⑤植林の有無、⑥林相、⑦樹齢、⑧土地の占有管理状況、⑨公簿面積と実測面積の比較対象、⑩古図面の記載など）を総合的に考慮しています。

　誰が、どの程度の現地精通者なのか、なぜ「精通している」と判断できるのかは立証困難なテーマであり、そのうえその精通者が古老であれば、紛争の終結まで明晰な証言能力を維持し続けられるとも限りません。現地精通者の意見にかかわらず、隣接所有者間で合意が成立すればそれが所有権界であり施業界であることからすれば、今後はいっそう、現地精通者の意見に依拠することのメリットはみえにくいといえましょう。

⒝　相続人が多数に上る場合

　相続登記未了のまま2世代・3世代と経過している場合、ひとたび相続人探索に着手すると瞬く間に30人、100人と広がり、費用も労力も大変な負担となります。

　そのため、林業の現場では、相続人代表者と認められる方を見出してその方とのみ交渉し、合意等の意思表示をしてもらっているのが現状です。この方式が長年の慣行として固着してしまっており、法的観点から見直しを具申しても、なかなか聞き入れていただけない実情ではあります。

　労力がかかっても、現行法下ではすべての相続人を探索することが必要であり、その負担が過重で事務量の負担に耐えられないということであっても、現行法上は代替策がありません。新たな法律の制定を求めるほかないでしょう。

　　(C)　地図により面積や形状が大きく異なる場合

　山林では、林地台帳付属地図と登記事項証明書の面積が1桁も2桁も違う、公図と林地台帳付属地図の形状が著しく違う、そもそも一方の資料には存在する林地が他方の資料では存在すらしていない（林地台帳附属地図には林班が存在するが公図にはない、さらに登記事項証明書が存在していない）ということがあります。そのような事案は決してレアケースではありません。

　リモートセンシング活用の成果物を基礎に合意をもって境界確定まで進めるのは、公図と現況が一定程度整合している場合であって、地図を塗り替えるような創造性のある取組みは、森林関連法規だけでは不可能です。

　地籍調査を待つのも一案とはいえ、実施時期の予測ができません。

　関係所有者が判明している場合と所有者不明等である場合とで、前者のほうが解決可能性があるというものでもありません。後者のほうがかえって、不在者財産管理人や相続財産清算人の選任を裁判所に求め、法専門家である弁護士による財産管理業務として、裁判所の後見の下に理性的に所有権を処分するなどして解決策を探っていくことができ（**第6章9**参照）、いわば終わりが見えている仕事ということができます。一方、所有者の氏名や所在が判明しながら同意が得られないという場合には、事案によっては、すべての関係当事者を巻き込んだ固有必要的共同訴訟（全員が訴訟の当事者とならなければならない訴訟類型）を提起しなければなりません。

　　(D)　今後の境界確定訴訟

　これからは、リモートセンシング技術を活用して、自然地形や境界木、林相や樹齢を、より具体的に立証することが可能となります。現時点においては、いまだ、画像の歪みや画像上示されるデータと、地上で実際に測量した場合のデータ（グラウンドトゥルースという）との間に看過できない開きがあることも十分考慮に入れ、二重三重の検証が必要ではありますが、技術は日進月歩です。

　弁護士が、各種の強調画像による主題図を積極的に用いて境界の確定あるいは所有権の範囲の確定を、裁判上求めていくことになるでしょう。

第 8 章　林道の管理

1　はじめに──林道の難しさ

　森の中の道すなわち林道について、森林業以外の人々は、ほとんど何のイメージももっていないでしょう。イメージをもっていないゆえに、考え違いあるいは非現実的なことを、そうと知らずに主張してしかも容易に譲らないということがあります。「自然を壊すな」「林道作設中に土砂を出すな」「渓流を濁すな」「林道を付け替えろ」といった主張に対して、科学的根拠を示しながら防御することの負担は並大抵のことではありません。

　林道は、地形、気象、土壌、水文、所有権、所有者不明、境界不明といったさまざまな考慮要素を総合して設計・配置・作設された英知の結晶です。林道が法的紛争の舞台として登場するとき、森林業の法専門家は、山・川・海・空という大きなスケールでの物質循環について、説得的に説明できなければなりません。[1]

> ▶本章で解説する内容▶ ▶ ▶
> ☑　路網（→ 2）
> ☑　路網整備計画（→ 3）
> ☑　林道の開設と管理（→ 4）

　☑　林道と道路交通法（→ 5 ）
　☑　木材搬出のための使用権の設定（→ 6 ）

2　路　網

(1)　林道・林業専用道・森林作業道

　森林内に開設された道のうち、もっぱら林業活動の用に供することを目的として設計され設置されたものを、総称して路網といいます。一般的には林道といわれ、森林から伐り出した木の搬出や資材の運搬など、林業活動のための最も重要な生産基盤といえます。

　路網が密に効率よく設計・配置されていることは、高性能林業機械の有効活用のための条件です。林業先進国では路網密度が高く、ドイツ（旧西ドイツ圏）では118m/ha、オーストリアでは1990年代半ばに89m/haであるのに対し、わが国では平成26年（2014年）末のデータで19m/haと報告されています[2]。

　路網は、林道・林業専用道・森林作業道の 3 区分に大別されています（平成22年（2010年）頃までは、林道・作業道・作業路と呼称されていました）。これらは、走行できる車両の種類、幹線と支線の関係、道路規格・構造などにより区分されています（〔図表51〕[3]参照）。

　わが国の山林は複雑で急峻な地形であり、台風等の自然災害も多いことから、路網の開設は、設計技術の点でも作業工法の点でも難易度が高いものです。

1　本章で個別に紹介する文献のほか、全国森林組合連合会編『森林施業プランナーテキスト〔改訂版〕』（森林施業プランナー協会・2016年）、林野庁「森林総合監理士（フォレスター）基本テキスト〔令和 6 年度版〕」〈https://www.rinya.maff.go.jp/j/ken_sidou/forester/#text〉、林野庁長官による「『主伐時における伐採・搬出指針』の一部改正について」（令和 5 年 3 月31日付け 4 林整整第924号）、「市町村担当者のための林道入門」編集委員会編『市町村担当者のための林道入門』（日本林道協会・2021年）などが参考になります。

2　林野庁「森林総合監理士（フォレスター）基本テキスト」106頁。

3　林野庁「路網整備の推進」〈https://www.rinya.maff.go.jp/j/seibi/sagyoudo/romousu-isin.html〉。

〔図表51〕　路網（林道・林業専用道・森林作業道）

　路線選定、平面・縦断・横断測量、設計図面の作成、数量計算、コスト計算、林分条件、勾配、水処理、集運材効率、所有者の同意が取得可能か否か、境界は明確であるか等さまざまな要素を考慮し、複数の開設候補路線をあげて最終決定するまでの労力は、並大抵ではありません。

　林道関連は、大学の森林科学科目の中でも重点的に単位が配置されており（森林工学、森林土木、森林基礎力学、森林機械学、森林作業学、森林測量学、治山砂防等）、研究も盛んです。近年は、地理情報システム（GIS：Geog raphic Information System）による路網設計支援ソフトも開発されています。

　　　㋐　林　道

　林道は、森林整備や木材生産のための主要な「幹線」（林道規程 3 条(1)）であり、林道規程に定める不特定多数者が利用する恒久的公共施設です。

　国有林林道の場合は国が、民有林林道にあっては地方公共団体や森林組合等の長が開設または管理します（林道規程 5 条）。

　大型トラックの通行が想定された構造とされていますが、一般車両の通行も想定してアスファルト舗装されたものが多く、また、電柱が設置されていることも珍しくありません。

　市販の地図にも、林道として示されていることが多いです。

　　　(イ)　林業専用道

　林業専用道は、支線・分線（林道規程3条(2)）に該当する林道であって、林道を補充し、森林作業道と組み合わせることにより森林作業道の機能を高め、木材輸送機能を強化・補完するものです（〔図表52〕の右側が林道、左側が林業専用道です。林道には、電柱やガードレールが設置されており、一般車両の通行も可能です）。主として特定の者が森林施業のために利用する恒久的公共施設です。

　林道よりも走行性は低位ながら、普通自動車（10t積トラック）により木材等を安全かつ効率的に運搬することが可能な規格・構造・路線形を有する自動車道です。一般車両の通行は想定しておらず、アスファルト舗装されていない場合も多いです。

　自治体や森林経営計画の作成者が開設・管理し、設計にあたっては実測量を行い、位置図、平面図、縦・横断図などを作成します。

〔図表52〕　林道と林業専用道

㈦　森林作業道

　森林作業道は、林道・林業専用道と一体となって、間伐・主伐といった森林施業を推進するために開設されます（〔図表53〕参照）。ハーベスタやフォワーダなどの林業機械や、2 t 程度のトラックの通行を想定した構造とされています。

　森林所有者や森林経営計画を作成したものが整備・管理しますが、特に必要がない限り、平面図、縦・横断図等の作成は求められていません。

　メンテナンスしながら恒久的に使用するものですが、仮設的・一時的なものとなってもやむなしとの取扱いがなされています。

　森林作業道は、林業用機械が一方通行するのに十分な幅員であればよいとされています。

〔図表53〕　森林作業道

㈢　作業路（搬出路・集材路）

　作業路とは、伐採区域において、林内走行車両等により木材の伐採・集積・搬出を行うための幅員 2 m 程度の道ですが、その実態は道というより、伐採区域全体を伐採するために、最初にルートをつけて伐採したところです（〔図表54〕参照）。

　恒久的施設ではなく、あくまで林内との扱いですから、伐採が終了した後

〔図表54〕 作業路（搬出路・集材路）

は、作業路上にも植林しておきます。

伐採搬出が終了してから、3年程度で路面全体が植物で覆われるようになります。

(2) 林道の根拠法令

林道の根拠は森林法にあります。

まず、農林水産大臣が全国森林計画において定めるべき事項として、「林道の開設その他林産物の搬出に関する事項」と規定しています（森林法4条2項4号）。

次に、都道府県知事が全国森林計画に即して定めるべき地域森林計画において定めるべき事項として、「林道の開設及び改良に関する計画、搬出方法を特定する必要のある森林の所在及びその搬出方法その他林産物の搬出に関する事項」と規定しています（森林法5条2項7号）。

さらに、市町村が地域森林計画に適合して定めるべき市町村森林整備計画において定めるべき事項として、「作業路網その他森林の整備のために必要な施設の整備に関する事項」と規定しています（森林法10条の5第2項8号）。

森林法

（全国森林計画等）

第 4 条（略）

2　全国森林計画においては、次に掲げる事項を、地勢その他の条件を勘案して主として流域別に全国の区域を分けて定める区域ごとに当該事項を明らかにすることを旨として、定めるものとする。

一〜三の三（略）

四　林道の開設その他林産物の搬出に関する事項

四の二〜七（略）

3 〜11（略）

（地域森林計画）

第 5 条（略）

2　地域森林計画においては、次に掲げる事項を定めるものとする。

一〜六

七　林道の開設及び改良に関する計画、搬出方法を特定する必要のある森林の所在及びその搬出方法その他林産物の搬出に関する事項

八〜十二（略）

3 〜 5 （略）

（市町村森林整備計画）

第10条の 5 （略）

2　市町村森林整備計画においては、次に掲げる事項を定めるものとする。

一〜七（略）

八　作業路網その他森林の整備のために必要な施設の整備に関する事項

九・十（略）

3 〜10（略）

　前述のとおり、路網は林道を含む概念です。そうすると、これらの森林法の各規定の意味するところは、林道の開設等の計画は農林水産大臣および都道府県知事が行い、林道を含めた路網の整備は市町村が担当するということになります。

　また、このように、森林法に根拠を有するのですから、農林水産省の所轄であり、国土交通省の所轄である道路法の枠外にあるということです。

(3)　作設指針の整備

　林道は、林野庁長官による林道規程（昭和48年4月1日付け48林野道第10 7号）および林道技術基準（平成10年3月4日付け9林野基第812号）に従って作設されることになります。林業専用道は、林野庁長官による林業専用道作設指針（平成22年9月24日付け22林整第602号）により、森林作業道は、林野庁長官による森林作業道作設指針（平成22年11月17日付け22林整整第656号）により、それぞれの規格・構造が規定されています。

　これらのほか、林野庁および各県はさまざまなガイドラインや手引を発出しています。[4]

(4)　林業と土砂

　土砂・濁水の防止は路網開設や伐採・搬出における重要課題ではありますが、これを「出さなくする」方法はありません。作業路を作設する以上、切土法面から必ず土砂は生産されます（〔図表55〕[5]参照）。濁水の発生は、降水時だけではなく山腹からの急な出水もあり得ますが、速やかに路面から排水しなければ大規模な路面崩壊が発生し、作業員の命にかかわることになるため、渓流に流すこともやむを得ない場合もあります。

　第三者への危害防止策については、発生の個々のスポットに手当を講じることは効率的でも効果的でもないため、個々の林業事業体が負担することとはしていません。しかし直接のクレームが林業事業体に向かうことは多く、その真意は金銭要求であることも珍しくありません。

4　一例として、林野庁「路網整備の考え方について（平成27年9月）」〈htt ps://www.rinya.maff.go.jp/j/rinsei/singikai/pdf/15093013.pdf〉、林野庁長官による「主伐時における伐採・搬出指針」（令和3年3月16日付け2林整整第1157号通知（最終改正：令和5年3月31日4林整整第924号））、独立行政法人森林総合研究所ほか「森林作業道開設の手引き──土砂を流出させない道づくり（平成24年11月）」〈https://www.ffpri.affrc.go.jp/pubs/chukiseika/documents/ 3 rd-chuukiseika 2 .pdf〉などがあります。

5　独立行政法人森林総合研究所ほか「森林作業道開設の手引き──土砂を流出させない道づくり（平成24年11月）」〈https://www.ffpri.affrc.go.jp/pubs/chukiseika/documents/ 3 rd-chuukiseika 2 .pdf〉 7 頁。

〔図表55〕　切土法面からの土砂の生産

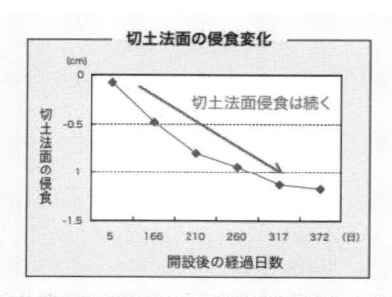

開設直後から1年間、切土法面の侵食程度を調査した結果、
切土面は常に侵食され続け、路面へ土砂を供給し続けます。
開設後30年以上経過した路線でも侵食が見られます。

　こうした場合においては、第三者への危害防止は治山・砂防政策の問題であること、林道や林業専用道自体が渓流に沿って開設されている場合も多く、その場合、土砂や濁水は渓流のほかに行き場がないこと等を説明しながらクレーム処理にあたることになります。

　このとき、河川への土砂の供給不足には負の影響があることを加えておくのも有用です。全国的に河畔の樹林化が進行しているところ、治山・砂防ダム、貯水ダムの普及により下流に流出する土砂が大きく減少したことは、河床を下げ、澪筋を固定する効果を生じさせました。それはやがて礫河原の樹林化を進行させ、大雨時の疎通能力を低下させ、かえって氾濫する危険性を増大させるばかりでなく、倒伏樹木が流木化して堤防や橋を破壊させるという悪循環をも生じさせているようです。[6]

⑸　道路法との関係

　道路法に基づく道路とは、「一般交通の用に供する道」であり[7]、誰でも自由に通行できることが当然の前提とされています（同法2条1項・3条）。

6　中村太士＝菊沢喜八郎編『森林と災害』（共立出版・2018年）15頁。

7　行政が直接に公の用に供する有体物を「公物」といい、そのうち、行政主体自身が利用する公物が「公用物」であり、直接に公衆により利用される公物が「公共用物」です（宇賀克也『行政法概説Ⅲ行政組織法／公務員法／公物法〔第5版〕』（有斐閣・2019年）540頁）。道路は「公共用物」です。

　これら道路法上の道路を自由に通行できる権利は、他の者がその道路に対して有する利益ないし自由を侵害しない程度において、「自己の生活上必須の行動を自由に行いうべきところの使用の自由権」をもたらすから、民法上の保護の対象となるものであり、それが継続的に妨害される場合は、妨害排除を求めることができます（最判昭和39・1・16民集19巻1号1頁）。

　これに対して、林道については、本来的に公道として自由使用が認められ、自由通行権が成立するものとは考えられていません。あくまで、林道管理者が、一般交通の用に供するか否かの判断をするものであり、一般交通の用に供すると判断されている林道が多いというにすぎません。

(6) 林道を一般交通の用に供するか否かの判断

　林道を一般交通の用に供するか否かの判断については、林道の状況等を踏まえ、林道管理者が常時判断することができます。

　これにあたっては、①森林の適正な整備および保全を図り、効率的かつ安定的な林業経営を確立すること、②山村地域の振興や生活環境の改善に資することなどの林道整備の目的を踏まえ、林道の実際の利用形態（林業機械や運搬車両の走行頻度、林業従事者の交通の確保、伐採・保育等の森林施業、林産物の積み下ろし等）を勘案して、林道管理者が適切に判断することになります。

　市町村等が林道の管理に係る条例等を定めており、車両の通行の禁止または制限に係る規程を別に設けている場合も多いです。その場合には、その規程に基づき判断することが必要です。[8]

　裁判例においては、一般交通の用に供する林道を、山林に産業廃棄物を搬入する目的をもってする車両が通行することについて、当該林道の受益者分担金を負担した者らはいずれも反対しているという事情下において、「林道は、同法〔森林法〕4条、5条の全国及び地域の森林計画により策定され、林産物の運搬、林業経営及び森林管理のために必要な交通の用に供することを目的として開設し管理されるものであるところ、その多くは国又は地方公

8　林野庁国有林野部業務課長・森林整備部整備部長による「林道における車両の通行に関する措置について」（平成31年2月19日付け事務連絡）。

共団体が事業主体となって開設されることから、行政主体によって管理される道路ではあっても道路法上の道路ではないから、一般公衆の通行の用に供さなければならないものではなく、管理者は、その管理権限に基づいて、当該林道の設置開設の目的に照らし、自由使用の範囲を限定することができると解するのを相当とする」と判示しています（京都地判平成7・3・30判時1563号129頁）。

3　路網整備計画

(1)　路網整備の現状

「森づくりは道づくり」といわれており、路網がない山をいくら持っていても、木を搬出できないのでは、所有していないも同然ということです。

わが国の路網の貧弱さはかねてより課題ではありましたが、平成21年（2009年）の森林・林業再生プランにより路網の充実が林業の成長産業化の前提であることが強調されるようになって以降、積極的な施策がとられてきました。その結果、全国の路網総延長は着実に伸びてきており、平成21年（2009年）当時17m/ha だった路網密度が、令和元年度（2019年度）末には23m/haとなっています（〔図表56〕参照）[9]。

しかし、実際の路網計画にあたっては、所有者不明・境界不明土地問題

〔図表56〕　林内路網密度

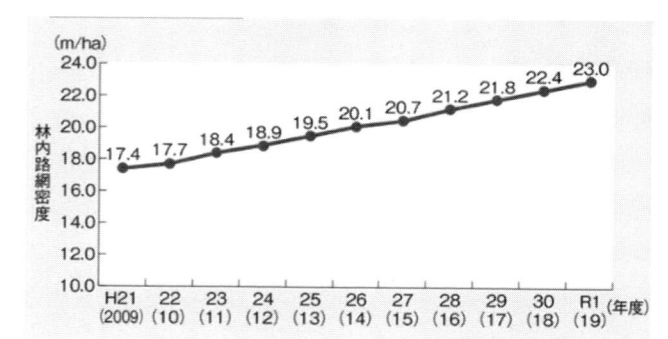

9　林野庁「令和3年度 森林・林業白書」〈https://www.rinya.maff.go.jp/j/kikaku/hakusyo/r3hakusyo/zenbun.html〉30頁。

や、高性能林業機械の走行に耐えうる高規格の路網を計画しても、その入口の市道や農道が貧弱であるなどさまざまな障壁があり、決して順調には進まないのが実情です。

(2)　都道府県が主導する路網計画

実際の路網整備の進め方は都道府県ごとの裁量ですが、都道府県で路網整備指針等を定め、それに適合する形で市町村森林整備計画の中で定められることになっています。

林道の設置は、原則として用地買収を行わず、民有林の所有者が受益者負担として無償で土地所有権を地方公共団体に提供したり、土地使用権を設定したりすることで成り立っています。その結果、行政財産となるものもあれば、開設後も民有地として管理権のみ地方自治体が保持する場合もあります。いずれの場合も公共用物に該当すると解され、関係森林所有者らが「共同して利用できる施設」となることが、慣行上定着しています。

4　林道の開設と管理

(1)　林道の開設と管理者

林道の管理者については、次のとおり規定されています（林道規程5条）。

林道規程

（林道の管理者）

第5条　林道の管理者は、国有林林道にあっては森林管理署長、支署長又は森林管理局が直轄で管理経営する区域に係るものにあっては森林管理局長、民有林林道にあっては地方公共団体、森林組合の長とする。

林道の管理主体は、原則として当該林道の施行主体としますが、工事完了後移管された場合には、移管を受けた地方公共団体となります。

(2)　林道の管理

林道の管理者は、林道の管理にあたっては、林道開設等の目的に沿ってその機能が十分に発揮されるよう努めなければなりません（林道規程6条）。

林道規程

（林道の管理者）

第 6 条　林道の管理者は、その管理する林道について管理方法を定め、通行の安全を図るようにつとめなければならない。

　管理の方法として定めるべき事項は、①維持修繕その他保全に関する事項、②占用および通行に関する事項、③利用料の徴収、役務負担に関する事項、④災害復旧に関する事項等です。

　民有林を管理する各地方公共団体は、林道管理規定・林道管理要綱といった名称の規定を作成し、あるいは条例で、林道管理について定めています。

　自治体によっては使用許可制を採用する場合もあります。林業以外の事業活動を行う目的で大型自動車を通行させる場合に限り許可制を敷いたり、林業事業者も含めて一般的に禁止の網を被せておき、個別に許可を与える方式としたりと、さまざまな規程の方式となっています。

　この林道使用許可制に関しては、産業廃棄物運搬のための使用許可申請に対して設置管理者である自治体が不許可処分とした場合に、その処分が裁量の範囲内であるかをめぐって争う裁判例が多数存在します。予定される通行量の程度と道路に損傷が生じるおそれ、分担金の有無や金額、道路修復にかかる費用等の諸要素を衡量し、「本件林道の本来の用途又は目的を妨げる」おそれがあるか、「維持保全を妨げるか否か」につき合理的根拠に基づき裁量権の行使をしたかどうかが結論を左右します（福岡高判平成11・9・30判タ1069号91頁）。

　　(3)　林道台帳

　林道の管理者の責務として、林地台帳の整備が定められています（林道規程7条）。

林道規程

（林地台帳の整備）

第 7 条　林道の管理者は、別に定める林地台帳を整備し、これに林道

の種類、構造、資産区分等を記載し、林道の現況を明らかにしなければならない。

林道台帳の作成が必要となる林道については、次のとおり定められています。[10]

①　都道府県が国庫補助以外の財源により施行した民有林林道および市町村または森林組合等が都道府県単独の補助により施行した林道

②　都道府県、市町村、森林組合等が農林漁業金融公庫からの融資により施行した民有林林道

③　市町村または森林組合等が上記①②以外の財源により施行した民有林林道

④　民有林の補助事業等により開設した民有林林道以外の道路等であって、規定に定める規格、構造およびその他必要な条件を具備したことにより民有林林道の自動車道として編入されたもの

当該林道が林道台帳に掲載されていると、支線となる林業専用道や森林作業道を作設する際、林道の所在や形状、幅員等の事項について重要な参考資料となります。林道は、起点と終点がはっきりしていても、その間、民有林のどの地番をどのように通るのか等の具体的なところは明確ではないことが多いのですが、林地台帳においては、①林道台帳現況一覧表、②林道台帳総括表、③林道台帳経過表、④林道台帳平面見取図、⑤林道台帳現況写真、⑥管内図が具備されているため、利害関係人にとっては貴重な情報源となります（〔図表57〕参照）。

〔図表57〕　林道台帳の様式

都道府県　市町村

地域森林計画	森林経営計画	台帳整理番号	林道網記入番号	路線名	位置	管理主体	種類及び区分	奥地その他別	幅員(m)	延長A(m)	利用区域 面積B(ha)	利用区域 蓄積(m3)	密度(m/ha)A/B	一定要件の該当有無	摘要

10　林野庁長官による「民有林林道台帳について」（平成8年5月16付け8林野基第158号）。

227

5　林道と道路交通法

　林道は、道路交通法の「一般交通の用に供するその他の道路」に該当し得ます（同法 2 条 1 項 1 号）。つまり、道路法上の道路ではありませんが、林道管理者が「一般交通の用に供する」と判断した場合には、道路交通法の対象となるのです。

　林道管理者は、林道の状況等を踏まえて「一般交通の用に供する」かどうかを常時判断できます。

　林道の管理の権限は、林道等の構造に関するものです（林道規程 6 条）。これに対して、道路交通法においては、都道府県公安委員会等が車両等の通行の禁止その他の道路における交通の規制をすることができるとしているから、林道を一般交通の用に供したまま、交通の安全と円滑のための管理を実施する場合には、林道管理者は都道府県公安委員会等に対し必要な情報の提供および要請を行い、その要請等に基づき都道府県公安委員会等が必要な措置を行うことになります（〔図表58〕参照）[11]。

　林道管理者が「一般交通の用に供しない」と判断する場合は、道路交通法の適用を受けることはなく、林業用車両等同士の交通の安全と円滑について林道管理者が適切に措置するべきとなります。

〔図表58〕　林道における車両の通行に関する措置

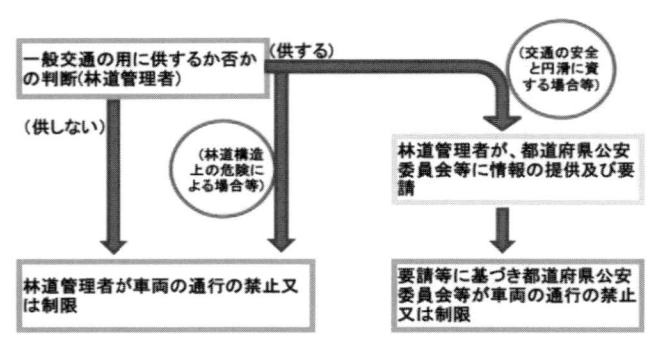

11　林野庁国有林野部業務課長・森林整備部整備部長による「林道における車両の通行に関する措置について」（平成31年 2 月19日付け事務連絡）。

6 木材搬出のための使用権の設定

　林業においては、木材の搬出のため林道や木材集積場（土場）等の森林施業に必要な施設の設置について、他人の土地を使用する必要性が高くなります。

　そこで森林法は、第4章に「土地の使用」に関する章を定め、①測量、実地調査等のための一時的立入り等については市町村長の許可にかからしめ（同法49条1項）、②林道設置等の継続的使用が必要な場合は、都道府県知事の認可を受けて土地所有者と協議し（同法50条1項）、協議が調わない場合は都道府県知事の裁定を求めることができます（同法51条）。

森林法

（使用権設定に関する認可）

第50条　森林から木材、竹材若しくは薪炭を搬出し、又は林道、木材集積場その他森林施業に必要な設備をする者は、その搬出又は設備のため他人の土地を使用することが必要且つ適当であつて他の土地をもつて代えることが著しく困難であるときは、その土地を管轄する都道府県知事の認可を受けて、その土地の所有者（所有者以外に権原に基きその土地を使用する者がある場合には、その者及び所有者）に対し、これを使用する権利（以下「使用権」という。）の設定に関する協議を求めることができる。

2〜6　（略）

（裁定の申請）

第51条　前条第1項の規定による協議がととのわず、又は協議をすることができないときは、同項の認可を受けた者は、農林水産省令で定める手続に従い、その使用権の設定に関し都道府県知事の裁定を申請することができる。但し、同項の認可があつた日から6箇月を経過したときは、この限りでない。

　土地の使用が3年以上にわたるとき、またはその使用権の行使によって土

地の形質が変更されるときは、土地の所有者は、その土地の収用を求めることができます（森林法55条1項）。

森林法

（収用の請求）

第55条　使用権が設定された場合において、その土地の使用が3年以上にわたるとき、又はその使用権の行使によつて土地の形質が変更されるときは、土地の所有者は、その土地につき使用権を有する者に対し、その土地の収用に関する協議を求めることができる。この場合において、土地の一部が収用されることによつて残地を従来用いていた目的に供することが著しく困難となるときは、その土地の所有者は、その全部の収用に関する協議を求めることができる。

　土地の使用または収用によって土地所有者および関係人が受ける損失は、土地を使用し、または収用する者が補償しなければなりません（森林法58条1項）。

森林法

（損失補償）

第58条　土地の使用又は収用によつてその土地の所有者及び関係人が受ける損失は、土地を使用し、又は収用する者が補償しなければならない。

2〜5　（略）

　使用権設定のための都道府県知事の認可の要件として、①その搬出または設備のため他人の土地を使用することが必要かつ適当であること、②他の土地をもって代えることが著しく困難であることを規定しています（森林法50条1項）。

　ここで、②の要件については、「著しく困難」であることが要求されていることには注意を要します。裁判例は、「困難」には技術的困難も経済的困

難も含まれるが、申請路線と代替路線とを比較して、申請路線のほうが搬出
に要する費用が相対的に安いといった理由のみでは「著しく困難」の条件を
満たさないとしています。そして、代替路線のほうが、申請路線に比べて、
他人所有地の使用区間が3分の1で済む、申請路線下の所有者が使用権の設
定を認めず、これに対して代替路線下の所有者は使用権の設定を認めていた
等他人の権利に対する侵害の程度の大小を考慮して、①の要件の充足が判断
されると判示しています（松山地判平成8・1・26判自151号80頁）。

第9章　森林データの収集と利用

1　はじめに──調査手法の進化

　森林・林業を司法の土俵に乗せるときに必要となるのが、樹種・立木本数・立木の状態・立木の評価等の情報です。

　狭い面積であれば別論、対象とする森林内の全立木を1本1本調査することは、そのコストが事業利益を上回るようであれば実施する必要はありません。基本的に、代表的な地点を部分的に調査して全体に押し広げるプロット調査の手法をとることになりますが、ではどこまで押し広げればよいのでしょうか。同一の字名すなわち林班をおおむね同一の環境条件とみなす手法は、古の人がいかに現代人より鋭い自然観察眼を有していたかに鑑みれば、現代でも変わらず有効なものです。その一方で、近年の森林 GIS の登場と汎用化により、調査手法は急激に進化しており、今後も進化し続けるでしょう。

> ▶本章で解説する内容 ▶ ▶ ▶
> - ☑　森林 GIS（→ 2）
> - ☑　森林調査の手法（→ 3）
> - ☑　森林情報の収集（→ 4）

2　森林 GIS

(1)　林地台帳地図の重要性

　森林に関係する地図は各種存在しますが、今後重要性を増していくであろうものは林地台帳地図です（森林法191条の5第2項）。林地台帳に関する規定（同法191条の4以下）自体が平成29年（2017年）からの施行ですから、現在も各地で鋭意作成中といったところですが、林地台帳地図が重要であるのは、基本的に地理座標と整合するように作成されるからです。

　森林生態系多様性基礎調査（**本章3(2)(ウ)**参照）の4km ごとの格子点（グリッド）も、自然環境保全基礎調査（**本章3(2)(エ)**参照）のプロット設定も、地理座標と整合しています。国土地理院によって作成・整備された国土基本図上に設定されているものである限り、地理座標との整合が担保されているのです（国土基本図は、国土地理院のウェブサイト上で地理院地図として閲覧サービスに供されています）。

　近年、各国の公営企業や Google 等の民間企業がさまざまな地理空間情報を提供してくれるようになってきているため、たとえば、地理院地図をGoogle Earth に読み込ませて表示するといったことも各個人が無料で自由にできる時代になりました。森林・林業分野においても、たとえば林地台帳地図を Google Earth 上に展開することをはじめ、多様な解析データを組み合わせて活用することができる環境が整いつつあるところです（GoogleEarth は、さまざまな地球観測衛星画像をモザイク状に組み合わせたものです）。

　現代においては、地表データは、地球観測衛星によるデータと航空機測量成果により表現されています。そして、より地表に接近して特異性のあるデータを取得したい場合に、航空機やドローンといったプラットフォーム（センサが搭載されているもの）を目的別に使い分けることになります。

　林業の紛争の案件が持ち込まれると、依頼者から、Google Earth 上に林班（林小班）図を重ねたものを資料として提示されることが多いです。

　この林班（林小班）の線は、法14条地図かもしれず、公図かもしれず、森林計画図かもしれず、林地台帳地図かもしれません。この問題は、今後しばらくは関係者の頭を悩ませ、試行錯誤を強いる問題であり続けますが、やが

て林地台帳地図に統合されていく（あるいは、森林計画図と林地台帳地図との間に違いがなくなり、名称が違うだけになっていく）と思われます。

　依頼者が林業事業体であれば、そうした地図は、依頼者が事業体内で習慣的に作成しているものでしょうが、法専門家は、依頼者の説明を鵜呑みにするのではなく、データの構築方法や特徴・精度をある程度あらかじめ知っておくべきです。

(2)　地理空間情報の活用

(ア)　地理空間情報の活用の推進

　平成19年（2007年）、地理空間情報活用推進基本法が制定されました。法律の制定を受けて、翌年には最初の地理空間情報活用推進基本計画が閣議決定され、「誰もがいつでもどこでも必要な地理空間情報を使ったり、高度な分析に基づく的確な情報を入手し行動できる『地理空間情報高度活用社会』の実現」を、政府および産学官が一体となってめざすこととされました。

　令和 4 年（2022年）には、第 4 期の地理空間情報活用推進基本計画が閣議決定されています。この計画では、誰もがいつでもどこでも自分らしい生き方を享受できる社会の実現に向けて、次の①～③を実現することが指針として提示されています。

① 　地理空間情報活用の新たな展開
② 　地理空間情報活用ビジネスの持続的発展スパイラルの構築
③ 　地理空間情報活用人材の育成、交流支援

　地理空間情報とは、空間上の特定の地点または区域の位置を示す情報（位置情報）とそれに関連づけられたさまざまな事象に関する情報、もしくは位置情報のみからなる情報をいいます（地理空間情報活用推進基本法 2 条 1 項 1 号・ 2 号）。

地理空間情報活用推進基本法

（定義）

第 2 条　この法律において「地理空間情報」とは、第 1 号の情報又は同号及び第 2 号の情報からなる情報をいう。

　一　空間上の特定の地点又は区域の位置を示す情報（当該情報に係る

　　　時点に関する情報を含む。以下「位置情報」という。）
　　二　前号の情報に関連付けられた情報
　2 ～ 4 （略）

　地理空間情報には、地域における自然、災害、社会経済活動など特定の
テーマについての状況を表現する土地利用図、地質図、ハザードマップ等の
主題図、都市計画図、地形図、地名情報、台帳情報、統計情報、空中写真、
衛星画像等の多様な情報があります。

　　㈡　森林に関する地理情報システム

　地理空間情報の活用が進んだ結果、森林情報は以前より格段に、迅速かつ
詳細に、取得できるようになりました。森林に関する地理情報システムを総
合して森林 GIS と呼びます。GIS とは、Geographic Information System の
ことで、直訳すると「地理情報システム」です。

　森林 GIS で扱う空間情報とは、森林簿や林地台帳で代表されるような、
森林の分布、位置、資源情報などの位置情報と属性情報（分析対象となる
データ、またはデータセット）です。

　それにしても、森林というのは、基本的に樹冠によって上空から遮蔽され
ているものです。遮蔽によって、当然ながら、上空から発信される信号の質
や強度が低下して樹木や地表に届くし、そうなると必然的に、発信する情報
の精度が低下します。それを克服しようとすると、また膨大な費用がかかり
ます。

　森林管理のさまざまな要求に対応する一方で、技術や費用の壁に当たりな
がら、各種センサが獲得したデータを組み合わせた結果が、森林 GIS の現
状です。そうした森林 GIS の著しい進歩にもかかわらず、依然として、地
上における現地踏査が必須の基礎資料とされるべき場合が少なくありませ
ん。

　　㈢　森林 GIS に関する用語

　GIS を扱ううえで、特に重要な基本用語は次のとおりです。

☑ **測地系**
　位置を表す基準

☑ **世界測地系**
　世界共通の位置座標（わが国は、平成14年（2002年）の測量法改正により、それまでの日本測地系から世界測地系に移行した）

☑ **衛星測位システム**
　人工衛星を利用して現在位置を計測するシステム（Navigation Satel lite System）（衛星測位を行うためには衛星以外に、衛星を運用管制する地上局、ユーザー側である受信機の3つが必要になる）

☑ **回帰日数**
　地球を周回する衛星が再び同じ場所に帰ってくる日数

☑ **地上分解能**（GSD：Ground Sampling Distance）
　3mGSD という場合、画像上の1ピクセルで、地上における3m の情報を撮影しているということ（現在無料で閲覧できる人工衛星画像の場合、10mGSD 程度である）

☑ **観測幅**
　衛星は軌道の進行方向に対して、一定の幅でスキャンしながら撮影する、その幅のこと（幅が広いということは、広域での撮影をしているということだが、斜め方向に撮影している部分がほとんどであるということにもなる）

☑ **リモートセンシング**（RS：Remote Sensing）
　センサを人工衛星や航空機などのプラットフォーム（センサが搭載されている乗り物）に搭載し、対象物や現象に対する情報を収集し、分類・識別・判読・分析などを行う方法

☑ **地理情報システム**（GIS：Geographic Information System）
　地理的位置を手がかりに、位置に関する情報をもったデータ（空間データ）を総合的に管理・加工し、視覚的に表示し、高度な分析や迅速な判断を可能にする技術

☑ **航法衛星システム**（GNSS：Global Navigation Satellite System）

　　人工衛星から送信される電波情報を利用して地球上での位置を測定（測位）する技術の総称で、全世界で利用可能なシステム（特定地域のみをサービスの範囲とするシステムを地域航法衛星システム（RNSS：Regional Navigation Satellite System）という）

☑　**全地球測位システム（GPS：Global Positioning System）**
　　米国が開発・運営している航法衛星システム（GNSS：Global Navigation Satellite System）の一種

☑　**グランドトゥルース（Ground Truth）**
　　リモートセンシングデータと観測対象物（森林）との対応関係を明らかにするために観測・測定・収集した地上の実態に関する情報（現地踏査が難しい場合は、より高分解能の衛星画像や空中写真の判読で代用する場合もある）

☑　**ライダー（LiDAR：Light Detection and Ranging）**
　　レーザ光を照射し反射光や散乱光を検出することで、対象物までの距離や形状を測定すること

☑　**オルソ画像**
　　空中写真を正射変換した画像[1]

　　㈓　プラットフォームの選択

　センサを搭載した移動機器であるプラットフォームには、人工衛星、ジェット機、気球、プロペラ機、ヘリコプター、ラジコン航空機、無人航空機（UAV：Unmanned Aerial Vehicle）（通称ドローン）などがあります（〔図表59〕[2]参照）。

1　航空カメラで撮影された空中写真は、レンズの中心から対象物までの距離の違いにより、画像上の像に位置ずれが生じます。対象物の高さが高いほど、また写真の中心部から辺縁部に向かうほど、この位置ずれは大きくなります。そうすると、辺縁部を張り合わせて一枚の地図にすることも、別の地図データを重ね合わせることもできなくなります。そこで、この歪みをなくし、画像全体を真上からみたような像に変換する技術（正射変換）を用いて作成されます。

2　国際航業株式会社運営　地理空間情報技術解説サイト「MoGIST」「リモートセンシングの誕生と発展」〈https://mogist.kkc.co.jp/history/development/04/index.html〉。

〔図表59〕　プラットフォームの選択

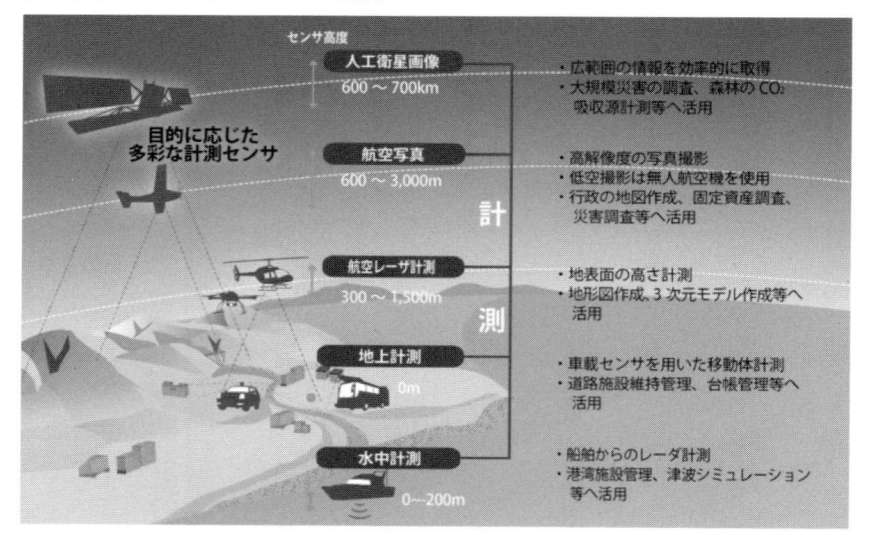

　高度が高くなれば広域を取り込めますが、詳細がわかりにくくなり、低高度になれば詳細はわかりますが、範囲が狭いという関係があるので、目的に応じてプラットフォームを選択します。

　現代では、自治体の林務担当者はもちろん、森林組合等民間の林業事業体の職員に至るまで、リモートセンシングに関しては多様な研修の機会があって、ひととおりの知識は備えています。依頼者が、目的に応じた的確なプラットフォームを選択して資料を提示してくれる場合もありますが、業界人には有意な判別性のある画像であっても素人である弁護士や裁判所には判読困難という場合も多いです。その資料が、裁判所を説得しきれる素材かどうかどうかは弁護士が判断しなければなりません。

　　(オ)　人工衛星データ

　(A)　データの汎用性

　人工衛星は、定期的に地球を周回しているため過去のデータをさかのぼって取得することが可能なことが利点ではありますが、一般ユーザーが特定の目的に利用するために手が届くほどには汎用化されていません。

　たとえば、違法な無届伐採や盗伐が行われた日を特定したいという場合、

現時点では次のような試行錯誤を試みることになります。

　毎日対象地を観測したデータがあれば、伐採日の特定に有用であるし、おそらく伐採行為そのものが画像上捕捉可能であるので、そのような人工衛星を探します。海外の人工衛星には、回帰日数1日かつ地上分解能も1mGSD以下というものが存在します。しかし、観測幅が大きいため、必ずしも真上からの画像ではなく、かなり斜め方向からの画像になることもやむを得ません。そうなると、盗伐に関係する林業機械や車両のようなものが映っているがいまいち鮮明ではなく、機種や形状を特定しがたいということにもなります。また、海外の人工衛星画像を購入しようとすると1シーンが数十万円、そのほかさまざまな経費で100万円を超える場合もあるなど高額にわたることも難点であり、汎用性は高くはありません。ただし、こうした問題点は年単位で改善されていく可能性があり、今後の情報の更新に注目しておくべきです。

　これに対して、日本の陸域観測技術衛星（ALOS：Advanced Land Observing Satellite）（単に先進レーダ衛星ということも多いです）は、海外の衛星に比較すると比較的狭い観測幅で日本上空から丁寧に捕捉しています。2024年（令和6年）7月に打ち上げ成功したH3ロケット3号機により軌道に投入された「だいち4号」は、先代「だいち2号」と同等の分解能（3mGSD〜10mGSD）と回帰日数（14日）ではありますが、観測幅が4倍程度と広く、それにより撮影頻度を向上させることがめざされています。

　(B)　センサの種類

　地球観測衛星に搭載されたセンサには、大きく分けて、可視光線と赤外線（近赤外線、中間赤外線、熱赤外線）を観測する光学センサとマイクロ波で観測するマイクロ波センサの2種類のセンサがあります（〔図表60〕[3]参照）。

　両者の最も簡単な区別は、雲を透過するか、天候や時間帯に影響されるかどうかです。

　光学センサはリモートセンシングで最もよく利用されているセンサです。地上の物体は太陽光（可視・近赤外）を反射しており、その反射の強さから

3　一般財団法人リモート・センシング技術センター「地球観測衛星について」〈https://www.restec.or.jp/knowledge/sensing/sensing-2.html〉。

〔図表60〕　光学センサとマイクロ波センサ

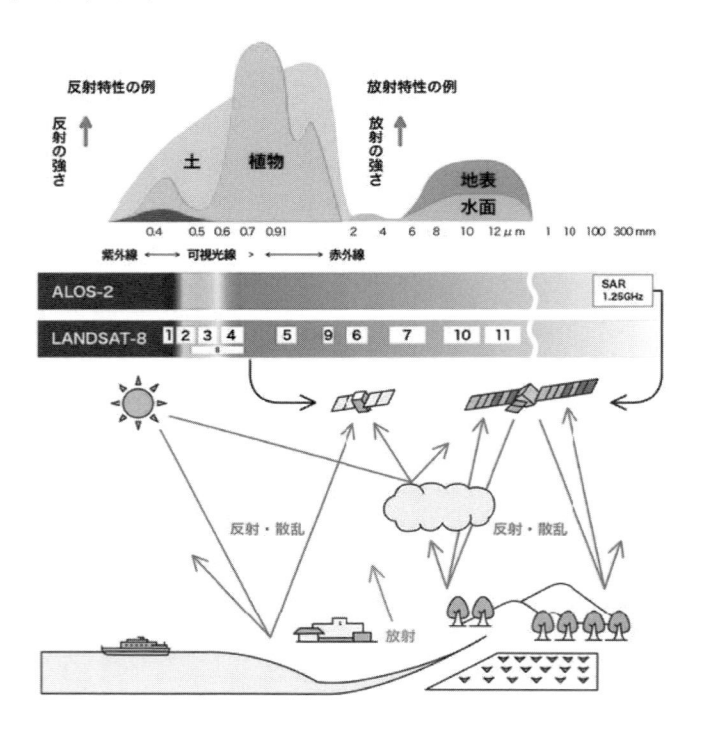

物体の状態を知ることができます。よって、光学センサで撮影された映像は、人間の肉眼で見たものに近いです。ただ、太陽光のない夜間の観測は不可能ですし、雲量によって太陽光が雲で反射してしまい全く地上画像をとらえることができないことがあります。しかし、雲がない場合であれば、地上の解像度は高いことから、リモートセンシングの代表的なセンサとされています。

　マイクロ波センサは、地球観測衛星に搭載されたアンテナからマイクロ波を発射し、地表面から反射されるマイクロ波をとらえて映像化するものです（能動型）。光学センサより分解能が高く、天候・昼夜を問わず撮影することが可能ですが、白黒の映像になります。なお、衛星搭載のアンテナから照射することなく、地表面から自然に放射されるマイクロ波をとらえて映像化す

るもの（受動型）もあり、海面温度、積雪量、氷の厚さなどを観測するのに適しています。森林の観測では能動型によります。

　　Ⓒ　受動型と能動型

　センサには、太陽光を受けて対象物から反射・放射される光や電磁波を観測する受動型（受動センサ）と、衛星搭載のアンテナから地上にマイクロ波を照射しその反射波をキャッチして地表面のようすを探る能動型（能動センサ）の2種類があります。

　光学センサの場合には、ほぼ受動型ですが、能動型の技術も向上しつつあるところです。一方、マイクロ波センサの場合には、受動型と能動型が用途別に活用されています。

　　Ⓓ　2種類のセンサを合成する技術

　光学センサでとらえた画像とマイクロ波センサでとらえた画像の長所を合成する技術が、現在進捗しています。

　現時点では民間の利用者に手が届くサービスではありませんし、森林の林相や伐採の状況まで判別しうる分解能には至っていませんが、やはり年単位で情報が更新されていく分野であり、要注目です。

　　㋕　航空機レーザ計測

　航空機や無人航空機（UAV：Unmanned Aerial Vehicle）（通称ドローン）はレーザ計測を行います。レーザ計測は、レーザ光をプラットフォームから照射して反射されたレーザ光を収集するため、撮影日の気象条件に左右されることが少ないです（〔図表61〕[4] 参照）。

　レーザ装置を航空機に搭載して、レーザパルス（細かい時間間隔で点滅を繰り返すレーザ）を直下の対象物に照射して形状を計測するのが、航空機レーザ計測です。レーザ光線は直進性が高く、樹木の形状をとらえるには最も適しています。現時点で、森林の現況を把握しようとする場合には、航空機レーザ測量が最も活用されている情報取集手段といえます。

　ただし、人工衛星画像に比較すれば撮影範囲が極めて小さいです。航空写真を同時撮影することが多いですが、その場合、画像周辺部に歪みが出るた

4　アジア航測株式会社提供。

〔図表61〕　航空機レーザ計測

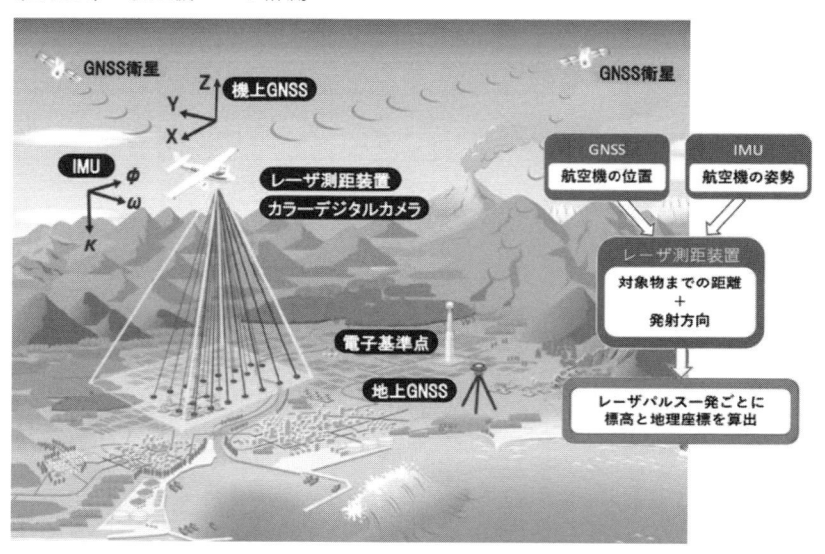

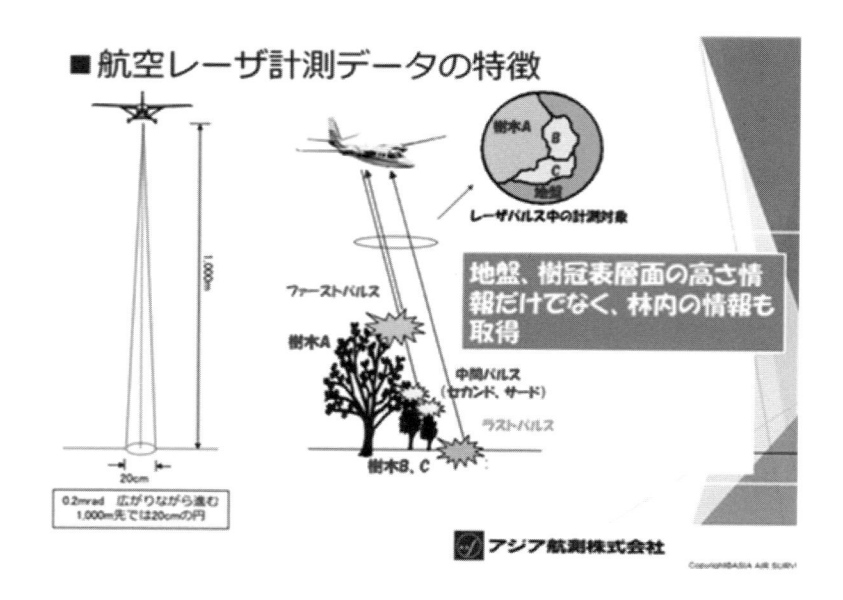

め、歪み補正（オルソ補正）することが必要となります。

　特に樹木の形状がよく得られるものに、ライダー（LiDAR：Light Detection and Ranging）システムがあります。レーザ計測は、一点（与点）から求める点（求点）の距離や反射強度を取得する原理ですが、航空機のような移動体の場合は、与点の位置が刻々と変わっていきます。与点を座標で継続的に求めながら進めることを可能としたのが、慣性計測ユニット（IMU：Inertial Measurement Unit）（ミサイル誘導などの目的で開発された慣性計測装置）を航空機プラットフォームに搭載して座標を高速計算するライダー（LiDAR）システムです。

　レーザパルスは細いながらも一定の広がりをもった円形をしており、1ビームで、樹冠に当たって反射する信号（ファーストパルス）だけでなく、いろいろなところで反射し、最後に地表で反射（ラストパルス）した信号まで帰ってきます。そのため、レーザパルスが樹間を通り抜けることができれば、林地では、樹上と地盤のそれぞれの高さを計測できます。

　ただし、天候によりビームが散乱・反射して計測に影響を及ぼすことがあるし、照葉常緑樹（シイやカシなど）では、レーザが地表面まで到達しにくい、対象物をピンポイントで照射することができないという欠点もありますので、そうした特徴を踏まえて利用を検討すべきです。[5]

　　㋖　ドローンによる調査

　昨今は、森林組合のような林業事業体においても無人航空機（UAV：Unmanned Aerial Vehicle）（通称ドローン）を所有して森林調査に用いるようになっています。ドローンは、上空50m〜150m程度の低空で樹冠をカウントすることで、樹種ごとの正確な本数を把握できる点がメリットです。しかし、撮影範囲が狭いのです。林班（おおむね50ha）どころか、林小班（おおむね5ha）すらワンショットに収めることはできず、さらに画像周辺部が大きく歪むため、相当枚数を連写してオルソ補正のうえ統合する作業が必要になり、結局のところ、現場レベルで相当熟練しなければならないというのが実情です。

5　加藤正人編『森林リモートセンシング〔第4版〕』（日本林業調査会・2014年）128頁。

　ドローンは、地図作成よりも、樹冠や林地、林道の状況をリアルに把握できる利点を生かし、具体的な施業計画の立案において期待されるツールです（〔図表62〕[6] 参照）。

〔図表62〕　ドローンによる撮影

　GIS により、取得した各種データを統合して 1 つの図面上に表すことが可能となります。複数の図面がそれぞれのテーマをもった主題図であり、これを層（レイヤー）として、その重ね合わせでまた新しい主題図を生成できるのです。

　こうしたデータの解析や活用のためのソフトウェアには数多くの種類がありますが、いずれも習熟難易度が高いことから、法専門家としては趣味の領域でしょう（そのうえ、依頼者が使いこなしているとも限らないことがまた問題です）。

　利用の際、または提供された際には、画像の歪みや地点の狂いが生じている可能性があること、森林資源量調査、路網設計、境界確認などそれぞれの目的に合った機能をもったソフトウェアを利用しているとも限らないこと、現地調査のほうが優れている場合があること等をよく踏まえておかないと、誤認・誤用をしてしまいかねません。

(3)　森林 GIS がめざす姿

GIS に、森林計画図や林地台帳地図、路網図、レーザ計測による森林資

6　フォレストメディアワークス〈https://www.forestmediaworks.co/〉に提供いただいた約100m の高度からドローン撮影した画像です（岐阜県）。左右両端に歪みが生じていることがわかります。

源データといったさまざまな地図情報をレイヤーとして重ね、容易にアクセスできるオープンデータとして社会資源化するとともに、利用する側のスキルも高めることが、林業生産の効率化・成長産業化への一歩です。

　その後さらに、樹種や目的に合った森林資源の詳細情報を得ることができるように、林齢、立木本数、材積、施業履歴、森林認証情報へと紐づけを進めることが構想されています。そうすることにより、森林（山林および立木）を売りたい人と買いたい人とが結びつきやすくなるし、さらに出材・出荷地情報（トレーサビリティ）まで参照することができるようになれば、効率的な商取引システムが実現されていくことになります（〔図表63〕参照）。[7]

〔図表63〕　データの紐づけ

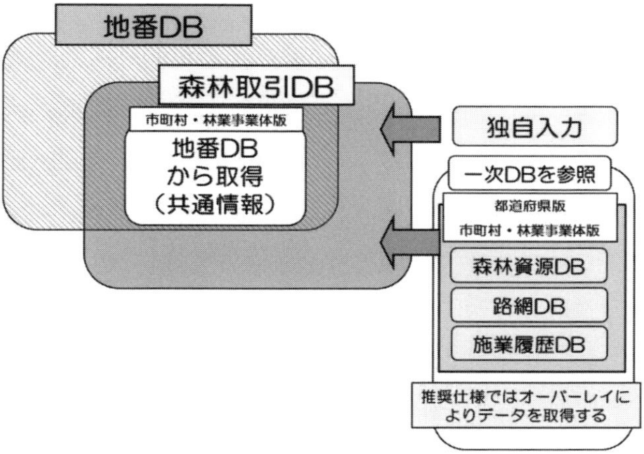

　このように商取引の活性化を期待する一方、森林所有者や林業事業体が利益の追求のみに走った森林経営に陥り森林の公益的機能を損なうことがないよう、公の視点から監視することも、また森林 GIS には求められています。

　伐採面積のコントロールや適切な再造林施業の履行を把握するとともに、持続可能な森林管理のシステムを構築可能とすることが、これからの森林 GIS がめざすところです。

7　森林 GIS フォーラム標準仕様分科会「森林クラウドシステムに係る標準仕様書 Ver.6.1（令和 4 年 3 月）」〈https://fgis.jp/cloud〉224頁。

3　森林調査の手法

（1）　森林調査の現状と課題

㋐　わが国の森林データ集約状況の遅れ

わが国の森林データの整備状況は、欧米に比較すると周回遅れです。

　森林の状況や地理を外観から概括的にみる手法に関する調査ツールの高度技術化についてはすでに述べましたが、林内のより具体的な樹種構成や資源量を、どのような目的で、どの程度の密度で、具体的にどのような手法で把握するかの問題はこれとはまた別次元の話です。森林の具体的な構成に関するデータの不整備は、わが国が国際的な地球温暖化対策の取組みに歩調を合わせていくうえで障壁となってきたものですから、早急なキャッチアップが必要な分野です。

㋑　森林調査の 2 つのアプローチ

　森林の調査には、大きく分けて 2 つのアプローチがあります。それは、生態系調査と収穫調査です。前者は学術的なものであり、後者は林業経営のためのものです。

　生態系調査は、全国の森林を同一の基準でプロット調査する方式であり、かつその調査方法は、近年は特に国際的な基準に則って行うことが要求されています。一方、収穫調査は、林班あるいは筆という所有権の単位を基準とした、林業経営のために必要な情報を把握するためのものです。

　この 2 つは、長期的な視点に立って計画的な森林管理を行う目的において共通のゴールをめざすものですが、調査の目的・出発点が異なるため、手法としては異なるものです。

　法専門家としては、争点によりどのような調査方法によるべきかの判別をしなければなりません。林業経営に関する紛争だからといって、依頼者たる林業事業体がやっている収穫調査で十分とは限りません。生態系調査と収穫調査それぞれの良い点をミックスして提案していかなければならないのです。

　そしていずれの調査方法も、測量技術の目覚ましい進展と森林経営管理法の施行を契機とする各自治体の努力が相まって、近年大きく進展してはいま

すが、それでも、森林という広大な対象を扱う以上、その正確性の追求には一定の限界があります。

どこに、どのような限界があるのか、それはどのような根拠でやむなしとされるものなのか、裁判所には全く知見がありません。このことを踏まえ、裁判所の理解と納得を得る立証方法とは何かを模索していかなくてはならないのです。

(2) 生態系調査

(ア) 国家森林資源調査

1992年（平成４年）の国際連合環境開発会議（地球サミット）において「持続可能な森林経営」について国際的な合意がなされ、地域ごとの取組みが進められることになりました。日本は、日本を含む冷温帯林諸国によるモントリオール・プロセスに参加することとなりましたが、具体的に「持続可能な森林経営」とは何なのか、どのような基準・指標で判断されるのかは、それからの課題となりました。[8]

それまでのわが国における森林データの収集といえば、森林計画の策定のために、森林簿を基に森林面積や材積の算出がなされるものでした。しかし、森林簿データは精度の点で懸念が多く、資源量推定、種組成の解析、測定の精度のどの点においても国際的に求められる水準に及ぶものではありませんでした。

そのため、わが国においても、全国的に統一された手法でかつ諸外国に並ぶ精度の森林資源調査を行う必要性が高まり、国家森林資源調査の設計・構築が急務となったのです。

国家森林資源調査は、行政情報である森林簿と森林計画図を核とし、林分構造に関する情報を森林資源モニタリング調査や新たな林分調査により検証し、位置情報に関する情報を衛星情報などにより検証するというふうに複数

8　ここにいう基準とは、森林経営が持続可能であるかどうかをみるにあたり森林や森林経営について着目すべき点を示したもので、指標とは、森林や森林経営の状態を明らかにするため、基準に沿ってデータやその他の情報収集を行う項目です（林野庁「平成29年度　森林・林業白書」〈https://www.rinya.maff.go.jp/j/kikaku/hakusyo/29hakusyo/attach/pdf/zenbun-40.pdf〉74頁）。

の情報を統合した構造になっています。森林簿情報は現実林分との乖離が大きいため国際的な理解を得にくいのですが、それでも基礎情報としての重要性は高いことから、森林資源モニタリング調査（**本章３(2)(イ)参照**）を組み入れて信頼性を増強したものです。

平成22年（2010年）以降、森林資源モニタリング調査は実施主体を林野庁に一元化し、森林生態系多様性基礎調査（**本章３(2)(ウ)参照**）と名称を変えて現在に至っています。[9]

(イ)　森林資源モニタリング調査

1995年（平成７年）のモントリオール・プロセスで、「温帯林及び北方林の保全と持続可能な森林経営に関する基準と指標」が定められました。

それらを実現するには、継続的かつ正確な森林調査が必要不可欠ですが、森林の動態（種の構成や資源量、自然による攪乱、遷移、林分成長など）は、固定プロットで毎木調査を繰り返すことにより詳細にとらえることが可能となります。

正確性を追求するにしても、森林は広大ですからサンプリング調査になることはやむを得ないとして、サンプリングプロットの大きさや密度の点において他国の調査方法等を参考にして検討した結果、プロットの形状については、４km格子点上に大円部0.1ha、中円部0.04ha、小円部0.01haの同心三重円プロットを設定し、５年間隔で繰り返し実施することとなりました。

そのようにして、モントリオール・プロセス参加国の責務として平成11年（1999年）からわが国で開始されたのが、森林資源モニタリング調査です。

調査項目は、土地利用、所有区分、林種、林況（概況、立木、伐根、倒木、下層植生、各種被害等）および地況等（標高、方位、傾斜、土壌浸食度、道路からの距離等）です。

9　松本光朗「京都議定書報告のための国家森林資源データベースの開発」森林資源管理と数理モデル６号（2007年）141頁以下、林野庁「森林資源調査データ解析（第５期）報告書（令和元年度）」〈https://www.maff.go.jp/j/budget/yosan_kansi/sikkou/tokutei_keihi/R1itaku/R1ippan/attach/pdf/index-32.pdf〉、北原文章「森林計画学会春季シンポジウム2018『国家森林資源調査（NFI）のこれまでとこれから』開催報告」森林計画誌52巻２号（2019年）89頁以下。

　国有林については林野庁が、民有林については都道府県が実施主体となって行いましたが、都道府県実施の分について、報告されたデータや調査の継続性・実施方法に不備が散見されていました[10]。

(ウ)　森林生態系多様性基礎調査

　森林資源モニタリング調査により全国から収集されたデータには、マニュアルの誤読、チェックシステムの不在による多数のエラーが発見されていました。その反省に基づき、全国の民有林について林野庁が実施主体となるよう調査体制が変更され、平成22年（2010年）から森林生態系多様性基礎調査が開始されています。森林資源モニタリング調査を引き継ぐ形で平成11年度（1999年度）からを第1期とし、5年間で全国を一巡するサイクルとしています。

　調査方法も、森林資源モニタリング調査を引き継ぐもので、国土全域に4km間隔の格子点を想定し、大円部0.1ha（胸高直径18cm以上の立木を調査）、中円部0.04ha（胸高直径5cm以上の立木を調査）、小円部0.01ha（胸高直径1cm以上の立木を調査）の同心三重円プロットを設定し（〔図表64〕参照）[11]、その交点を現地調査地点とするサンプリング調査である点も森林資源モニタリング調査と同様で、調査項目も同様です。

　調査の分析結果は、①森林生態系のタイプ（優占樹種に基づく森林タイプ）、②森林に生育している維管束植物の種数、③樹種別の分布状況、④森林の蓄積等の状況、⑤野生鳥獣による森林被害の状況、⑥森林病虫害の状況、⑦タケの分布状況、⑧土壌侵食の状況につき公表されているだけではなく、原データの提供もなされているから、各自の目標に従った活用が可能です[12]。

10　吉田茂二郎「現行の全国森林資源モニタリング調査と戦後のわが国の森林資源調査について」日本森林学会誌90巻4号（2008年）283頁、中島春樹「森林資源モニタリング調査は固定プロットでの継続調査となっているか」日本森林学会誌99巻4号（2017年）99頁。

11　林野庁「調査方法」〈https://www.rinya.maff.go.jp/j/keikaku/tayouseichousa/houhou.html〉。

12　林野庁「森林生態系多様性基礎調査」〈https://www.rinya.maff.go.jp/j/keikaku/tayouseichousa/〉、林野庁「保護林モニタリング調査マニュアル（平成19年7月）」〈https://www.rinya.maff.go.jp/j/kokuyu_rinya/sizen_kankyo/pdf/zentai_1.pdf〉。

〔図表64〕　調査プロットの設定方法

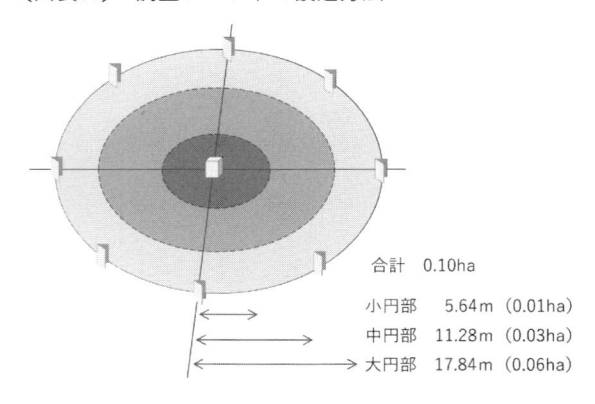

合計　0.10ha

小円部　　5.64m（0.01ha）
中円部　11.28m（0.03ha）
大円部　17.84m（0.06ha）

　　　㈡　自然環境保全基礎調査（緑の国勢調査）

　㈠　概　要

　昭和46年（1971年）に発足した環境庁（現・環境省）のめざすところは、公害対策と自然保護です。自然環境保全法は、発足の翌年に自然保護施策の方針立案のために成立しました。自然環境保全基礎調査は、その自然環境保全法に基づき、環境省が実施するわが国の自然環境全般に関する調査です（同法４条）。

自然環境保全法

（基礎調査の実施）

第４条　国は、おおむね５年ごとに地形、地質、植生及び野生動物に関する調査その他自然環境の保全のために講ずべき施策の策定に必要な基礎調査を行うよう努めるものとする。

　自然環境保全基礎調査とは、自然環境の現状と時系列的変化をとらえ、自然環境保全施策を科学的・客観的なアプローチで推進するための基礎資料を得ることを主たる目的として、陸域、陸水域、海域、生物多様性のそれぞれの領域について、動物、植物、河川・湖沼・湿地、干潟、藻場、サンゴ礁などその現況や変化状況を把握するための基礎的な調査です。

　調査成果は記録・保存・公開されており、わが国の自然環境データバンクの整備に貢献し、国土計画・環境基本計画・自然公園等の自然環境保全計画・環境アセスメント等、各種計画策定や開発計画立案に際しての基礎資料を提供しています。昭和48年（1973年）の調査開始から、おおむね5年ごとに、各項目の調査を行っています。その全体像は次のとおりです（〔図表65〕参照）。[13]

　(B)　調査方法

　各調査項目の目的に応じて、多様な調査方法を駆使しています。[14]

　いくつかの例をあげると、植生調査の場合、縮尺2万5000分の1および5万分の1の植生分布地図作成を目的として、人工衛星画像を活用した現存植生図の経年変化を追っています。また、干潟調査の場合、対象全体の面積に応じて調査地点数を決定し、各調査地点で5m×5mの調査区を設定し、干潟の表面を目視観察し、出現した生物を記録・採集する手法に拠っています。これに対して、種の多様性調査は、調査対象とする種ごとに、文献調査・聞き込み・現地調査・調査区調査等さまざまな手法を駆使して行われています。

　調査成果の主たるものは、絶滅危惧種情報（レッドリスト／レッドデータブック）やモニタリングサイト1000といった報告の形でまとめられています。これらは、自然環境の基礎的資料として、自然公園などの指定や計画をはじめとする自然保護行政のほか、環境アセスメント分野でも活用されています。

　(C)　学術的に実用される調査手法

　この国家的スケールの調査は、人的規模も予算的規模も大がかりなものであり、国あるいは自治体が主体となって行うからこそ実現可能なものです。

　研究者らが行う森林調査の手法としては、目的に応じて高度に専門的な方法が各種存在しますが、基本的にはプロット（調査区）調査です。調査区の

13　生物多様性センター「自然環境保全基礎調査」〈https://www.biodic.go.jp/kiso/42/42_moni.html#mainText〉。

14　生物多様性センター「自然環境保全基礎調査」〈https://www.biodic.go.jp/kiso/42/42_moni.html#mainText〉。

〔図表65〕　自然環境保全基礎調査の全体像

自然環境保全基礎調査			
陸域	植物		植生調査 特定植物群落調査 巨樹・巨木林調査 植物目録の作成
	動物		動物分布調査 動植物分布調査（種の多様性調査） 動物分布図集 身近な生き物調査（環境指標種調査） 過去における鳥獣分布調査 哺乳類の分布調査 特定哺乳類生息状況調査 鳥類の分布調査 両生類・爬虫類の分布調 査昆虫類の分布調査
	地形地質		表土改変状況調査 自然景観資源調査
	優れた自然調査		優れた自然調査
陸水域	河川湖沼		陸水域自然度 河川調査 湖沼調査 湿地調査 陸生及び淡水貝類の分布調査 淡水魚類の分布調査
海域			海域自然度調査 優れた自然調査（海中自然環境） 藻場調査 干潟調査 サンゴ礁 海域生物調査 海域環境調査 海の生き物調査 海辺調査 海棲動物調査 沿岸調査
生物多様性調査			
生態系			環境寄与度調査 生態系総合モニタリング調査
種			種の多様性調査
生態系			生態系多様性地域調査
遺伝子			遺伝的多様性調査

形状については、円形でも正方形でも、長方形でも問題にしないのが通常ですが、特徴ある地形の場合は別に考慮します。

　調査面積については、調査対象に応じた出現度により、全体的（「相観的」といいます）・構造的にみて均質な植生が広がる規模を検討して調整します。例をあげると、温帯森林において樹冠を構成する高木を調査する場合は$100m^2$〜$800m^2$、地表の林床種組成を調査するのであれば$2m×2m$で十分で、草原であれば$10m^2$〜$100m^2$といったところが参考値となるでしょう。[15]

　⑷　大面積をカバーする調査手法

　生態系調査の中で最も大面積をカバーすることが可能な手法は、ベルトトランセクト法（ライントランセクト法）です。調査地に線を引き、その線を中心とする一定の幅に存在する生物相を調査するものです（〔図表66〕〔図表67〕参照）。[16][17]線の両側$2m$の$4m$幅であれば$100m$で$400m^2$を、両側$2.5m$の$5m$幅であれば$100m$で$500m^2$の調査が可能です。

　このほか、生態学（フィールド）調査法の分野で開発されてきた各種調査手法の提案が参考になります。

〔図表66〕　調査ベルトの設定方法

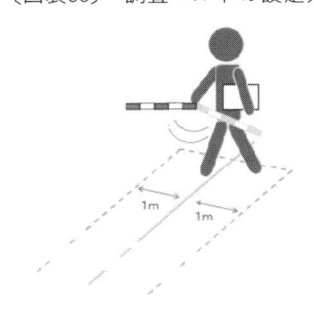

15　森林立地調査法編集委員会編『森林立地調査法〔改訂版〕』（博友社・2010年）42頁〜46頁。

16　林野庁「国有林野事業における天然力を活用した施業実行マニュアル」〈https://www.rinya.maff.go.jp/j/kokuyu_rinya/attach/pdf/seibi-1.pdf〉40頁。

17　林野庁「国有林野事業における天然力を活用した施業実行マニュアル」〈https://www.rinya.maff.go.jp/j/kokuyu_rinya/attach/pdf/seibi-1.pdf〉39頁。

〔図表67〕　調査ベルトの配置方法

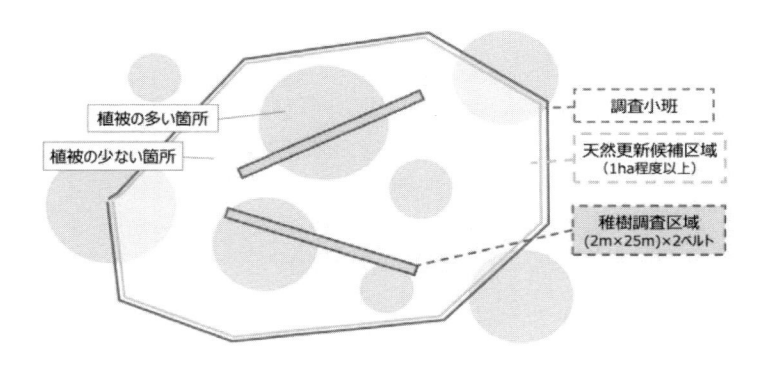

(3)　収穫調査

(ア)　収穫調査の2つのアプローチ

　収穫調査とは、対象森林内の立木を伐採して販売した場合の価値を推定するための調査です。売る側の調査と買う側の調査の2つのアプローチがあります。

　国有林や都道府県有林、財産区などの公の山林を伐採する場合、立木の状態で公売に出し、競落代金が山側の収入になるのですが、その際、公正に業者を選定するために入札の方法をとります。立木を落札した業者がその後いかに低コストで伐採搬出し、高額で売り切るかはその業者の裁量、腕の見せ所となります。

　したがって、売る側の調査は、入札価格の大体の水準を把握し、開始価格や最低落札価格を設定するための調査です。買う側の調査は、競り勝ちうる最低の価格を見極めるための調査です。

　生態系調査との違いは、生態系調査の場合は調査の正確性が国際基準に則るべきところ、まずこの水準が高く、その高い目的と方法論に予算がついてくるものであるのに対して、収穫調査は、調査にかける時間と労力に業務上の採算性・コストパフォーマンス観点の制約が課せられる点です。

(イ)　売る側の収穫調査

　売る側の収穫調査には、主に、毎木調査法（直径毎木調査法・精密毎木調査法）と標準地調査法があります。[18]

（A）　毎木調査法

（a）　直径毎木調査法

　直径毎木調査法は、胸高直径を毎木について測定し、樹高は樹高標準地帯を設定し、この標準地帯全体にわたり樹高測定木を選定し樹高を測定する方法です。樹高標準地帯の面積については、区域面積の２％〜３％以上、0.02ha〜0.05ha 以上とするのが目安です。

　都道府県ごとに収穫調査の要領を制定していますが、主伐予定地は直径毎木調査法により、広範囲にわたる場合は標準地法によることを示すものが多いです。

　なお、樹高の測定は、樹高器等で測定する場合もありますが、比較目測（樹高器等で測定したものを基準とする目測）あるいは単純な目測が一般的です。目測は、不正確は否めなくても、計測対象の多さと時間の制約に鑑み、また調査を行うのはプロであるから問題となるような誤差は生じることがないとして、現場では多用されています。

（b）　精密毎木調査法

　精密毎木調査法は、毎木ごとに、胸高直径、樹高、その他必要があれば立木の形質、利用率等を調査する方法です。精密毎木調査法であっても、樹高の測定には目測が多用されています。もっとも、収穫調査として用いるというよりも、自治体による被害調査（災害、虫害や獣害を含む）の場合に用いられる方法です。

（B）　標準地調査法

　標準地調査法は、林相の異なる区域ごとに標準地（調査地）を設定し、標準地内において毎木調査法を適用し、母集団である森林全体面積について統計的に推測する方法です。プロットの合計面積が、区域面積の５％以上かつ

18　細田和男「国内文献に見る標準地法の推奨プロットサイズ」（第120回日本森林学会大会口頭発表・2009年）〈https://www.jstage.jst.go.jp/articl e/jfsc/120/0/120_0_43/_pdf/-char/ja〉、細田和男ほか「標準地法における調査区の大きさと形状の再検討」日本森林学会誌94巻３号（2012年）105頁以下、山梨県山梨県県有林野調査規程（昭和37年８月31日付け訓令甲第34号）、岐阜県県営林収穫調査要領（昭和45年４月17日付け造林第73号）、みやざき森林経営管理支援センター「収穫調査の進め方（立木材積推定の一方法）」。

0.05ha 以上となるのが目安です。

　　ⓒ　ICT 計測方法

　森林内に計測器を設置し、レーザースキャナで立木データを３Ｄ合成する方法が開発されています。およそ10m 間隔ごとに移動しては、２地点以上のスキャンデータを合成するもので、針葉樹林（用材林）の測定においては相当の正確性を担保できます。しかし、広葉樹の測定や急傾斜地、荒廃森林においては曖昧さを残すのが現状です。

　　㋒　買う側の収穫調査

　買う側の収穫調査とは、入札価格を決定するための事前調査です。一般的には、競売を主催する者が指定した日時に当該林地に赴き、他の入札参加者と同時に林内を調査して入札価格を決定します。このとき並行して伐採搬出にかかるコストの目算もつけておきます。この買う側の収穫調査において特徴的なのは、調査時間・調査期間に制限があるということでしょう。

　買う側がどのような調査方法を採用するかは、入札する事業体や調査に従事する者の経験、考え方や組織内の立ち位置によって異なります。

　毎木調査をして野帳を作成する場合は多いものの、制限時間内で全木の胸高直径を輪尺で測り、樹高を目測しなければならないので、１本にかけられる時間は極めて短く、たとえ毎木調査とはいえ「ざっと見ている」程度です。林地から戻ると、事業所で野帳データを整理して上司の決裁を経て入札価格を決定します。

　毎木調査ではなく標準地（プロット）調査の場合もあり、標準地（プロット）の形状と面積をどのようなものにするか、その合計面積は全体面積の何%とするか（１%〜10%、20%とさまざまです）、どのような精密さで調査するかもそれぞれの林業事業体次第です。

　また、毎木調査も標準地（プロット）調査もせず、野帳を作成することもなく、林内をぐるりと回って直感的に入札価格を決定する場合も少なくありません。これは、調査を担当するのが組織の上級者である場合にありうることです。

　いずれの方法をとるにせよ、落札できなければ、調査に使った時間に経済的な価値はなくなります。その経済的な価値がなくなるかもしれない労働時

間も給与のうちなのだから、他の入札参加者に競り勝ちうる限りの低額を短時間に当てにいくことをミッションとしているに尽き、その決定過程はそれぞれだということです。

4　森林情報の収集

(1)　森林資源情報

森林資源情報には、森林簿と林地台帳があります。

(ア)　森林簿

(A)　森林簿の起源

森林簿の起源は森林計画制度にあります[19]。森林計画制度は、昭和26年（1951年）の森林法で創設されたものですが、国が、自ら所有する国有林のみならず、公有林、私有林に至るまで国内の森林全体につき計画責任を担う思想に基づく以上、計画策定の前提として、国有林・民有林の別なく、森林計画区ごとの蓄積量、成長量がデータ化されていなければなりません。

森林を経営してゆくための基礎データを、全国すべての民有林について収集しようとしたのが森林簿の起源です。

(B)　森林簿の目的

森林簿は、森林の所在地や所有者、面積や立木の種類、材積や成長量などの森林に関する情報を、林小班ごとに記載した台帳です。

森林簿の作成義務者は都道府県であり、「地域森林計画を立てようとするときは、あらかじめ、調査結果にもとづき、当該地域森林計画対象とする森林について、林況等を取りまとめた森林簿を作成すること。なお、地域森林計画の対象となる森林にかかる森林簿は、市町村森林整備計画の樹立及び森林経営計画の作成等にも活用するものであることに留意して作成すること」とされています[20]。

したがって、森林簿の対象森林は、地域森林計画の対象となっている民有林（都道府県が森林法5条により定めているもの）です。

19　山本伸幸「森林計画制度の起源」日本森林学会誌102巻1号（2020年）24頁以下。

20　「地域森林計画及び国有林の地域別の森林計画に関する事務の取り扱いについて」（平成12年5月8日付け農林水産事務次官依命通知）。

　(C)　森林簿の実情

　森林簿は、字切図や国土地理院地形図等の資料、空中写真および聞き取り等により作成された部分が多く、現地において実測または確認されたものではありません。

　森林簿における所有者等の情報は、多くが更新されないままとなっていますが、国が近年、林業の成長産業化へと政策のかじを切ったことを反映して林地台帳制度の整備や森林経営管理制度が施行されたことに伴い、森林簿の情報更新の必要性も強く認識されているところです。

　令和2年（2020年）6月から、市町村の地方自治体の林務担当部署は課税台帳を閲覧することができるようになっている（いわゆる第10次地方分権一括法、森林法191条の2）。この制度を利用して、課税台帳情報を転記することで森林簿における所有者情報の更新を進める自治体も存在するようですが、課税台帳は必ずしも所有権者を表示してはおらず、単に固定資産税を毎年負担してくれているという理由のみで掲記されている場合も少なくありません。

　また、課税台帳や登記事項証明書に記載されている地番であっても、森林簿には該当がないことがあるし、その逆もまたしかりです。いずれにせよ、森林簿は、情報ツールが未熟な時代に目測や伝聞で作成されたところが少なくなく、所有権、所有界、面積等土地に係る諸権利および材種・材積について正確に証明できるものではないことによく留意して、慎重に修正しながら情報更新していかなければなりません。

　(D)　森林簿による証明

　森林簿には、留意事項として「この森林簿は、森林・林業行政推進に供するための資料ですので、所有権・所有界・面積等土地に関する諸権利及び立竹木の評価について証明するものではありません」等の記載があります。森林簿の記載事項が、事実の証明に用いうる正確性を担保していないということを、作成管理する行政庁が自認していることになります。

　しかし、裁判例は、「森林簿の留意事項として、所有権等の証明のためのものではないとの記載はある。しかし、……森林簿は、原則として所有者別に設定される小班を取りまとめの単位として立木の所有者等が記載されてい

るものであるうえ、その作成にあたっては、森林について地況、林況の調査
や写真測量の成果の利用等がされているものである。そして、……かかる調
査を経て作成された森林簿上、（……本件の）森林は原告の所有又は共有にか
かるものであると記載されていることからすれば、特段の事情のないかぎ
り、（……本件の）森林には、原告が所有し又は共有する立木が存在すると認
めるのが相当である」として、森林簿に記載されている以上、特段の事情な
き限り所有権は森林簿に従い認められるものと判示しています（東京地判令
和3・4・14LEX/DB25589604）。

　この裁判例は、所有する林地上の立木の所有権を森林簿から認定したにと
どまり、樹種や材積等の評価についての審理には至っていません。しかし、
裁判所が森林簿情報の信用性をどのように判断するかにつき重要な指標を提
供しています。

　⒠　森林簿情報の公開

　森林簿情報の開示については各都道府県の内規に委ねられていますが、多
くの都道府県で、個人情報（氏名、地番等）を除外した森林簿を、オープン
データとしてウェブサイト上で公開しています（〔図表68〕参照）[21]。

　個人情報まで含んだ森林簿情報の閲覧・交付の可否や手続は、都道府県ご
とにかなりの違いがあるのが現状です。所有者には当然公開されますが、そ
のほか森林施業の集約化等に取り組む林業事業体や研究目的の場合には提供
を認めている都道府県が多いです。

　都道府県が地域森林計画を、市町村が市町村森林整備計画を、それぞれ立
案するうえで必要な森林資源情報として、施業方法・区分・樹種・面積・林
齢・樹冠疎密度・材積といった項目がありますが、それらの内容の正確さに
ついては、あくまで森林計画を樹立するに支障がない程度に担保されている
というにすぎず、モントリオール・プロセスの基準・指標としては支障があ
るというわけです。モントリオール・プロセスの手続上、森林簿情報をその
まま用いることはできないゆえに、蓄積量・成長量の情報を国家森林資源調
査により実測することが必要になったということになります。

21　オープンデータ・ベリーとちぎ「森林簿データ（那珂川森林計画区）」〈https://data.
　　bodik.jp/dataset/090000_shinrinbo-nakagawa〉。

〔図表68〕　森林簿情報の公開（栃木県）

計画室	市町村	地区	林班	準林班	小班	枝番	機種番号	材種	施策方法区	層区分	中樹種	樹種	小班面積	面積歩合	樹種面積
那珂川	大田原市	大田原	A001	ア	1	1	1	人工林	育成単層林	NULL	ヒノキ類	ヒノキ	0.09	100	0.09
那珂川	大田原市	大田原	A001	ア	1	2	1	人工林	育成単層林	NULL	ナラ類	ナラ	0.39	100	0.39
那珂川	大田原市	大田原	A001	ア	2	1	1	天然林	天然生林	NULL	マツ類	アカマツ	1.05	100	1.05
那珂川	大田原市	大田原	A001	ア	3	1	1	人工林	育成単層林	NULL	ヒノキ類	ヒノキ	0.09	100	0.09
那珂川	大田原市	大田原	A001	ア	4	0	1	人工林	育成単層林	NULL	ヒノキ類	ヒノキ	0.37	100	0.37
那珂川	大田原市	大田原	A001	ア	5	1	1	天然林	天然生林	NULL	マツ類	アカマツ	0.35	100	0.35
那珂川	大田原市	大田原	A001	ア	6	1	1	天然林	天然生林	NULL	マツ類	アカマツ	0.07	100	0.07
那珂川	大田原市	大田原	A001	ア	6	2	1	天然林	天然生林	NULL	その他L	その他広	0.07	100	0.07
那珂川	大田原市	大田原	A001	ア	8	0	1	人工林	育成単層林	NULL	マツ類	アカマツ	0.24	100	0.24

林齢	齢級	樹冠疎密度	平均樹高	材積	成長量	地位級	大字	字	地番1	地番2	所有形態	在不在	共有者数	森林の種類
58	12	密	16	21	0	2					個人	在村		普通林
15	3	密		17	1	2					個人	在村		普通林
76	16	密	0	343	1	2					個人	在村		普通林
49	10	密	15	18	0	2					個人	在村		普通林
57	12	密	16	86	1	2					個人	在村		普通林
74	15	密	0	113	0	2					個人	在村		普通林
80	16	密	0	23	0	2					個人	在村		普通林
80	16	密	0	10	0	1					個人	在村		普通林

(イ)　林地台帳

(A)　林地台帳の目的

　森林簿は、都道府県や市町村が森林計画を立案するに際して必要な森林の状況等の基礎データを提供することを目的とするから、主として森林の現況に関する情報を掲記しています。

　一方、林地台帳および林地台帳地図は、平成28年（2016年）5月の森林法改正に基づき平成31年（2019年）4月から運用が開始された新しい制度です。もっとも、その対象となる森林は、森林簿と同じく、地域森林計画の対象となっている民有林（都道府県が森林法5条により定めているもの）です。

　林地台帳は、施業を集約化し、効率的な森林整備や林業生産の拡大を推し進めるために障壁となっている森林の所有者不明問題や境界不明問題に対する取組みの1つとして制度化されたものです。そうしたことから、森林簿のような森林の現況についての記載はなく、森林の所有者情報、境界情報、施業の集約化に関する情報について整備することを市町村に義務づけており（森林法191条の4）、やがては地域材活用や地域の雇用創出に役立つものとなることが目標とされています。

> **森林法**
> **（林地台帳の作成）**
> **第191条の４**　市町村は、その所掌事務を的確に行うため、一筆の森林
> 　（地域森林計画の対象となつている民有林に限る。以下この条から第191条
> 　の６までにおいて同じ。）の土地ごとに次に掲げる事項を記載した林地
> 　台帳を作成するものとする。
> 　一　その森林の土地の所有者の氏名又は名称及び住所
> 　二　その森林の土地の所在、地番、地目及び面積
> 　三　その森林の土地の境界に関する測量の実施状況
> 　四　その他農林水産省令で定める事項
> 　２・３　（略）

　林地台帳には情報の正確性を追求して随時更新することが求められていますが、現状では、閲覧申請者に、林地台帳情報には証明力なきことを了解する表明を求めるものとなっており、わが国が正確な森林情報を具備するまでの道のりが依然遠いことを知らしめるものです。

　⒝　林地台帳の作成

　林地台帳は、法務局の登記関係情報や都道府県が有する森林簿情報に加えて、多様な森林情報を集約したものとなるよう期待されています。

　もっとも、わが国の森林に関する情報は、登記情報と森林簿情報、現地情報との間に相当な食い違いがみられる場合が少なくないです。そのような場合は、いずれの情報源が優先するということではないから、当面未確認として空欄とするか、両論併記としておくしかないでしょう。

　錯綜し、散在する森林情報を、暫時正確なものに近づけていくことが制度

22　林地台帳閲覧申請書には、留意事項として、「林地台帳及び地図は、森林の土地の所有権等の権利関係の確定に資するものではないこと」「林地台帳及び地図は、森林の土地の所有の境界の確定に資するものではないこと」などという記載がみられます（秋田市「林地台帳情報の閲覧と提供について」〈https://www.city.akita.lg.jp/jigyosha/norinsuisangyo/1025220.html〉に紹介される林地台帳閲覧申請書など）。

の趣旨ですから、信頼できない情報をそのまま利用することは、厳に避けるべきです。

(c)　林地台帳の記載事項

林地台帳を組成する項目は次のとおりです（〔図表69〕[23] 参照)。

〔図表69〕　林地台帳の記載事項

記載事項	所在	地番	地目	面積（ha）	林小班	登記簿上の所有者				現に所有している者、所有者とみなされる者						境界に係る測量の実施状況				森林経営計画の認定状況			公益的機能別施業森林等	
																地籍調査		境界の確定に資する測量						
						氏名・名称	住所	共有	登記年月日	氏名・名称	住所	共有	記載事由	記載年月日 届出年月日		済・未済	実施年月日	済・未済・一部実施	実施年月日	認定の有無	認定者の種類	認定年月	区分	施業方法等
元となる情報	登記情報				森林簿情報	登記情報				森林の土地所有者届出、森林簿情報等						登記所備え付け地図　等		事業実績　等		森林経営計画の認定の情報　等			森林簿	

森林の土地の所有者、所在、境界に関する既存情報（①法務局が保有している不動産登記簿、②都道府県が保有する森林簿、③森林組合が有する境界情報（補助実績）等）を関係者から集めて作成

(a)　必要的記載事項

必要的記載事項は、①所在・地番・面積・林小班等の地理情報、②登記簿上の所有者情報、③事実上の管理者情報、④境界に関する情報、⑤森林経営計画の認定状況、⑥公益的機能別施業森林に係る情報です。

このうち、⑥は地域森林計画や市町村森林整備計画におけるゾーニングの区分のことです（森林法５条２項６号・10条の５第２項５号)。

公益的機能別施業森林区域（森林法５条２項６号）は、次の①～⑥に区分されます。

①　水源の涵養の機能の維持増進を図るための森林施業を推進すべき森林

②　土地に関する災害の防止及び土壌の保全の機能の維持増進を図るための森林施業を推進すべき森林

③　快適な環境の形成の機能の維持増進を図るための森林施業を推進すべき森林

④　保健文化機能の維持増進を図るための森林施業を推進すべき森林

⑤　木材生産機能の維持増進を図るための森林

23　林野庁計画課「林地台帳制度について（平成28年12月)」〈https://www.jipdec.or.jp/eventseminar/event/u71kba00000069qu-att/u71kba00000069y8.pdf〉。

⑥　その他市町村が独自に定める公益的機能の維持増進を図るための森林施業を推進すべき森林

　また、ここにいう施業の方法（森林法10条の5第2項5号）とは、①伐期の延長、②長伐期施業、③複層林施業（択伐を除く）、④択伐による複層林施業、⑤特定広葉樹の育成があげられます。

　(b)　任意的記載事項

　任意的記載事項（市町村が必要に応じて自由に項目を定めることができる事項）として想定されているのは、①保安林である場合にはその種類、②分収林、③境界の確定に関する測量の方法、④森林経営管理制度の進捗状況などです。

　(D)　情報の随時更新

　林地台帳制度が将来的にもっとも正確な森林データベースとして信用され、活用されていくために、市町村においては、森林の土地の所有者からの修正の申出や届出による修正のほか、登記情報や地籍調査結果を用いた定期的な更新等を行い、情報の精度の維持・向上に努めることが重要です。

　(E)　林地台帳情報の閲覧・交付

　林地台帳の個人情報以外の項目は誰でも閲覧可能となっていますが（森林法施行規則104条の4）、個人情報を含む全項目については、土地の所有者および所有者から経営の委託を受けた者、隣接森林所有者および経営の委託を受けた者、都道府県内で森林経営計画の認定を受けた森林所有者および経営の委託を受けた者に対する場合に限り、情報提供することが可能となっています（森林法施行令10条）。

森林法施行令

（台帳情報の提供）

第10条　市町村は、農林水産省令で定めるところにより、一筆の森林の土地ごとに、次に掲げる者の求めに応じ、これらの者に対し、当該森林の土地について林地台帳に記載された事項を提供することができる。

　一　当該森林の土地の所有者、当該森林の森林所有者又は当該森林所有者から森林の施業若しくは経営の委託を受けた者

　二　当該森林の土地に隣接する森林の土地の所有者、当該森林の森林
　　　所有者又は当該森林所有者から森林の施業若しくは経営の委託を受
　　　けた者

　三　当該森林の土地の所在地の属する都道府県の区域内の森林を対象
　　　とする森林経営計画に係る法第11条第 5 項の認定を受けた森林所有
　　　者又は森林所有者から森林の経営の委託を受けた者

　四　農林水産大臣又は当該森林の土地の所在地を管轄する都道府県知
　　　事

(2)　地図情報

(ア)　地図情報の意義

　一昔前までは、森林整備に要する地図といえば、自治体等の公務所に備え
付けの紙の地図であり、必要に応じて謄写をして利用していました。林務部
局・税務部局・建設部局それぞれに異なる意味合いの地図を有し、境界不明
や所有者不明の混乱状況解明のためそれらを突き合わせて関係者の合意を
とっていました。そうした方法は現在でも有用です。

　しかし、近年の GIS 技術の著しい発達に伴い、自治体等備え付けの地図
をはじめとするすべての地理情報が、リモートセンシングデータを基盤とし
てその上に統合されようとしています。そして自治体職員も林業事業体も、
密度の濃い研修を受けてそうした技術革新を次々と消化していっています。
森林 GIS による空間情報を理解することなしには、現場の業務や発想を理
解することはできないという時代になっているのです。

(イ)　森林基本図・森林計画図

(A)　森林基本図

　森林基本図とは、主として空中写真の判読情報に、目測による現地調査情
報を加えたものを基に作成された縮尺5000分の 1 の地形図であり、森林管理
の基本的な資料です（〔図表70〕[24] 参照）。民有林は都道府県の林務担当部局に
て、国有林は林野庁の地方支分部局である森林管理署にて、有料でコピーが

24　とちもりマップ「森林情報」〈https://www2.wagmap.jp/tochigi-shinrin/Portal〉。

〔図表70〕　森林基本図（栃木県）

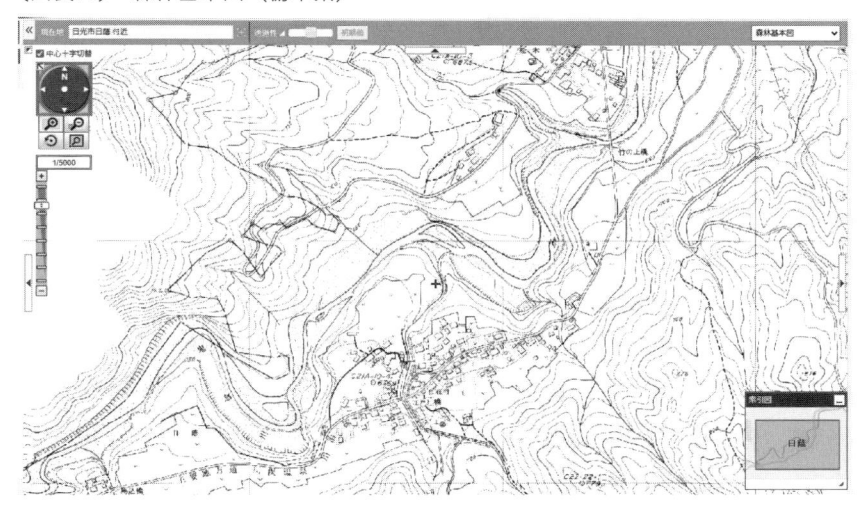

　可能です。地域森林計画対象民有林以外の民有林については作成されていな
い場合があります。

　基本的に空中写真を図化している関係で、個々の地図により見やすさや正
確さに相当の違いがあり、また、作成時期が不明な場合も多く、消失した道
や移動した沢筋がそのまま残るなど精度に難点を残しています。ただし、近
年は、各都道府県とも航空測量データを駆使して正確化に努めており、その
成果をウェブサイト等でオープンデータ化している都道府県が増えつつあり
ます。

　(B)　森林計画図

　森林計画図とは、地域森林計画の対象となる森林を、森林の施業や管理用
の図面として利用する目的で区分けした縮尺5000分の１の地図です（〔図表
71〕〔図表72〕参照）。森林基本図に、広域流域界、行政区界、林班界、小班
界、林道、森林の種類が記入されています。一般の閲覧に供される森林計画

25　とちもりマップ「森林情報」〈https://www2.wagmap.jp/tochigi-shinrin/Portal〉。

26　三重県「森林計画図の閲覧（ダウンロード）」〈https://www.pref.mie.lg.jp/SHINRIN/
　　HP/mori/000117154.htm〉。

〔図表71〕　森林計画図①（栃木県）

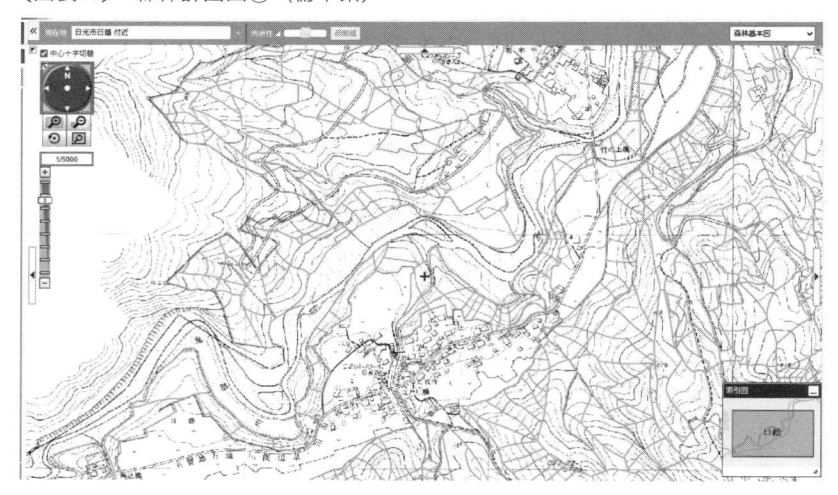

〔図表72〕　森林計画図②（三重県）

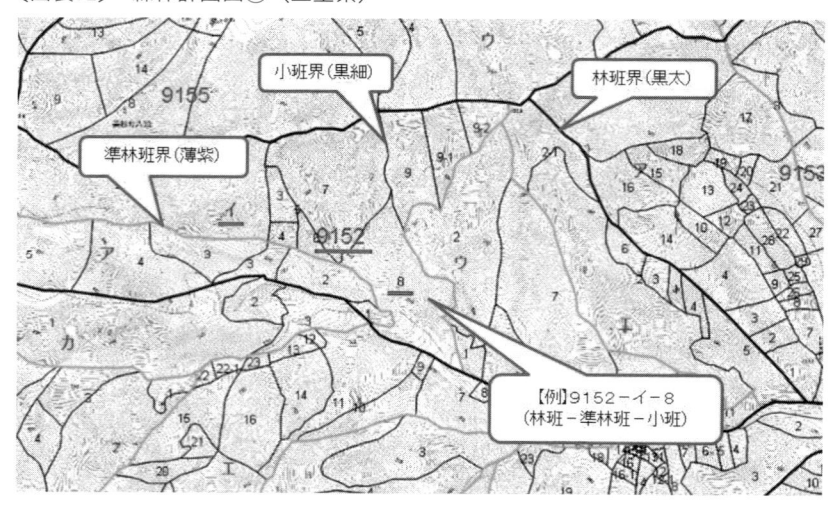

図に、林班名（番号）まで記入されているかどうかは、都道府県により取扱いに違いがあります。

　近年、各都道府県が、森林基本図（**本章４(2)(イ)(A)**参照）とあわせてオープンデータサイトを構築して続々公開しています。パソコン上で、航空写真に

森林計画図をレイヤーとして重ねて閲覧に供している場合もあります。

　　　㈦　林地台帳地図

　市町村は、森林の土地に関する情報の活用促進のため、林地台帳に附帯する地図を作成しなければなりません（森林法191条の5第2項）。

森林法

（林地台帳及び森林の土地に関する地図の公表）

第191条の5　（略）

　2　市町村は、森林の土地に関する情報の活用の促進に資するよう、林地台帳のほか、森林の土地に関する地図を作成し、これを公表するものとする。

　3　（略）

　林地台帳地図は、林地台帳にある地番を図面上に示すよう、地籍図や地理院地図、森林計画図等を活用して作成するものです。

　地籍調査を実施した区域では、地番と地番界は正確に示すことができます。したがって、地籍調査結果を利用して地番と地番界を付し、その後、森林計画図データを重ね合わせて、可能であれば、林班番号や林班界、小林班界を付していくことで林地台帳地図が作成できます（〔図表73〕参照）[28]。

　地籍調査未実施地区では、森林計画図と公図（旧土地台帳法によって保管されていた土地台帳附属地図をそのまま使い続けているもので、不動産登記法に基づく14条地図ではないもの）を重ね合わせてみたところで、さまざまにつじつまが合わない状態のことが多いです。まずは、森林計画図に林班番号、林班界、小林班界が付されているから、その上に、公図を重ねて地番を付していきます。森林計画図と公図との間の矛盾が大きい場合には、地番界まで付す

27　〔図表71〕の栃木県と〔図表72〕の三重県の森林オープンデータ中の森林計画図のように、各都道府県が、それぞれ選択した航測会社と契約している関係上、インターフェイスの操作方法は都道府県により全く異なります。

28　林野庁「林地台帳及び地図整備マニュアル（平成28年10月・令和2年6月改訂）」〈https://www.rinya.maff.go.jp/j/keikaku/rinchidaityou/attach/pdf/rinchidaichou-1.pdf〉。

〔図表73〕　林地台帳地図（地番界と林小班界の両方を表示した場合）

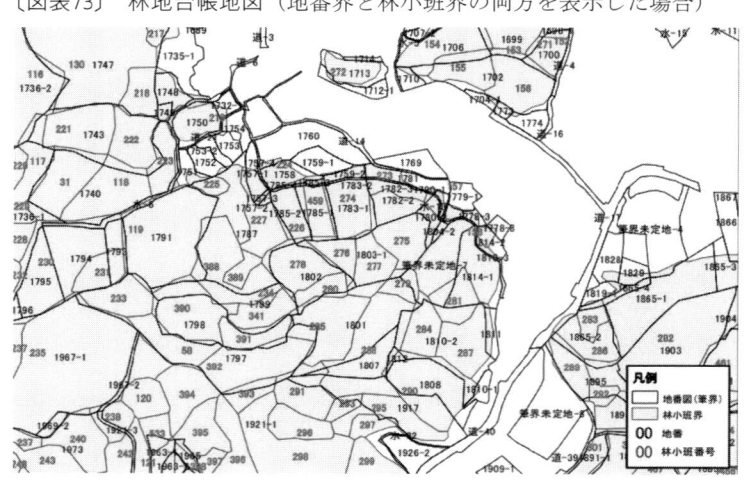

ことは困難であるから、あえて付す必要はありません。

　林地台帳地図は、一般に公表されています（森林法91条の 5 第 2 項）。

(3)　文献調査

　㋐　統　計

　林業分野の統計分析を行う場合、いわゆる川上・川中は農林水産省が所轄しており、川下は経済産業省が所轄であることに注意を要します。また、貿易については財務省の貿易統計を参照することになります。

　全国の統計としては、林野庁の森林・林業統計要覧が最も基礎的なデータです。項目別では、総務省の政府統計の総合窓口 e-Stat がデータを網羅しています。

　都道府県別のデータについては、各都道府県の林務担当部局が統計資料を作成しています。たとえば、栃木県の場合には森林・林業統計書、広島県の場合には林務関係行政資料と、それぞれ名称が異なります。

　㋑　専門誌

　一般社団法人全国林業改良普及協会の「月刊現代林業」と「月刊林業新知識」、公益社団法人大日本山林会の「山林」（月刊）、一般社団法人日本森林技術協会の会誌「森林技術」（月刊）、株式会社日本林業調査会の「林政

ニュース」（隔週刊）がよく知られています。いずれも、論文から、施業実務のトレンドまで幅広くとらえています。

林業界唯一の日刊紙は、株式会社日刊木材新聞社の「日刊木材新聞」です。川上から川下までの動向や市況を把握するには欠かせないものです。

株式会社アクセスインターナショナルが運営する「FOREST JOURNAL」は、機材や施業の最新情報にあわせて、若い世代向けに、林業の世界に身を置き感じる素朴な問題意識をとらえて発信しています。ウェブ上でも最新情報を発信しています。

林野庁からは、情報誌「林野 RINYA」（月刊）が発行されており、ウェブ上で閲覧可能です。

　㈦　学会誌

日本森林学会がまとめる各部門においてそれぞれ学会誌を発行し、アーカイブも入手可能です。主たる部門は次のとおりです。

①　林政（森林・林業政策、林業経済、林業労働、林業史、環境、森林資源等を扱う）

②　風致・観光（自然公園、自然資源管理、野生動物管理、世界遺産、里山、文化的サービス、民俗等を扱う）

③　森林経営（森林経営、森林計画、森林作業法、森林計測、森林調査、森林GIS、モニタリング等を扱う）

④　森林生態（生物多様性、森林生態、造林・育林、里山管理、気候変動、ゾーニング、森林景観、地理分布等を扱う）

⑤　遺伝育種（遺伝構造、遺伝資源保全、ゲノム情報、育種計画、採種園、組織培養等を扱う）

⑥　立地（森林土壌、物質循環、水循環、土壌生物、花粉分析、地位、地球温暖化、放射性物質、温室効果ガス等を扱う）

⑦　防災・水文（土砂災害、水循環、河川流域、森林気象、地下水、温室効果ガス、気候変動等を扱う）

⑧　利用（森林路網、林業土木、木材生産、林業機械、作業システム、技術者育成、安全管理、バイオマス利用、サプライチェーン、ロジスティクス、ICT等を扱う）

⑨　動物・昆虫（森林昆虫、樹木害虫、森林動物、野生動物管理、土壌動物、生態系、外来生物等を扱う）

⑩　微生物（菌類、微生物群集生態、微生物集団遺伝、樹病、防除、ウィルス等を扱う）

㈢　林業の図書館

図書および論文の謄写は、農学部森林科学科を有する大学図書館や CiNii（国立情報学研究所）のオンラインサービスのほか、大日本山林会の林業文献センター、国立研究開発法人森林研究・整備機構（旧森林総合研究所）の林業・林産関係国内文献データベース（FOLIS）を利用することが可能です。

林野行政・施策に関する専門図書館として、農林水産省図書館と共同運営の林野図書資料館があります。行政・司法職員のためのものですが、一般にも閲覧が許可されています。

⑷　立木の評価

㈦　国税庁の評価方法（相続税評価額）

地目が山林である土地の評価方法は、国税庁の相続税・贈与税関係の財産評価基本通達の第2章第4節「山林及び山林の上に存する権利」として公表されています。[29]

しかし、山林の価値には、立木の価値は含まれません。立木については、財産評価基本通達の第5章第2節「立竹木」から別途情報を得る必要があります。

(A)　森林（地域森林計画の対象となる民有林）の場合

相続税の算出にあたっては、その山林が地域森林計画の対象となる民有林の森林（森林法7条1項・5条1項）であり、山林所得の対象となる立木（スギ・ヒノキなどの主要樹種）がある場合に限り、樹種と樹齢が同じ一団地の立木単位で評価がなされることになっています。（財産評価基本通達113〜121）。森林簿情報をもって評価するのが一般的な取扱いです。

森林の立木の相続税評価額
＝主要樹種の標準価額[30]×地味級[31]×立木度[32]×地利級[33]×森林の面積

(B) 森林（地域森林計画の対象となる民有林）以外の立木で庭園にあるもの
ではないもの

地域森林計画の対象となる民有林以外の立木で、庭園にあるものを除く立木は、1本ごとに評価されます。「地域森林計画の対象となる民有林以外の立木で、庭園にあるものを除く」立木の典型的な例は、農用林（人里にある林で、農家が田畑に漉き込む落葉をとるためのもの）です。評価方法は、売買実例価額や精通者意見価格等を参酌して評価します（財産評価基本通達122）。

> 森林の立木以外の相続税評価額
> ＝1本あたりの標準価額×立木の本数

(C) 保安林の場合

伐採制限を受けている山林の立木の評価方法は、制限がないものとして評価した立木の価額から、「保安林等の立木の控除割合」を控除した金額となります。よって、計算式は次のようになる。

> 保安林の立木の評価額
> ＝制限がないものとして評価した立木の評価額×（1－保安林等の立木の控除割合）

保安林等の立木の控除割合は、伐採制限の度合いによるので、保安林台帳

---

29 国税庁「財産評価」〈https://www.nta.go.jp/law/tsutatsu/kihon/sisan/hyoka_new/01.htm〉。

30 標準価額は、立木の種類・所在・樹齢などによって異なります。国税庁の財産評価基準書に、都道府県ごと年ごとの「森林の立木の標準価額表」が掲載されています。

31 地味級とは、土地の良し悪しを示す指標で、国税庁が「地味級判定表」を示しています。

32 立木度とは、その森林にどれだけの立木が立っているかをおおまかに判定した値で、密集程度によって、密（立木度1.0）→中庸（立木度0.8）→「疎」（立木度0.6）となります。植林した森林については密、自然林については中庸、岩石やがけ崩れ等により裸地部分が散在する場合は中庸あるいは疎とするのが一般的な取扱いです。

33 地利級とは、立木を伐倒し運搬するときの利便性の高さを尺度で表現したものです。

の「伐採の方法」欄の記載により判断することになります。一部皆伐の場合は0.3、択伐の場合は0.5、単木選伐採の場合は0.7、禁伐の場合は0.8となります（財産評価基本通達50）。

(イ)　市場価格

丸太価格、製品価格等の年別および月別価格推移については、森林・林業統計要覧、政府統計の総合窓口 e-Stat で情報収集ができます。直近の情報が必要な場合は、日刊木材新聞が地域別の標準市況（市売の価格）を速報しています（〔図表74〕[34] 参照）。

昨今は素材業者と製材業者、製材業者とハウスメーカー等が協定を締結して継続的に安定価格で相対取引をする例が増える傾向にはありますが、依然として、大部分が市場を経由しています。

〔図表74〕　標準相場の速報

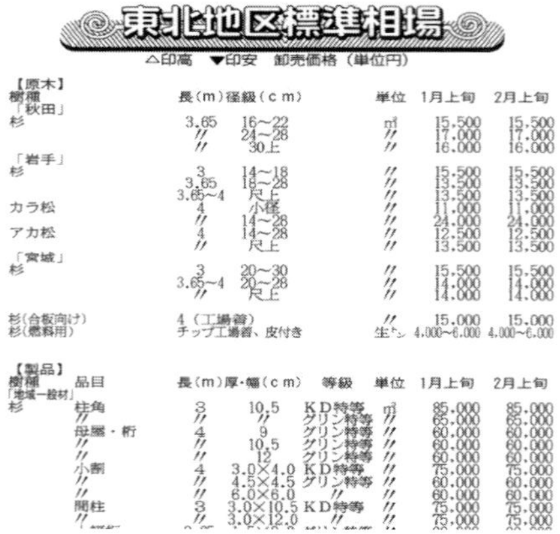

東北地区標準相場

△印高　▼印安　卸売価格（単位円）

【原木】

樹種	長(m)	径級(cm)	単位	1月上旬	2月上旬
「秋田」					
杉	3.65	16～22	㎥	15.500	15.500
	〃	24～28	〃	17.000	17.000
	〃	30上	〃	16.000	16.000
「岩手」					
杉	3	14～18	〃	15.500	15.500
	3.65	16～28	〃	13.500	13.500
	3.65～4	尺上	〃	13.500	13.500
カラ松	4	小径	〃	11.000	11.000
	〃	14～28	〃	24.000	24.000
アカ松	4	14～28	〃	12.500	12.500
	〃	尺上	〃	13.500	13.500
「宮城」					
杉	3	20～30	〃	15.500	15.500
	3.65～4	20～28	〃	14.000	14.000
	〃	尺上	〃	14.000	14.000
杉(合板向け)	4（工場着）		〃	15.000	15.000
杉(燃料用)	チップ工場着、皮付き		生トン	4.000～6.000	4.000～6.000

【製品】

樹種	品目	長(m)	厚・幅(cm)	等級	単位	1月上旬	2月上旬
「地域一般材」							
杉	柱角	3	10.5	KD特等	㎥	85.000	85.000
	〃	〃	〃	グリン特等	〃	65.000	65.000
	母屋・桁	4	9	グリン特等	〃	60.000	60.000
	〃	〃	10.5	グリン特等	〃	60.000	60.000
	〃	〃	12	グリン特等	〃	60.000	60.000
	小割	4	3.0×4.0	KD特等	〃	75.000	75.000
	〃	〃	4.5×4.5	グリン特等	〃	60.000	60.000
	〃	〃	6.0×6.0	〃	〃	60.000	60.000
	間柱	3	3.0×10.5	KD特等	〃	75.000	75.000
	〃	〃	3.0×12.0	〃	〃	75.000	75.000

(ウ)　材積の計算

(A)　材積計算の必要性

木材の取引は、基本的に体積で行われます。

一般に丸太や製材品などの木材は１m^3あたりの価格で取引されますか

34　令和５年２月６日付け「日刊木材新聞」３面。

ら、木が1本いくらなのかを知るには材積（＝体積）を計算する必要があります。

商取引上の目安になる材積の計算方法として、日本農林規格は、長さ6m以下の丸太の場合、末口（丸太の両端の細い方）の直径を2乗したものに長さを掛けて計算する末口2乗法を用いています。

そうした材積算出実務の集大成として、林野庁企画課が昭和45年（1970年）に「立木幹材積表（東日本編・西日本編）」を発行しており、広く利用されています。これは、地域別・樹種別・人工林天然林別に分類して、樹木の直径と高さから材積を求めた早見表です。

(B) 石の取引

林業現場では、現在でも立米よりも石での取引のほうがよくみられます。

1石＝1尺×1尺×10尺であり、1尺は30.3cmです。そうすると、1石というのは、径30cm程度の太目の丸太1本分ということになります。1石を立米に直すと$0.303 \times 0.303 \times 3.03 ≒ 0.278 \text{m}^3$となります。

(C) ICT林業と材積計算

川上（木を伐採して丸太（素材）として出荷する素材生産現場）においてもデジタル化の波は及んでいます。

現在、材積の計算には木材材積計算アプリを使うことが一般的です。末口（丸太の切断面の細い方）直径と長さを入力するだけで、材積を1本から計算することができるフリーソフトが公開されています。

主要な商品樹種である針葉樹については、伐採の現場から、丸太の長さと末口直径をスマートフォンに入力するだけで材積を計算し、納品書を作成し、在庫管理するという流れは定着しつつあります。さらに進んで最新のソフトによると、はい積み（土場などで保管のため高く積まれた丸太の状態）された丸太の写真を撮っただけで材積を計算することができるようになっています（〔図表75〕参照）[35]。

今後も日進月歩の進展が見込まれる分野です。

こうしたデジタル化を、幹に曲がりが多い広葉樹にも適用することは困難

35　ジツタチャンネル「【丸太集計アプリ】木材検収システムのご紹介」〈https://www.youtube.com/watch?v=afMM_mpWeEw〉。

〔図表75〕　木材検収システム

です。しかし、林野庁「立木幹材積表（東日本編・西日本編)」は83種の樹種をカバーするものであり、現在でも指標として有用であるところ、それを受け継いで、国立研究開発法人・森林研究開発機構森林総合研究所が「幹材積計算プログラム」を開発し、一般の利用に供しています[36]。

36　国立研究開発法人・森林研究開発機構森林総合研究所が「幹材積計算プログラム」〈https://www.ffpri.affrc.go.jp/database/stemvolume/index.html〉。

森の内緒話⑧　所有権以外の権利者が同意してくれない場合

　森林経営管理法は、「経営管理権集積計画は、集積計画対象森林毎に、当該集積計画対象森林について所有権、地上権、質権、使用貸借による権利、賃借権又はその他の使用及び収益を目的とする権利を有する者の全部の同意が得られているものでなければならない」（同法4条5項）と規定しています。

　さて、森林所有者に同意を求めても同意してくれない場合には、「確知所有者不同意森林」として、特例措置で解決することができます（森林経営管理法16条以下）。それでは、所有権者以外の「地上権、質権、使用貸借権、賃借権その他の使用収益を目的とする権利を有する者」に、同意してもらえない場合はどうすればよいのでしょうか。森林経営管理法上では、特例措置の適用はないようです。

　どうしたらよいのでしょうか。困りますね。いや、本当に困るでしょうか。

　森林経営管理法は、それなりに経営管理されている森林であれば、経営管理権集積計画を設定すること自体を想定していません。放置され荒廃した森林に対して機能する法律です。対象森林を、地上権者、質権者、使用貸借権者、賃借権者その他の使用収益を目的とする権利者がきちんと経営管理しているのであれば、出る幕はない法律なのです。

　では、それらの者が本来の権利を行使せず、放置して森林を荒廃させているとしたらどうでしょうか。

　このような場合、必ずしも森林経営管理法の特例措置の様な規定がなくても、既存の法律で対応可能なのです。たとえば、地上権には民法266条1項・2項で存続期間の定めがあり、同法166条2項で20年の消滅時効の規定があります。不動産質の場合、質権者に森林を経営管理しなければならないという義務はないのですが、同法360条1項により、存続期間は10年と短いものです。

　使用貸借と賃貸借は、いずれも契約関係なので、貸主である所有者は、森林経営を目的として使用収益権を与えたのにこれを履行しないことを原因として債務不履行解除ができます（民法594条１項・616条・540条・541条）。

　このようにして使用収益しない使用収益権者にご退場願うことが可能ですので、それほど進退窮まった事態に陥ることはなかろうかと思います。

　このように解決できることはさておいて、理論上、確知所有者不同意森林と同じように考えて、森林経営管理法の特例措置を準用することが可能かといえば、事はそう簡単ではなさそうです。

　確知所有者不同意森林においては、不同意所有者に５年経過後の取消権が与えられています（森林法21条１項）。この規定もあわせて準用されるわけですから、仮に森林所有者が経営管理権集積計画に同意しているとしても、使用収益権者が（使用収益もしていないのに）経営管理権集積計画を取り消しうるということになってしまいます。このような事態が発生することは、避けるべきことであるように思われます。

第10章　環境の保全と森林

1　はじめに──森林生態系の保護と持続可能な森林経営

　森林生態系を保護することと、持続可能な森林経営を行うという2つの目的は、相互補完的なものです。これは日本に林業書が現れた頃から指摘されていた考え方であって特段新しいものではありませんが、それが近年になって国際的な取決めにまで掲げられるに至ったことは、自国はあるいは自分の森林は大事にするが、他国のあるいは他者の森林を破壊することにはあまり心が痛まない人間のエゴは、このように統制していくよりほかなかったということでしょう。より強い法的規制に向けた努力はなされていますが、いまだ十分な拘束力と威嚇力を有しているとはいえません。

> ▶本章で解説する内容▶ ▶ ▶
> - ☑　保護林制度（→2）
> - ☑　国際的なSDGsへの取組みとわが国の立法（→3）
> - ☑　森林認証制度（→4）
> - ☑　違法伐採対策（→5）
> - ☑　森林環境税・森林環境譲与税（→6）

2　保護林制度

（1）　最初の自然保護制度

　保護林の制度は、わが国最初の本格的な自然保護制度です。

　沿革としては、大正4年（1915年）6月の山林局長通牒「保護林設定ニ関スル件」にさかのぼります。その際には、霧島や上高地、白馬等に保護林が設定されましたが、やがて国立公園法が整備されると、いくつかはその中に解消されて保護林としては設定を解除されていきました。

　この保護林とは、国有林独自の制度です。国有林は、奥地の脊梁山脈に位置し、貴重な野生動物が生息・生育するところです。このような原生的な天然林等を保護・管理することにより、森林生態系からなる自然環境の維持、野生生物の保護、遺伝資源の保護、森林施業・管理技術の発展、学術の研究等に資することを目的とするものです。

　保護林が設定されているところには、緑の回廊も設定されていることが多いです。緑の回廊とは、森林生態系における生物多様性の保全のために、野生生物の移動経路を確保し、生育・生息地の拡大と相互交流を通じて、個体群の保護と遺伝的多様性の確保を図るものです（〔図表76〕参照）[1]。

〔図表76〕　緑の回廊

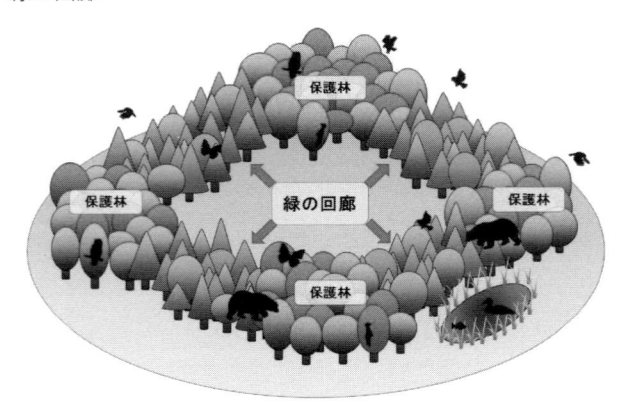

1　林野庁「緑の回廊」〈https://www.rinya.maff.go.jp/j/kokuyu_rinya/sizen_kankyo/cor-ridor.html〉。

(2)　保護林の定義

　保護林は、地域管理経営計画（国有林野管理経営法 6 条 1 項）の中に、「その他国有林野の維持及び保存に関する事項」（同法 2 条 2 号）として位置づけられています。

　地域管理経営計画の具体的な細目は、国有林野管理経営規程に、「特に保護を図るべき森林に関する事項」（同規程 4 条(2)ウ）として、また、「保護林及び緑の回廊の名称及び区域」（同規程12条(6)）を定めるものとして規定されています。

国有林野管理経営法

（地域管理経営計画）

第 6 条　森林管理局長は、管理経営基本計画に即して、森林法第 7 条の 2 第 1 項の森林計画区別に、その管理経営する国有林野で当該森林計画区に係るものにつき、5 年ごとに、当該森林計画区に係る森林計画の計画期間の始期をその計画期間の始期とし、5 年を一期とする国有林野の管理経営に関する計画（以下「地域管理経営計画」という。）を定めなければならない。

2　地域管理経営計画においては、次に掲げる事項を定めるものとする。

　　一　（略）

　　二　巡視、森林病害虫の駆除又はそのまん延の防止その他国有林野の維持及び保存に関する事項

　　三〜七　（略）

3 〜 6　（略）

国有林野管理経営規程

（計画事項の細目）

第 4 条　法第 6 条第 1 項の地域管理経営計画において定める事項の細目は、次のとおりとする。

　(1)　（略）

(2)　国有林野の維持及び保存に関する事項

　　ア・イ　（略）

　　ウ　特に保護を図るべき森林に関する事項

　　エ　（略）

　なお、国有林野の森林計画は**第4章3**〔図表21〕でみた民有林の森林計画体系から枝分かれして設定されています。森林・林業基本計画と、全国森林計画は共通し、その下に国有林野管理経営法に基づき国有林野の管理経営に関する基本計画があり、これに即して流域単位で地域管理経営計画が策定されています。この地域管理経営計画に基づく具体的な施業計画が、国有林野施業実施計画です。

(3)　保護林制度の現在

　林野庁は、平成10年（1998年）、国有林の管理経営の基本方針を「木材生産機能重視」から「公益的機能重視」へ転換し、さらに、国際的な生物多様性保全の要請や世界遺産地域の確実な保護の要請を受け、維持管理体制の見直しに着手しました。

　保護林制度は、平成27年（2015年）に制度改正され、現在の保護林区分は、森林生態系保護地域、生物群集保護林、希少個体群保護林の3区分となっています。これは、制度の目的を、国有林野内の森林生態系や希少な野生生物を将来にわたって保護・管理していくことに絞り、森林生態系や個体群の持続性に着目したわかりやすく効果的な保護林区分の導入を図ったものです。

　設定した保護林については、森林生態系や野生生物等の状況変化をモニタリングし、その結果を外部有識者からなる保護林管理委員会において評価し、必要に応じて保護・管理方針や区域の見直し等を実施していくことになります。[2]

3　国際的なSDGsへの取組みとわが国の立法

(1)　地球サミット

国連食糧農業機関（FAO：Food and Agriculture Organization of the Un ited

Nations）は、2020年版グローバル森林資源アセスメント（Global For est Resources Assessment 2020）において、2020年（令和 2 年）の世界の森林面積は約41億 ha であり、世界の陸地面積の31％を占めていると公表しました。[3]

　そのうち、熱帯林が最大の割合を占め（45％）、亜寒帯林、温帯林、亜熱帯林の順で続きます。そして、世界の森林の半分以上（54％）が、ロシア連邦・ブラジル・カナダ・アメリカ・中国の 5 か国に集中しています。

　世界の森林面積が、長年にわたる減少基調にあることはすでによく知られています。減少のスピードは2000年代に入ってからはやや減速しているものの、減少傾向であることには変わりはありません。

　その主たる要因は、1990年頃からアフリカや南米で、農業開発目的の森林伐採、短期的な経済開発目的を優先した森林資源の過剰採取、違法伐採の増加を原因として、熱帯林が減少し続けたことにあるとされています。

　そうした状況を、「世界各国が直面するべき共通の議題」として初めて取り上げたのが、1992年（平成 4 年）の国連環境開発会議（UNCED：United Na tions Conference on Environment and Development）（いわゆる地球サミット）です。

(2)　地球サミットに対応した取組み

　地球サミットにおいて、将来への布石となる 2 つの重要な原則が採択されました。

　1 つ目は森林原則声明（Forest Principles）であり、正式名称は、「全ての種類の森林の経営、保全及び持続可能な開発に関する世界的合意のための法

2　東京農工大学農学部森林・林業実務必携編集委員会編『森林・林業実務必携〔第 2 版〕』（朝倉書店・2021年）、林野庁「保護林」〈https://www.rinya.maff.go.jp/j/kokuyu_rinya/sizen_kankyo/hogorin.html〉、林野庁長官による「保護林制度の改正について」（平成27年 9 月28日付け林国経第49号（最終改正：平成31年 3 月28日30林国経第127号））、林野庁「保護林モニタリング調査マニュアル」〈https://www.rinya.maff.go.jp/j/kokuyu_rinya/s izen_kankyo/attach/pdf/hogorin-100.pdf〉、林野庁「国有林野における緑の回廊モニタリング調査マニュアル」〈https://www.rinya.maff.go.jp/j/kokuyu_rinya/sizen_kankyo/attach/pdf/corridor-11.pdf〉。
3　国連食糧農業機関「世界森林資源評価（FRA）2020メインレポート概要」〈https://www.rinya.maff.go.jp/j/kaigai/attach/pdf/index- 5 .pdf〉。

的拘束力のない権威ある原則声明（Non-legally binding authoritative statement of principles for a global consensus on the management, co nservation, and sustainable development of all types of forests）」です。これは、世界のすべての森林において持続可能な経営をしていくための原則を示したものです。

　2つ目はアジェンダ21（Agenda 21）です。アジェンダ21においては、森林減少対策の諸項目が具体的に提示されましたが、そもそもそれ以前に、各国ごとにばらばらであった森林に関するデータの収集方法や森林そのものの定義を統一する必要性があることが指摘されました。そこで、対策の前提として、各国が森林について、科学的に信頼できる基準や指標を策定することがうたわれたのです。

　わが国における山村境界基本調査[4]や森林資源モニタリング調査[5]、平成28年（2016年）森林法改正による林地台帳および林地台帳附属地図の導入（**第9章4参照**）は、こうした国際的な要求に則った取組みの一部です。

(3)　国際的に統一された基準と指標づくり

　地球サミット以降、2000年（平成12年）には、森林に関する国際的な枠組み（IAF：International Arrangement on Forests）が採択され、2001年（平成13年）以降は、国連経済社会理事会の下に国連森林フォーラム（UNFF：United Nations Forum on Forests）が設置され、世界の森林問題を議論しています。

　そうした議論において、持続可能な森林経営の進展を評価する機関や基準、指標の必要性が認識されるようになりました。なお、基準とは、森林経営が持続可能なものであるかどうかをみるにあたっての、森林や森林経営について着目すべき点を示したもので、指標とは、森林や森林経営の状態を明らかにするため、基準に沿ってデータやその他の情報収集を行う項目のことです。

　その成果として誕生したのが、熱帯木材生産国を対象とした国際熱帯木材

4　平成22年（2010年）から開始され、令和2年度（2020年度）より、効率的手法導入推進基本調査（**第7章3(1)(ウ)参照**）に名称変更されています。

5　平成22年（2010年）から、森林生態系多様性基礎調査（**第9章3(2)(ウ)参照**）に名称変更されています。

機関（ITTO：International Tropical Timber Organization）、欧州諸国による
フォレスト・ヨーロッパ、わが国を含む環太平洋地域の温帯林・亜寒帯林諸
国によるモントリオール・プロセスなどです。

　モントリオール・プロセスの基準・指標は、〔図表77〕[6]の 7 基準・54指標
から構成されています（2008年（平成20年）に一部改訂されています）。

〔図表77〕　モントリオール・プロセスの 7 基準・54指標

基　　準	指標数	概　　要
1　生物多様性の保全	9	森林生態系タイプごとの森林面積、森林に分布する自生種の数等
2　森林生態系の生産力の維持	5	木材生産に利用可能な森林の面積や蓄積、植林面積等
3　森林生態系の健全性と活力の維持	2	通常の範囲を超えて病虫害・森林火災等の影響を受けた森林の面積等
4　土壌及び水資源の保全・維持	5	土壌や水資源の保全を目的に指定や管理がなされている森林の面積等
5　地球的炭素循環への寄与	3	森林生態系の炭素蓄積量、その動態変化等
6　長期的・多面的な社会・経済的便益の維持増進	20	林産物のリサイクルの比率、森林への投資額等
7　法的・制度的・経済的な枠組み	10	法律や政策的な枠組み、分野横断的な調整、モニタリングや評価の能力等

⑷　SDGs の17の目標と森林経営

　SDGs とは、いうまでもありませんが、Sustainable Development Goals
（持続可能な開発目標）の略です。

　SDGs は2015年（平成27年） 9 月の国連サミットで採択された持続可能な
開発のための2030アジェンダ（The 2030 Agenda for Sustainable Development）

6　林野庁「令和 2 年度　森林・林業白書」〈https://www.rinya.maff.go.jp/j/kikaku/
　hakusyo/R 2 hakusyo/index.html〉107頁。

で示されたもので、国連加盟193か国が2016年（平成27年）から2030年（令和12年）の15年間で達成するために掲げた17の目標・169のターゲットです。[7]

　そのうち、目標13「気候変動及びその影響を軽減するための緊急対策を講じる」、目標15「陸の豊かさも守ろう」で、持続可能な森林経営を求めています（〔図表78〕参照）。[8]

〔図表78〕　SDGs と森林の循環利用との関係

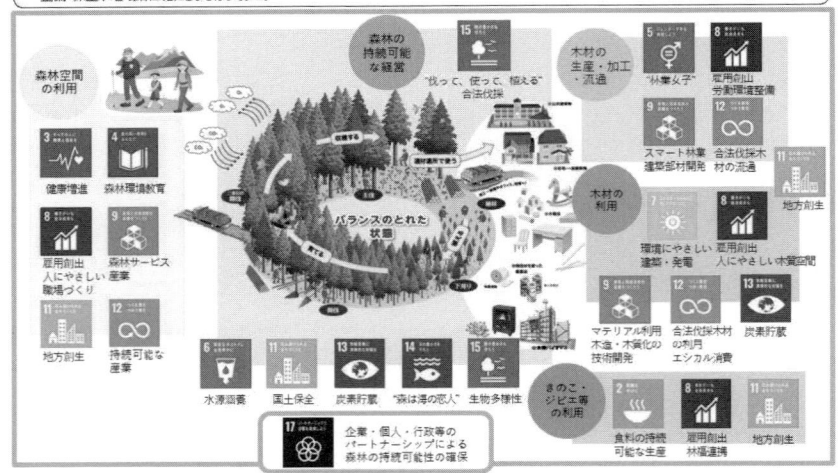

7　SDGs の17の目標とは、①貧困をなくそう、②飢餓をゼロに、③すべての人に健康と福祉を、④質の高い教育をみんなに、⑤ジェンダー平等を実現しよう、⑥安全な水とトイレを世界中に、⑦エネルギーをみんなにそしてクリーンに、⑧働きがいも経済成長も、⑨産業と技術革新の基盤をつくろう、⑩ 人や国の不平等をなくそう、⑪住み続けられるまちづくりを、⑫つくる責任つかう責任、⑬気候変動に具体的な対策を、⑭海の豊かさを守ろう、⑮陸の豊かさも守ろう、⑯平和と公正をすべての人に、⑰パートナーシップで目標を達成しようです。

8　林野庁「森林× SDGs」〈https://www.rinya.maff.go.jp/j/kikaku/genjo_kadai/SDGs_shinrin.html〉。

⑸　法的拘束力のある取決めに向けて

　1992年（平成 4 年）の地球サミット以降、法的拘束力のある国際森林条約を締結することが模索され、継続的な努力がなされてきました。

　国連森林フォーラム（UNFF）の設立自体その目的のためのものです。2015年（平成27年）の決議（2015年以降の森林に関する国際的な枠組み）に基づき、2017年（平成29年）の森林に関する国際的な枠組（IAF）の戦略計画として、国連森林戦略計画2017-2030（UNSPF：United Nations Strategic Plan for Forest 2017〜2030）が、国連総会で採択され、2030年（令和12年）までに達成するべき 6 つの世界森林目標および26のターゲットが設定されました[9]。

国連森林戦略計画2017-2030（UNSPF）の世界森林目標・ターゲット

世界森林目標 1
　保護、再生、植林、再造林を含め、持続可能な森林経営を通じて、世界の森林減少を反転させるとともに、森林劣化を防止し、気候変動に対処する世界の取組に貢献するための努力を強化する。
1.1　全世界で森林面積を 3 ％増加させる。
1.2　世界の森林の炭素蓄積を維持または増加させる。
1.3　2020年までに、あらゆるタイプの森林の持続可能な経営の実施を促進し、森林減少を阻止し、劣化した森林を回復し、世界全体で新規植林及び再造林を大幅に増加させる。
1.4　あらゆる森林の自然災害や気候変動の影響に対する強靱性や適応能力を世界全体で顕著に強化させる。

世界森林目標 2
　森林に依存する人々の生計向上を含め、森林を基盤とする経済的、社会的、環境的な便益を強化する。
2.1　森林に依存する全ての人々の極度の貧困を撲滅する。
2.2　特に開発途上国において、森林関係の小規模企業による手頃なクレジット等の金融サービスへのアクセス並びに森林関係小規模企業のバリューチェーンや市場への統合を顕著に増加させる。
2.3　森林及び樹木による食料安全保障への貢献を顕著に増加させる。
2.4　森林関連産業、その他森林を基盤とする企業及び森林生態系サービスの

9　外務省「国連における森林問題への取組」〈https://www.mofa.go.jp/mofaj/gaiko/kankyo/bunya/shinrin_un.html〉。

社会的、経済的、環境的な開発への貢献を顕著に増加させる。

2.5　関連する条約等のマンデートや実施中の活動を考慮しつつ、あらゆるタイプの森林の生物多様性の保全や気候変動の緩和及び適応への貢献を増加させる。

世界森林目標3

世界全体の保護された森林面積やその他の持続可能な森林経営がなされた森林の面積、持続的な経営がなされた森林から得られた林産物の比率を顕著に増加させる。

3.1　世界全体で、保護地域として指定された森林や、その他の効果的な地域指定型の保全措置により保全が図られた森林の面積を顕著に増加させる。

3.2　長期的な森林の管理経営のための計画がたてられた森林の面積を顕著に増加させる。

3.3　持続的な経営がなされた森林から得られた林産物の比率を顕著に増加させる。

世界森林目標4

持続可能な森林経営の実施のための、大幅に増加された、新規や追加的な資金をあらゆる財源から動員するとともに、科学技術分野の協力やパートナーシップを強化する。

4.1　持続可能な森林経営に資金を供給するため、あらゆる財源からあらゆるレベルで相当程度の資金を動員するとともに、開発途上国に対し、保全や再造林を含む持続的な経営を推進するための適正なインセンティブを提供する。

4.2　公的資金（国庫資金、二国間協力、多国間協力、３ヶ国協力）、民間及び慈善的な団体による融資等、あらゆる財源からの森林関連の資金供給をあらゆるレベルで大幅に増加させる。

4.3　森林分野における科学、技術、イノベーションに関する、南北、南南、北北及び３ヶ国間の協力や官民パートナーシップを顕著に向上・増加させる。

4.4　森林の資金供給戦略を策定及び実施するとともに、あらゆる財源からの資金にアクセスした国の数を顕著に増加させる。

4.5　例えば多くの専門分野にわたる科学的な評価を通じ、森林に関する情報の収集、利用可能性、入手可能性を向上させる。

世界森林目標5

UNFI等を通じ、持続可能な森林経営を実施するためのガバナンスの枠組を促進するとともに、森林の2030アジェンダへの貢献を強化する。

5.1　森林を国の持続可能な開発計画及び／または貧困削減戦略に統合した国の数を大幅に増加させる。

5.2　国及び地方の森林セクターを顕著に強化する等、森林法の執行及びガバ

ナンスが向上するとともに、違法伐採や関連の取引を世界中で大幅に減少させる。

5.3 国及び地方の森林関連の政策や計画が、各国の法令に基づき、省庁やセクター間で一貫的であり、連携が図られ、それぞれ補完的であるとともに、「先住民族の権利に関する国際連合宣言」を十分に踏まえ、関連のステークホルダー、地域社会及び先住民の参加が確保される。

5.4 森林に関連する課題や森林セクターが土地利用計画や開発に関する意思決定プロセスに十分に統合させる。

世界森林目標 6

国連システム内や CPF 加盟組織間、セクター間、関連のステークホルダー間等、あらゆるレベルにおいて、森林の課題に関し、協力、連携、一貫性及び相乗効果を強化する。

6.1 国連システム内の森林関連プログラムが一貫的かつ補完的であり、必要に応じて世界森林目標及びターゲットを統合する。

6.2 CPF 加盟組織間の森林関連プログラムが一貫的かつ補完的であり、それらが全体として 森林及び森林セクターの2030アジェンダへの多面的な貢献を包含する。

6.3 持続可能な森林経営を推進するとともに、森林減少や森林劣化を阻止するためのセクター間の連携や協力があらゆるレベルで大幅に増加させる。

6.4 持続可能な森林経営の概念に関する理解がさらに共通のものとなり、関連する指標セットが定められる。

6.5 UNSPF の実施や、会期間活動を含む UNFF の活動において、メジャーグループやその他のステークホルダーのインプットや関与が強化される。

(6) 国内法制への反映

(ア) モントリオール・プロセスの 7 番目の基準

近年のわが国の森林・林業分野における相次ぐ制度的改革は、モントリオール・プロセスの 7 番目の基準「法的・制度的・経済的な枠組み」を達成するための努力としての一面をもちます。

第 7 の基準を示す10の指標は、次の①〜⑩のとおりです。

① 森林の持続可能な経営を支える法令および政策

② 分野横断的な政策および事業の調整

③ 森林の持続的な経営に影響を及ぼす税制およびその他の経済戦略

④ 土地および資源の保有関係、並びに財産権の明確さおよび保全

⑤　森林に関連する法律の施行

⑥　森林の持続可能な経営を支える事業、サービスおよびその他の資源

⑦　森林の持続可能な経営のための研究および技術の開発および適用

⑧　森林の持続可能な経営を支えるパートナーシップ

⑨　森林関連の意思決定における市民参加および紛争解決

⑩　森林の持続可能な経営に向けた進展に関するモニタリング、評価および報告

(イ)　国内の政策立案

これに加えて、政府は、SDGs の目標13（気候変動対策）の実行として、2050年（令和32年）までに温室効果ガスの排出を全体としてゼロとする、2050年カーボンニュートラルの実現をめざしています。大気中の温室効果ガスの吸収源として、森林が大きな役割を果たしていること、生産した木材を建築物等で利用することにより炭素が長期間貯蔵されることから、林業・木材産業関係者を中心に、企業、個人、行政等が連携して、2050年カーボンニュートラルの実現に寄与することをめざしています。

また、「令和３年 森林・林業基本計画」は施策として「グリーン成長」を掲げていますが、森林資源の適正な管理・利用、間伐・再造林を通じての森林吸収量の確保・強化、そしてこうした目的のためともいえる森林経営管理法の施行と推進、そのための、林業事業体の安定的経営と所得の増大、そして労働安全の強化など果たすべきさまざまな課題があります。

立法や制度的しくみを立案することは重要ですが、それを現場に反映する人材不足の解消こそ、より急務です。

4　森林認証制度

(1)　森林認証制度の背景

森林は、その立地条件に適合した健全なあり方があり、その健全性を持続させながら森林経営をしていかなければなりません。1992年（平成４年）の地球サミットにおいて森林原則として提唱された持続可能な森林経営の理念の下、具体的にどのような基準・指標でその程度を測るかという課題に対して、わが国を含む環太平洋地域の温帯林・亜寒帯林諸国が作成した基準・指

〔図表79〕　FM 認証と CoC 認証

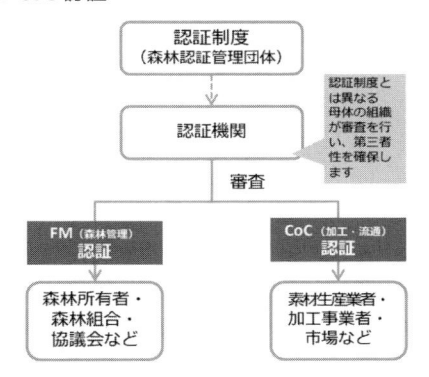

標がモントリオール・プロセスです。

　このような国際社会が求める森林経営の持続性や環境保全への配慮等に関し、一定の基準に達した森林管理がなされてきた森林であること、またそのような森林から合法的に調達した木材および木材製品であることを、第三者機関による認証によって外部に表示し、ブランディング効果を発揮するという動機づけによって、持続可能な森林経営を支援しようというのが、森林認証制度誕生の背景です。

　そして、そのように認証された森林から産出される木材および木材製品（認証材）は、そうではない材と混同することなく最終消費者・調達者に届けられなければなりません。

　森林認証制度は、森林管理を認証する森林管理（FM：Forest Management）認証と、認証森林から産出された林産物の適切な加工・流通を認証する CoC（Chain of Custody）認証から構成されています（〔図表79〕参照）[10]。この構成は、FSC・PEFC・SGEC といった認証制度のいずれであっても変わりません。

（2）　森林認証制度の種類

　持続可能な森林経営の基準・指標は、地域による環境や立地上の諸条件を

10　林野庁「森林認証取得ガイド」〈https://www.rinya.maff.go.jp/j/seibi/ninsyou/pdf/nin-shou_guide_shoyuusha.pdf〉。

反映してしかるべきですから、材の産地区分に応じた認証制度を有していま
す（〔図表80〕参照）。

〔図表80〕　森林認証制度の種類

産地区分	認証制度
欧州材	FSC・PEFC
米材（南米材含む）	FSC（SFI：アメリカ、SFI・CSA：カナダ）
南洋材	FSC（MTCC：マレーシア、LEI：インドネシア）
大洋州（オセアニア）材	FSC（PEFC：オーストラリア）
日本の木材	FSC・PEFC・SGEC

　ここでは、日本で取得可能な FSC・PEFC・SGEC について簡略的に説
明します。
　　　⑺　FSC
　FSC（Forest Stewardship Council）（森林管理協議会）は、1994年（平成 6
年）に、世界自然保護基金（WWF：World Wide Fund for Nature）が中心と
なり、25か国からの環境 NGO・林業者・林産物取引企業・先住民団体など
が中心となって設立された組織であり、広汎に利用されている国際的な森林
認証制度です。FSC の制度では、審査は FSC が直接行うものではなく、
FSC の定める規格に基づき審査できる能力・体制等を備えた認証機関が行
います。[11] 日本は平成18年（2006年）に特定非営利活動法人日本森林管理協議
会（FSC ジャパン）が設立され、普及・推進に取り組んでいます。当初より
世界中すべての森林を対象としてラベリングを行うこととしていたのは
FSC のみで、他の認証制度が、各国で別々に存在している制度を相互認証
を重ねることで展開しているのとは根本的にしくみが違います。森林管理の
原則と基準を、国、地域レベルに応じたスタンダードとして策定しています。
　　　⑻　PEFC
　PEFC（Programme for the Endorsement of Forest Certification Schemes）は

11　安藤直人＝白石則彦編『概説森林認証』（海青社・2019年）19頁。

1999年（平成11年）に、欧州地域の森林認証制度（Pan Europea n Forest Cer-tification Schemes）としてスタートしました。その後、2003 年（平成16年）には、北米やオーストラリアなどヨーロッパ以外の諸国が加わり国際化が進んだため、PEFC 森林認証制度相互承認プログラム（Programm e for the En-dorsement of Forest Certification Scheme）と改称し、世界各国の認証制度との相互承認を行う国際認証組織となりました。

近年は、世界のその他の地域との相互承認を展開しており、日本も含まれます。

各国にある森林認証を、貿易上、相互に認め合うしくみとして機能し、PEFC 認証独自の規格や基準は設けていません。

2021年（令和３年）時点で PEFC の加盟国は55か国に上ります。林野庁の「世界森林資源評価2020」によると、世界の森林面積約40億 ha のうち、PEFC が認証した森林面積は約３億 ha で、世界の森林の１割弱に該当します。現在では世界最大の認証制度となっています。

(ウ) SGEC

SGEC（Sustainable Green Ecosystem Council）は、2003年（平成15年）に国内の森林・林業・木材業界、学会、経済界、環境 NPO などが創設した森林認証制度です。わが国独自の森林認証制度であり、モントリオール・プロセスを基本に日本の自然的、社会的立地に即した基準により認証してゆくものです。森林の生態学的側面だけではなく、経済的側面、施業における労働安全性の確保の状況、地域住民・先住民族（アイヌ民族等）の慣習的権利等の尊重を含む、持続的な森林管理を実現していくための基準・指標です。

SGEC 認証は、2016年（平成28年）に、PEFC 認証との相互承認が実現し、SGEC 認証を受けていることで PEFC 認証を受けた木材および木材製品として取り扱われることが可能となりました。以来、SGEC は、SGEC/PEFC ジャパン（Sus tainable Green Ecosystem Council/PEFC National Gov-erning Body in Japan）（一般社団法人緑の循環認証会議・日本 PEFC 認証管理団体）として、森林認証制度の普及・啓発のためのさまざまな取組みを行っています。

(3)　森林認証制度の実情

　令和2年（2020年）現在、わが国において森林認証を取得した森林の割合は全森林面積の10%足らずと報告されています（〔図表81〕参照）[12]。

〔図表81〕　FSC・SGEC の認証面積の推移

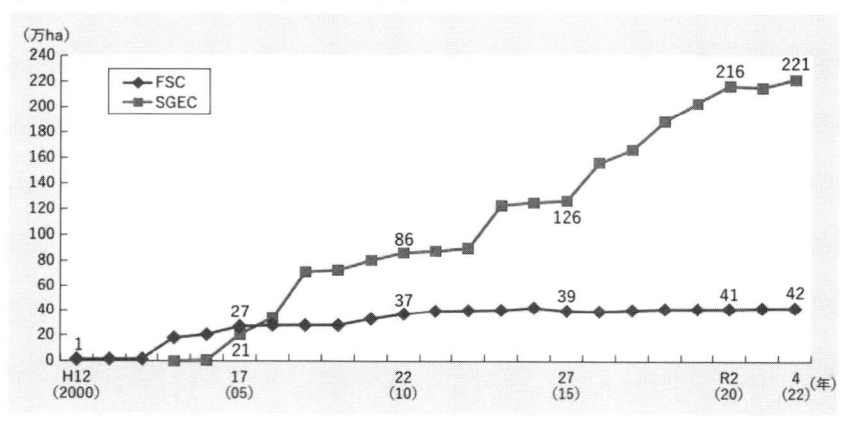

　FSC の創設から四半世紀を経ても定着したというには遠い状況ですが、その原因は、認証取得に要する費用が数百万円と高額であることが主要な要因と思われます。中小規模の林業事業体や個々人の森林所有者には負担が困難な額であり、一方、中規模以上の林業事業体にはもともと安定した大口取引先があるわけですから、費用負担の動機づけが生じないのです。

　政府は、大規模イベントや公共建築物建設の際に認証木材であることを条件とすることで普及に努めています。もっとも、森林認証を取得していない事業体の森林管理がサステナブルではないということは必ずしもありません。

5　違法伐採対策

(1)　クリーンウッド法

(ア)　クリーンウッド法の背景

東南アジアやアフリカ、中南米の熱帯林は、国際的な木材市場に安価な材

12　林野庁「令和5年度　森林・林業白書」〈https://www.rinya.maff.go.jp/j/kikaku/hakusyo/r5hakusyo/attach/pdf/zenbun-1.pdf〉74頁。

を供給するための違法伐採が蔓延していると指摘されている地域です。

　わが国も、東南アジアの森林資源国から毎年大量の南洋材を輸入してきているため、違法伐採木材の輸入を禁止し、合法伐採の木材の輸入を促進するための国内法が必要となりました。

　そうした目的から、クリーンウッド法（合法伐採木材等の流通及び利用の促進に関する法律）が制定され、平成29年（2017年）5月20日から施行されています。

　なお、クリーンウッド法の建付けとしては、輸入木材だけを対象とするのではなく、国内で違法に伐採され流通する木材も規制の対象としてはいます。しかし、国内的な違法木材問題はいわゆる「盗伐」問題であるところ、これは「伐採届」の偽造が容易でありその真正性を窓口で確認することが困難であるという実情に起因する問題です。そうなると、クリーンウッド法で捕捉できる範囲の外の問題ということになるのが現状です。

　　(イ)　クリーンウッド法の規制の手段

　平成29年（2017年）に施行されたクリーンウッド法は、令和5年（2023年）4月に改正法が成立し、令和7年（2025年）4月1日に施行される予定です。

　改正前のクリーンウッド法は、違法伐採木材の取扱禁止を直接の目的とするものではなく、あくまで合法伐採木材の推進にとどまり、違法伐採木材を取り扱うことに対する禁止規定がありませんでした。罰則もあるにはありましたが、それは「合法性が確認された木材のみを扱う業者」であることの登録について、虚偽等の手続違背に限られていました。

　そのため、その実効性は疑問視されていましたが、改正法では木材の輸入や製材にかかわる事業者に木材の仕入先から証明書を取得し（〔図表82〕参照）[13]、原産国の法令に従って伐採されたか確認を義務づけ、従わない場合は指導・勧告、事業者名の公表、罰金などの罰則が課されることになります。

13　林野庁「改正クリーンウッド法における合法性の確認（デュー・デリジェンス）手引き」〈https://www.rinya.maff.go.jp/j/riyou/goho/summary/attach/pdf/summary-26.pdf〉27頁。。

〔図表82〕　クリーンウッド法における証明情報

原産国			
政府機関	許可書		カナダ：丸太輸出許可証
			フィリピン：公有林産の丸太輸送の際に発行される木材原産地証明書（CTO）
	届出書		EUDR を批准している国：EUDR における DD ステートメント
			アメリカ：針葉樹原木についての輸出に関する届出書
準ずる機関	許可書		カナダ：州政府による州有林伐採許可証
			アメリカ：アメリカ広葉樹輸出協会による証明
	届出書		オランダ：州政府への伐採報告書
			市町村への伐採造林届出書（森林法10条の8）のイメージ
輸出国			
政府機関	許可書		フィリピン：木材・木材製品の輸出許可証
	届出書		輸出国の政府機関への法令に適合して伐採されたことを証する届出
準ずる機関	許可書		インドネシア：木材合法性認証機関（LVLK）による合法性証明書
	届出書		輸出国の州政府等への法令に適合して伐採されたことを証する届出
その他			
伐採された樹木の所有権その他権原を有する者であることを証する情報（原産国法令の適用がない場合のみ）			
森林認証制度による木材に対する証明（大臣から指定を受けた者による制度であることが必要）			
木材・木材製品の合法性、持続可能性の証明のためのガイドラインにおける団体認証による木材に対する証明（大臣から指定を受けた者であることが必要）			

⑵　グリーン購入法

㋐　グリーン購入法の目的と基本方針

　グリーン購入法（国等による環境物品等の調達の推進等に関する法律）は、国、独立行政法人等および地方公共団体が物品の調達をする際に、再生資源その他環境への負荷の低減に資する物品や役務を選択するようにさせることを目的としています。平成13年（2001年）１月６日に施行されています。

　環境物品等の調達の推進に関する基本方針（グリーン購入法６条）では、特定調達品目ごとに複数の判断基準が定められており、特定調達品目およびその判断の基準等は、毎年度、定期的に見直しが行われています。平成13年（2001年）に14分野・101品目だった特定調達品目数は、令和５年（2023年）年３月において、22分野・287品目まで増えています。

㋑　合法性・持続可能性

　木材・木材製品については、平成18年（2006年）４月より、合法性・持続可能性が証明されたものとする措置が導入されています。

　合法性とは、森林関係法令上合法的に伐採されたものであること、持続可能性とは、持続可能な森林経営が営まれている森林から算出されたものであることです。

　対象となる木材・木材製品（７分野）は、次の①〜⑦のとおりです。

① 　紙類（例：フォーム用紙、印刷用紙等）
② 　文具類（例：事務用封筒、ノート等）
③ 　オフィス家具等（例：いす、机、棚等）
④ 　OA機器（例：記録用メディア）
⑤ 　インテリア・寝装寝具（例：ベッドフレーム）
⑥ 　公共工事（例：製材、集成材、合板、単板積層材等）
⑦ 　役務（例：印刷）

㋒　合法性・持続可能性の証明

　クリーンウッド法の木材関連事業者（木材等の製造、加工、輸入、輸出または販売（消費者に対する販売を除く）をする事業、木材を使用して建築物その他の工作物の建築または建設をする事業その他木材を利用する事業を行う者）、グリーン購入法の木材製品事業者（木材制人の製造、輸入もしくは販売または役

務の提供の事業を行う者）が、合法性の基準を満たしていることの証明を行う際に留意すべき事項については、林野庁が平成18年２月に作成した「木材・木材製品の合法性、持続可能性の証明のためのガイドライン」（以下、「ガイドライン」といいます）に定められています。

　ガイドライン上は、グリーン購入法適用に係るガイドラインであると説明されていますが、木材・木材製品の供給者が合法性・持続可能性の証明に取り組むにあたっての留意事項ですから、クリーンウッド法の証明にも同様にあてはまります。

　ガイドラインは、合法性の証明を行うための方法として、次の①〜④の４つをあげています。

①　森林認証制度および CoC 認証制度を活用する方法
②　森林・林業・木材産業関係団体の認定を得て事業者が証明する方法
　　（団体認定による証明方法）
③　個別企業等の独自の取組みにより証明する方法
④　都道府県等による森林や木材等の認証制度を活用する方法

　①の森林認証制度とは、独立した第三者機関が一定の基準等を基に、適切な森林経営や持続可能な森林経営が行われている森林または経営組織などを認証する制度のことです（**本章４**参照）。また、CoC 認証制度とは、独立した第三者機関が一定の基準等を基に、森林認証を受けた木材が製造・加工・流通段階において、認証を受けていない木材と混在しないよう、適切に管理されていることなどを認証する制度のことです。森林認証制度および CoC 認証制度を活用する証明方法の場合、木材・木材製品に認証マークが押印あるいは焼印されたり、伝票（船荷ごとの出荷伝票）をもって証明されます。

　②の団体認定による証明方法および③の木材製品事業者独自の取組みにより証明を行う方法の場合、木材製品事業者は、森林の伐採段階から加工・流通段階に至る各段階において合法性が証明されたものであり（証明の連鎖）、かつ、合法性が証明されている木材製品等と合法性が証明されていない木材製品等が混じらないよう分別管理されていること（分別管理 CoC 認証）を証明する書類を直近の納入先の関係事業者に対し交付し、これを各段階の納入ごとに繰り返して証明を行い、調達者への納入段階においては、当該調達者

〔図表83〕　証明の連鎖と分別管理

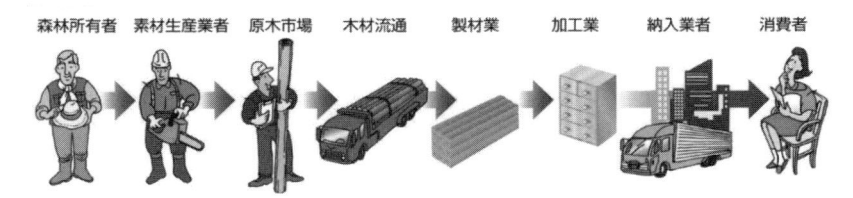

等の要求により、納入する木材製品等が合法性の証明がなされたものである
旨を書類に記載する必要があります（〔図表83〕¹⁴参照）。

　④の都道府県による認証制度とは、各都道府県産材の合法証明を、主とし
て業界の代表団体から構成される管理団体が行うというものです。木材にと
どまらず、広く農産物等の地域資源の地産地消・ブランディング推進政策と
相まって、平成12年（2000年）頃から導入されるようになった施策です（〔図
表84〕¹⁵参照）。

〔図表84〕　都道府県による認証制度

都道府県	認証名	管理団体
青森県	青森県産材認証制度	青森県産材認証推進協議会
岩手県	岩手県産材認証制度	岩手県産材認証推進協議会
栃木県	栃木県産出材証明制度	栃木県木材業協同組合連合会／栃木県森林組合連合会
群馬県	ぐんま優良木材	ぐんま優良木材品質認証センター
埼玉県	さいたま県産材認証制度	さいたま県産木材認証センター
千葉県	ちばの木認証制度	ちばの木認証センター
神奈川県	かながわ県産木材産地認証制度	かながわ森林・林材業活性化協議会
新潟県	越後杉ブランド認証制度	新潟県木材組合連合会
石川県	県産材地及び合法木材証明制	石川県森林組合連合会／石川県木材産業振興協会
山梨県	山梨県産材認証制度	山梨県産材認証センター

14　一般社団法人全国木材組合連合会違法伐採対策・合法木材普及推進委員会「木材・木
　　材製品の合法性、持続可能性の証明のための合法木材ハンドブック〔第4版〕」〈https://
　　www.goho-wood.jp/ihou/handbook_k.pdf?2802〉5頁。

岐阜県	岐阜県証明材推進制度	岐阜県
三重県	「三重の木」認証制度	「三重の木」利用推進協議会
滋賀県	びわ湖材産地証明制度	県産木材活用推進協議会
京都府	京都府産木材認証制度	京都府
兵庫県	兵庫県産木材証明制度	ひょうご県産木材認証制度／兵庫県木材業協同組合連合会
奈良県	奈良県産材証明制度	奈良県地域材認証センター
和歌山県	紀州材認証システム	和歌山県
鳥取県	鳥取県産材産地証明制度	鳥取県産材活用協議会
島根県	しまねの木認証制度	しまねの木認証センター
山口県	優良県産木材認証制度	やまぐち県産木材認証センター
徳島県	徳島県木材認証制度	徳島県木材認証機構
香川県	香川県産木材認証制度	香川県産木材認証制度運営協議会

(3)　国内の違法伐採規制

㋐　権原ある者による伐採等

　森林所有者は、市町村森林整備計画に則った森林経営をしなければなりません。伐採も、伐採後の造林も、市町村森林整備計画に適合して行われることで、森林の公益的機能を発揮するのであり、森林所有者にはそのようにして、適時・的確な森林経営管理による森林の多面的機能の確保が責務とされているからです（森林・林業基本法9条、森林経営管理法3条1項）。

(A)　伐採および伐採後の造林の届出等

　森林所有者その他権原に基づき森林の立木竹の使用または収益をする者（森林所有者から立木を買い受けて伐採する者等）は、事前に、市町村長に対し、伐採および伐採後の造林の届出をしなければならず（森林法10条の8第1項本文）、②伐採が完了したときは、伐採に係る森林の状況報告をしなければならず（同条2項）、③造林が完了したときは、伐採後の造林に係る森林の状況報告をしなければなりません（同条の8第2項）。

15　林野庁「クリーンウッド法の合法性の確認に活用可能な都道府県等による認証制度一覧」〈https://www.rinya.maff.go.jp/j/riyou/goho/pdf/ 2 - 4 kennsannzai.pdf〉。

　①の伐採および伐採後の造林の届出を怠った場合には、金100万円以下の罰金が課せられ（森林法10条の8第1項本文・208条1号）、②③の伐採および伐採後の造林に係る森林の状況報告の義務を怠った場合には、金30万円以下の罰金が課せられます（同法10条の8第2項・210条2号）。

森林法

（伐採及び伐採後の造林の届出等）

第10条の8　森林所有者等は、地域森林計画の対象となつている民有林（第25条又は第25条の2の規定により指定された保安林及び第41条の規定により指定された保安施設地区の区域内の森林を除く。）の立木を伐採するには、農林水産省令で定めるところにより、あらかじめ、市町村の長に森林の所在場所、伐採面積、伐採方法、伐採齢、伐採後の造林の方法、期間及び樹種その他農林水産省令で定める事項を記載した伐採及び伐採後の造林の届出書を提出しなければならない。ただし、次の各号のいずれかに該当する場合は、この限りでない。（以下、略）

2　森林所有者等は、農林水産省令で定めるところにより、前項の規定により提出された届出書に記載された伐採及び伐採後の造林に係る森林の状況について、市町村の長に報告しなければならない。

3　（略）

第208条　次の各号のいずれかに該当する者は、100万円以下の罰金に処する。

　一　第10条の8第1項の規定に違反し、届出書の提出をしないで立木を伐採した者

　二〜五　（略）

第210条　次の各号のいずれかに該当する者は、30万円以下の罰金に処する。

　一　第10条の8第2項の規定に違反して、報告をせず、又は虚偽の報告をした者

　二・三　（略）

　　(B)　伐採および伐採後の造林計画の変更命令等

　届出がなされても、伐採および伐採後の造林が、当該届出書に記載された計画に従って行われているとは認められない場合もあります。そのような場合には、市町村長は、計画に従って伐採し、または伐採後の造林をすべき旨を命じることができます（森林法10条の９第３項）。

　届出がなされないで伐採されてしまうこともあり得ます。届出がなされず、かつ、引き続き伐採をする場合で、次の①〜④のいずれかに該当する事態の発生のおそれがあるときには、市町村長は、伐採の中止を命ずることができます。また、伐採後の造林をしていない場合で、引き続き造林しなければ次の①〜④のいずれかに該当する事態の発生のおそれがあるときには、市町村長は、期間・方法・樹種を定めて伐採後の造林をすべき旨を命ずることができます（森林法10条の９第４項）。

①　土砂の流出または崩壊その他の災害を発生させるおそれがあること

②　水害防止機能が減退し水害を発生させるおそれがあること

③　水源涵養機能が減退し水の確保に著しい支障を及ぼすおそれがあること

④　環境を著しく悪化させるおそれがあること

　これらの違反行為の場合、金100万円以下の罰金を課すことができます（森林法208条２号）。

森林法

第10条の９　（略）

　2　（略）

　3　市町村の長は、前条第１項の規定により届出書を提出した者の行つている伐採又は伐採後の造林が当該届出書に記載された伐採面積、伐採方法若しくは伐採齢又は伐採後の造林の方法、期間若しくは樹種に関する計画に従つていないと認めるときは、その者に対し、その伐採及び伐採後の造林の計画に従つて伐採し、又は伐採後の造林をすべき旨を命ずることができる。

　4　市町村の長は、前条第１項の規定に違反して届出書の提出をしない

で立木を伐採した者が引き続き伐採をしたならば次の各号のいずれかに該当すると認められる場合又はその者が伐採後の造林をしておらず、かつ、引き続き伐採後の造林をしないとしたならば次の各号のいずれかに該当すると認められる場合において、伐採の中止をすること又は伐採後の造林をすることが当該各号に規定する事態の発生を防止するために必要かつ適当であると認めるときは、その者に対し、伐採の中止を命じ、又は当該伐採跡地につき、期間、方法及び樹種を定めて伐採後の造林をすべき旨を命ずることができる。

一　当該伐採跡地の周辺の地域における土砂の流出又は崩壊その他の災害を発生させるおそれがあること。

二　伐採前の森林が有していた水害の防止の機能に依存する地域における水害を発生させるおそれがあること。

三　伐採前の森林が有していた水源の涵養の機能に依存する地域における水の確保に著しい支障を及ぼすおそれがあること。

四　当該伐採跡地の周辺の地域における環境を著しく悪化させるおそれがあること。

第208条　次の各号のいずれかに該当する者は、100万円以下の罰金に処する。

一　（略）

二　第10条の8第3項又は第34条第9項（第44条において準用する場合を含む。）の規定に違反して、届出書の提出をしない者

三　（略）

　（イ）　権原のない者による伐採等

　（A）　森林窃盗

　森林窃盗とは、いわゆる「盗伐」と呼ばれるものです。経済的価値のある森林であるか、文化的価値の高い天然林であるかといった種別を問わず、森林の産物（人工を加えた森林の産物を含む）を窃取した者は、森林窃盗として、3年以下の懲役または30万円以下の罰金に処せられます（森林法197条）。また、保安林の中において犯した場合には、5年以下の懲役または50

万円以下の罰金に処せられます（同法198条）。

森林法

第197条　森林においてその産物（人工を加えたものを含む。）を窃取した者は、森林窃盗とし、3年以下の懲役又は30万円以下の罰金に処する。

第198条　森林窃盗が保安林の区域内において犯したものであるときは、5年以下の懲役又は50万円以下の罰金に処する。

これらは、刑法の窃盗罪（同法235条）に関する規定の特別規定ですから、故意が必要です。よって、誤伐を含みません（誤伐の場合は、民事上の責任のみとなります）。森林窃盗の成立のためには、権原がない森林であることの事実の認識と、不法領得の意思（権利者を排除して、他人の物を自己の所有物として、その経済的用法に従い、これを利用・処分する意思）があることを立証しなければなりません。

　刑法に比較して刑が軽くなっている理由について、①空間が解放された森林では所有者の排他的支配が十分には確立しにくい（占有が弱い）ことのほか、②森林産物は人工によらない自然発生的なものも含まれること、③入会慣行のため反社会性・反倫理性が弱かったこと、④被害額が比較的少ないことが理由としてあげられています[16]。

　ところが、実際の裁判例をみると、初犯で実刑とされるケースも少ないとはいえません（広島地福山支判平成18・11・1裁判所ウェブサイト、釧路地判平成20・1・22裁判所ウェブサイト）。確定的故意と犯行の大がかりさ、大胆さ、出来心ではあり得ない計画性、被害面積と被害金額が大きいことが事実認定される結果、厳罰に処せられることになります。

　盗伐は現代においてよりいっそう、地域格差はあるものの頻回に繰り返されている犯罪です。しかし、所有者や境界が不明のため、また捜査機関の人々が山林に馴染みのない世代になってしまい、捜査手法も事実認定のバラ

---

[16]　森林・林業基本政策研究会編著『解説森林法〔改訂版〕』（大成出版社・2017年）524頁、最決昭和50・3・20刑集29巻3号53頁・判タ323号272頁。

ンス感覚も不得手であることなどの事情で、なかなか立件には至らないし、捜査に着手してすらもらえない場合が多いです。昨今の盗伐事案は伐採届等の証明書類の偽造から始まる事例が頻発していますが、そうなるとクリーンウッド法で捕捉することは極めて困難なことも実情です。しかし、森林の多面的機能が強調されるようになった時代的要請と、人工林の場合は数十年にもにわたる森林経営計画の努力の成果を簒奪することに鑑みれば、決して軽微な犯罪として見逃されてはならないものです。

　ちなみに、国内産木材について、違法伐採ではないことを証明する証明書（クリーンウッド法における合法性の証明書）には〔図表85〕のようなものがあります。ただし、これらの証明書を偽造する盗伐事案が溢れており、これに対する実効性のある対処法がない状況です。

〔図表85〕　クリーンウッド法における合法性の証明書

伐採する森林の種類			書　類
民有林	普通林	森林経営計画対象森林の伐採	森林経営計画認定書および森林経営計画書／森林経営計画に係る伐採等の届出書（森林法15条）
		森林経営計画対象森林以外の伐採	伐採および伐採後の造林の届出書（森林法第10条の8）／適合通知書（伐採後も森林として維持する場合）
		その他届出が不要な伐採（別途伐採根拠が森林法で定められているものを含む）	林地開発許可書（1ha超の林地転用に伴う伐採の場合）／森林所有者等による独自の証明／伐採行為の根拠となる法令または処分に係る書類
	保安林	すべて	保安林（保安施設地区）内立木伐採許可決定通知書／保安林（保安施設地区）内択伐（間伐）届出書／保安林（保安施設地区）内緊急伐採届出書等（届出書については、受理通知書がある場合は受理通知書、ない場合は都道府県の受領印押印済の届出書）

	国有林野官行造林	すべて	森林管理署等と交わした売買契約書（樹木採取区内での樹木の採取については、樹木料の確定通知）
その他		森林法以外の法令により立木伐採の制限がある森林の伐採	伐採行為の根拠となる法令または処分に係る書類
		法令による伐採手続きが不要な伐採（2条森林の伐採）	森林所有者等による独自の証明
		森林認証材（FSCまたはSGECの森林認証を取得した森林から産出される木材）	当該森林認証に係る証明書（伐採および伐採後の造林の届出書等の国内の諸法令に基づく手続を遵守している前提）
		地域材（都道府県や市町村が独自に行う地域材の証明制度（県産材、市産材等）により原産地証明される木材）	当該地域材証明制度に基づく証明書（伐採に係る国内の諸法令に基づく手続の遵守が担保されている前提）

(B)　構成要件

(a)　森　林

森林とは、①土地およびその土地上にある立木竹、②①の土地のほか、木竹の集団的な生育に供される土地をいいます（森林法2条1項1号・2号）。②は、伐採跡地等で現に立木竹が生育していない場合、また多少の立木は生育しているが必ずしも集団的生育の状態にない場合も、その土地の状態から社会通念上立木竹の集団的生育に供されうる土地であると客観的に認められる場合には、森林と認めるということです。

ただし、主として農地または住宅地もしくはこれに準ずる土地として使用される土地およびこれらの上にある立木竹を除きます。この趣旨は、土地区分上、森林法以外の法律でカバーされる土地上の立木については重複を避ける必要があるということです。

たとえば、果樹園は農地であり、森林法は適用されません。肥培管理が行われている土地であるかどうかがメルクマールにされますが、区分の困難な

17　林野庁「合法伐採木材等に関する情報」〈https://www.rinya.maff.go.jp/j/riyou/goho/kunibetu/jpn/info.html〉。

ケースは生じるでしょう。[18]

　社寺が所有する「木竹が集団して生育している土地」であっても、社寺有林と境内地では取扱いが異なります。社寺有林は森林ですが、境内地の立木は、集団的に生育していても森林ではないのです。よって、宗教法人法の適用がある寺社の境内地にある立木を伐採した場合には、森林窃盗ではなく通常の窃盗が成立することになります（大判大正15・12・24刑集５巻593頁）。

宗教法人法

（境内建物及び境内地の定義）

第３条　この法律において「境内建物」とは、第１号に掲げるような宗教法人の前条に規定する目的のために必要な当該宗教法人に固有の建物及び工作物をいい、「境内地」とは、第２号から第７号までに掲げるような宗教法人の同条に規定する目的のために必要な当該宗教法人に固有の土地をいう。

　一　本殿、拝殿、本堂、会堂、僧堂、僧院、信者修行所、社務所、庫裏、教職舎、宗務庁、教務院、教団事務所その他宗教法人の前条に規定する目的のために供される建物及び工作物（附属の建物及び工作物を含む。）

　二　前号に掲げる建物又は工作物が存する一画の土地（立木竹その他建物及び工作物以外の定着物を含む。以下この条において同じ。）

　三　参道として用いられる土地

　四　宗教上の儀式行事を行うために用いられる土地（神せん田、仏供田、修道耕牧地等を含む。）

　五　庭園、山林その他尊厳又は風致を保持するために用いられる土地

　六　歴史、古記等によつて密接な縁故がある土地

　七　前各号に掲げる建物、工作物又は土地の災害を防止するために用いられる土地

18　森林・林業基本政策研究会編著『解説森林法〔改訂版〕』（大成出版社・2017年）39頁。

　　　(b)　森林の産物

　森林の産物とは、立木竹、樹皮、木の実、キノコ等森林より生育発生する一切のものをいいます。人工を加えた森林の産物とは、丸太、板、薪等まだ森林の産物としての性格を失わない第一次加工品です。これに対して、森林の産物を原料として製造した木炭、樟脳、松根油等のいわゆる第二次加工品はこれに含まれません。原木しいたけも、森林窃盗ではなく刑法の窃盗罪で処断されます（東京高判昭和29・10・11高刑集 7 巻 9 号1501頁）。

　　　(c)　違法伐採と不動産侵奪罪

　違法伐採が、不動産侵奪罪を構成する場合があるでしょうか。不動産の侵奪とは、不法領得の意思をもって不動産に対する他人の意思に反し、その事実上の占有を排除し、これに自己の事実上の支配を設定する行為をいいます（大阪高判昭和40・12・17高刑集18巻 7 号877頁）。

　裁判例には、他人が所有・占有していた松の立木約4000本をブルドーザーで掘り起こして敷き込むなどして陸田に造成し、これを耕作して米を収穫したときに不動産侵奪罪が成立するとしたものがあります（東京高判昭和50・8・7高刑集28巻 3 号282頁）。

　不動産侵奪罪は「自己の事実上の支配の設定」までを成立要件とするため稀にしか認められることがありません。容易に原状回復が困難な状況だけではなく、土地の形質の変更など使用状況の半永久的な変更が必要とされるから、大面積の違法伐採のみでは不動産侵奪罪を構成することは困難と思料されます。

6　森林環境税・森林環境譲与税

(1)　森林環境税・森林環境譲与税の導入の経緯

　モントリオール・プロセス第 7 原則が求める「法的・制度的・経済的な枠組み」の基準は、その指標7.2a において、「森林の持続的な経営に影響を及ぼす税制及びその他の経済戦略」の策定を要求しています。また、平成27年（2015年）12月のパリ協定（地球温暖化防止のための新たな国際的枠組み）においても、わが国が温室効果ガス排出削減目標をいかにして達成するかの具体策とその財源を提示することが求められました。

〔図表86〕 森林環境税・森林環境譲与税

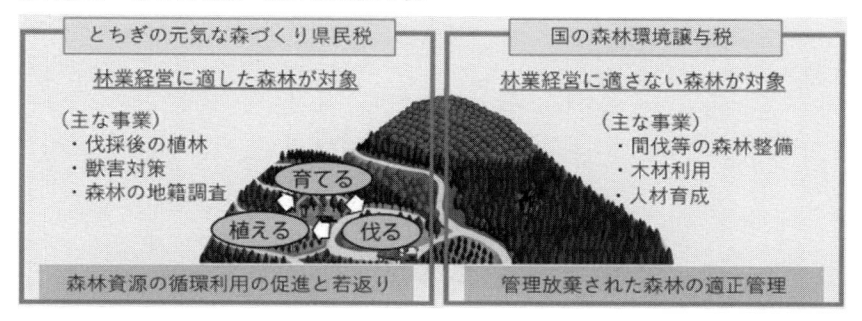

そのような文脈上に、平成31年（2019年）年３月に、森林環境税及び森林環境譲与税に関する法律が成立しました。これにより、森林環境税（令和６年度（2024年度）から課税が始まります）および森林環境譲与税（令和元年度（2019年度）から譲与開始されました）が創設されることになりました（〔図表86〕参照）。[19]

なお、これに先んじて、すでに37の都道府県（令和２年（2020年）４月時点）で森林整備等を目的とした住民税の超過課税の制度が創設されています。こうした地方公共団体独自の税制度が導入された契機は、必ずしも地球温暖化対策への取組みではなく、端的に、地域の森林荒廃に対する手当ての必要性に迫られたというものです。それぞれの地域の実情に即した課題に取り組むための原資として、木材利用推進、普及啓発、人材育成等に幅広く活用されています。

(2) 森林環境譲与税

㈦ 譲 与

森林環境譲与税は、地方譲与税の１つです。地方譲与税とは、国税を客観的な基準によって地方団体に譲与するものであり、現在、地方揮発油譲与税、石油ガス譲与税、自動車重量譲与税、特別とん譲与税（開港に入港する外国船の純トン数に応じた税）、航空機燃料譲与税、特別法人事業譲与税そして森林環境譲与税があります。

---

19 栃木県環境森林部「とちぎの元気な森づくり」（令和４年リーフレット）。

　森林環境譲与税は、すでに令和元年（2019年）から譲与が開始しています。令和 3 年度（2021年度）には、総額約400億円、令和 4 年度（2022年度）には総額約500億円が譲与されています。

　　（イ）　使　　途

　森林環境譲与税は、市町村や都道府県により、間伐や人材育成・担い手の確保、木材利用の促進や普及啓発などの森林整備およびその促進に関する費用にあてられます。各地方公共団体への譲与額は、私有林人工林面積や林業就業者数および人口という客観的な基準で按分して決定されています。

　各市町村は、森林環境譲与税の使途をインターネット等により公表しなければなりません。市町村においては、森林整備関係の取組みを中心として、取組み市町村数、活用額ともに増加しているところです。また、間伐等の森林整備が、令和 3 年度（2021年度）には、令和元年度（2019年度）の約 7 倍となる約43万3000ha も実施されるようになるなど、着実な成果を上げています。

　（3）　森林環境税

　森林環境税は、森林環境譲与税の原資であり、令和 6 年（2024年） 4 月から、国内に住所を有する個人に対して、個人住民税均等割とあわせて 1 人年額1000円が課税されるものです（〔図表87〕参照）[20]。なお、令和 6 年度（2024年度）までの原資は、地方公共団体金融機構の公庫債権金利変動準備金の活用によっています。

20　林野庁「令和元年度 森林・林業白書」〈https://www.rinya.maff.go.jp/j/kikaku/hakusyo/r 1 hakusyo/index.html〉64頁、林野庁「森林環境税及び森林環境譲与税」〈https://www.rinya.maff.go.jp/j/keikaku/kankyouzei/kankyouzei_jouyozei.html〉。

〔図表87〕 森林環境税の制度設計

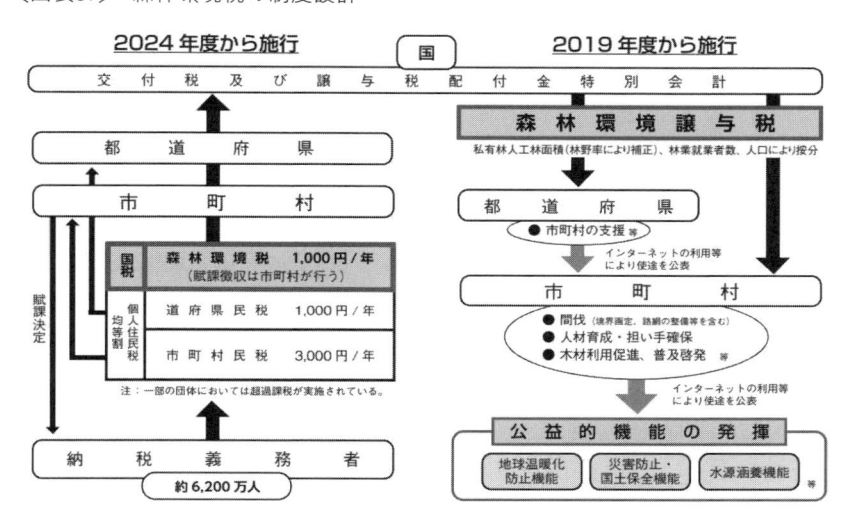

第11章　林業における育種

1　はじめに──林業育種の特殊性

　林業育種においては、先発明主義や開発の自由のような経済自由主義的な考え方はとられていません。競争や市場によっては、森林生態系の好循環も資源賦存量の最大化も、持続可能な森林経営も達成することはできないのです。行政の厳しい管理下にある現代の林業育種遺伝は、手痛い失敗の歴史から森林業界が学び、構築していった自由競争原理の枠外にあるシステムです。[1]

> ▶本章で解説する内容▶▶▶
> ☑　種苗法と林業種苗法（→2）
> ☑　林業種苗法による優良種苗供給（→3）
> ☑　間伐等特措法（→4）

---

[1]　本章で個別に紹介する文献のほか、津村義彦「広葉樹の植栽における遺伝子攪乱問題」森林科学54号（2008年）26頁、久保田正裕「育種区と種苗配布区域について」森林遺伝育種4巻1号（2015年）12頁以下、田村和也「戦後の林業種苗政策の確立過程──林木育種事業と林業種苗法による優良種苗供給施策を中心に」林業経済70巻1号（2017年）11頁以下、丹下健＝小池孝良編『造林学』（朝倉書店・2016年）などが参考になります。

2　種苗法と林業種苗法

(1)　種苗法と林業種苗法の目的の違い

(ｱ)　種苗法の目的

　農産物に関しては種苗法があり、新たに植物品種を育成した者は、国に登録することにより、知的財産権の１つである育成者権を得て（同法19条１項）、登録品種の種苗、収穫物、加工品の販売等を独占できます（同法20条１項）。木本性植物（樹木）においても、果樹や鑑賞樹は、種苗法による権利保護対象です。

　種苗法が示す目的は、市場の競争においてより美味しい、より美しい新品種を創作することを奨励し、開発者に育成者権を付与して経済的に保護し、もって農林水産業を発展させ国力を増進させようとするものです（同法１条）。種苗法は、植物における特許の考え方です。

種苗法

（目的）

第１条　この法律は、新品種の保護のための品種登録に関する制度、指定種苗の表示に関する規制等について定めることにより、品種の育成の振興と種苗の流通の適正化を図り、もって農林水産業の発展に寄与することを目的とする。

　なお、育成者権の存続期間は、木本植物にあっては登録日から30年、それ以外の植物は登録日から25年です（種苗法19条２項）。

(ｲ)　林業種苗法の目的

　しかし、林業用の種苗については種苗法の枠外であり、種苗法とは別に林業種苗法が存在し、規律しています。

　そして、種苗法と林業種苗法では、次に示すとおり法律の目的が大きく異なっています。

林業種苗法

（目的）

第１条　この法律は、種苗について優良な採取源の指定、生産の事業を行なう者の登録、配布の際の表示の適正化等に関する措置を定めることにより、優良な種苗の供給を確保し、もつて適正かつ円滑な造林を推進して林業総生産の増大及び林業の安定的発展に資することを目的とする。

　まず銘記するべきことは、林木の育種事業は、種苗の生産も流通も、新品種の開発も、すべて行政の管理下にあるという大前提です。優良な種苗の開発は重要な目的の１つではありますが、個人の抜け駆けに経済的利得を与えるものではありません。林業種苗法はあくまでも、適正かつ円滑な造林を推進して森林・林業の業界全体が、安定的に良い方向に漸進していくことを目的とするものなのです。

　　㋒　林業種苗法の制定の経緯

　最初の林業種苗法が公布されたのは、昭和14年（1939年）のことです。明治以来国が主導してきた造林政策の経験と知見の積み重ねにより、種苗の良し悪しとともに、母樹の産地の気候風土の違いが造林成績を左右することは明らかとなっていました。たとえば、吉野のような優良林業地由来の苗木であっても、環境条件・気象条件の異なる地域に植林しては数十年後に大規模な不成績造林地が立ち現れてしまうのです。そこで樹種別に定められた需給区域内で計画的に種苗の生産・配布を行うようにしました。

　それから30年が経過し、戦後の拡大造林政策により、一層優良種苗確保の要請が強くなっていきました。しかし、種苗生産と流通はこの頃に広域事業化し、質の悪い苗木の流通を抑制するために行政が管理する必要性が生じてきました。苗木販売業者の言うことを額面どおりに受け取って失敗だったとわかるのが、金と労力をかけて造林してから20年経過後だったということはあってはならないことですが、実際にはそのような事例が現れるようになったからなのです。

　昭和45年（1970年）に現行林業種苗法が制定されたのは、そのような問題に立ち向かうためです。当時の農林事務次官通知は、「旧林業種苗法（昭和14年法律第16号）の制定以来既に30年余りを経過し、その間に林業種苗の生産、流通の状況、造林の実施状況その他林業を取り巻く諸事情は著しい変化をみせており、特に林業種苗は産地の表示のないまま取引されるのが通例であったため、最近における造林地の奥地化、種苗流通圏の広域化に伴い、産地の明かでない苗木が遠隔の環境不適地に植栽され、あるいは不良な種苗が造林に供される等によって、少なからぬ地域において樹木の成育不良、凍害の多発等の事態が発生している。このような現状にかんがみ、優良な林業種苗の質量両面の円滑な供給を確保するため、旧林業種苗法を全面的に改め、林業種苗についての優良な採取源の整備、生産事業者の登録、配布する種苗への産地その他必要事項の表示の義務づけ等の措置を講ずることとしたものである」と述べています[2]。

(2)　林業種苗法における種苗

　林業種苗法における種苗とは、林業生産に供される樹木の繁殖のために用いられる種子、穂木、茎、根および苗木（幼苗を含む）を指します（林業用以外の盆栽・庭園樹に用いられるものは除きます）（同法2条1項）。

　林業種苗法の対象となる種苗として、林業種苗法施行令が、①すぎ、②ひのき、③あかまつ、④くろまつ、⑤からまつ、⑥えぞまつ、⑦とどまつ、⑧りゅうきゅうまつの8種を指定しています（同令1条）。これら①～⑧以外の種苗には林業種苗法の適用はありません。

　林業種苗法の対象種苗には、農林水産大臣の指定する種苗の配布区域の制限が課せられます（林業種苗法24条1項[3]）。

　近年、森林の広葉樹林化あるいは針広混交樹林化が推奨されるようになったことから、広葉樹の苗木も林業用に育成されるものが多くなっています。

　こうした広葉樹に対しても、さらに、林業用以外の樹木（たとえば、緑化

2　農林事務次官による「林業種苗法の施行について」（昭和45年8月31日付け45林野造第887号）。

3　「林業種苗法第24条第1項の規定に基づく農林水産大臣の指定する種苗の配布区域」（昭和46年2月1日付け農林省告示第179号（最終改正：令和5年農水省告示第735号））。

用樹木）であっても種苗配布区域を設定するべきではないかという考え方が広まってきたことから、平成23年（2011年）、森林総合研究所はガイドラインを発表して、種苗の移動制限につき注意を喚起しています[4]。しかし、広葉樹については遺伝構造のデータが不足しており、規制を裏づけるだけの科学的根拠が不十分な状況です。そのため、規制の立法化には至っていません。

(3)　林木育種

㋐　広域かつ長期的な樹木集団としての森林を守ること

林木育種とは、目的に合った品種をつくり、その苗木を増殖して、実際の森林造成に役立てることです[5]。

植物というのは、長期的な気候等の環境変動に適応しながら生き残っていくものですから、同じスギやヒノキといった種であっても、地域により異なる遺伝的分化を遂げています。

たとえば、スギには太平洋側と日本海側で異なる形質があるとされており、「オモテスギ」「ウラスギ」と呼ばれています。オモテスギの代表が、高知県のヤナセスギ、ウラスギの代表が秋田県のアキタスギです。このほかにも、屋久杉、吉野杉といった地域の風土に適応して異なる形質をもったスギが指摘できます。

山づくり・森づくりにおいて留意しなければならないのは、広域的・長期的に自然がつくり上げ、安定している遺伝構造の中に、異なる遺伝構造を投げ込まないようにすることです。前述した種苗の配布地域の制限もこの趣旨によるものですが、これは遺伝的攪乱の防止という考え方によるものです。

遺伝的攪乱とは、局所個体群が長い年月をかけて局所環境に適応するためにつくり上げた遺伝子型をもった集団の遺伝構造を崩壊させ、集団や種の衰退につながることです。

遺伝的攪乱を防ぐためには、植林に用いる苗や種子は遺伝的な組成が植栽地域の同種の集団と遺伝的に近縁なものを用いるようにする必要があります。

このように、林木育種においては、気候・環境条件への適応性の配慮の観

4　森林総合研究所「広葉樹の種苗の移動に関する遺伝的ガイドライン」〈https://www.ffpri.affrc.go.jp/pubs/chukiseika/documents/2nd-chukiseika20.pdf〉。

5　文部科学省『森林科学（高等学校用）』（実教出版・2013年）63頁

点のほか、遺伝的管理の観点も同様に、健全な森林の育成と保全のために重要なこととされています。

(イ) 林木育種の方法

優良な種苗を育種する方法はいくつかのものがありますが、林木育種では集団選抜育種法を基本とします。ただし、目的に応じてそれ以外の方法が採用されることもあります。

(A) 集団選抜育種法

集団選抜育種法は、現在ある林分の中から形質の優れた個体を選抜して増殖し、さらにその子供の中から優れたものを選び出し、選抜と増殖を繰り返して新しい品種を育成する方法です。

(B) 交雑育種法

交雑育種法は、遺伝的に異なる品種・系統間で交雑を行って、多様な変異を示す雑種集団をつくり、その中から両親がもっている優良な特性をあわせもつ個体や、両親を越える優良な形質をもつ個体（交雑後の第1世代に現れる雑種強勢の個体を「F1種」といいます）を選抜する手法です。農作物の品種改良では中心的に行われます。

林木は、一般に、接ぎ木、挿し木などにより繁殖しますが（これを「栄養繁殖」といいます）、交雑で得られた種子から実生を育成し、選抜を行い、選抜された系統を接ぎ木などによりまた栄養繁殖するという方法で交雑育種法がとられることもあります。

(C) わが国の育種の進め方

国の事業としての林木育種・品種改良は、昭和29年（1954年）から始まっています。このとき、成長が良く、通直で、耐病性等に優れた樹木が全国で約9100本選抜されました。この最初の選抜個体を「精英樹」と呼んでいます。

次に、それら選抜個体の遺伝的特性を調べるため、全国各地の林地に精英樹のさし木苗や実生苗（種から育成した苗）を植栽して、試験林（検定林）が造られました。

精英樹同士を交配した家系の中から、さらに成長等に優れた林木を選抜するため、さらに試験林（検定林）が造成されました。ここで選抜される個体

を「第2世代精英樹」と呼んでいます。第2世代精英樹は、「エリートツリー」とも呼ばれ、従来品種より2倍程度に初期成長が良いといわれています。このように苗木の成長が早いほど、下刈り期間を1年・2年と短縮することができ、もって相当金額の育林経費を節減できる利点があります。[6]

　エリートツリーの選抜は平成24年（2012年）から始まり、令和2年度（2020年度）で1054本が選ばれています。

　山行き苗（植林のために林地に送られる苗木）として造林地で植林されるのは、クローン苗であり、交雑育種の実生苗は検定林（試験場）内において、遺伝子管理しうる形で活用されています（〔図表88〕[7]参照）。これらの選抜個体間で、交雑と選抜を繰り返していく方法が、わが国の集団選抜育種法です。

6　倉本哲嗣（森林総合研究所林木育種センター）「エリートツリーの開発・普及」〈https://www.rinya.maff.go.jp/j/kanbatu/houkokusho/attach/pdf/souseiju2019-7.pdf〉。

7　井出雄二＝白石進編『森林遺伝育種学』（文永堂出版・2012年）168頁〔近藤禎二〕。

〔図表88〕　集団選抜育種法

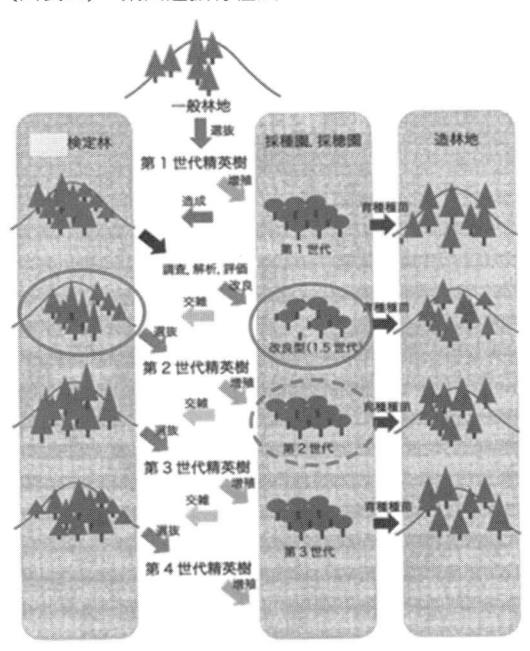

3　林業種苗法による優良種苗供給

(1)　優良な種苗を育成する場所

(ア)　指定採取源

　林業種苗法における育種のもともとの考え方は、全国の山にある優良な樹木・樹木の集団から、種苗を採取し、苗木を育成し、配布するというものでした。「採種園」「採穂園」で育種するという考え方はもっていなかったわけです。しかしそれでは、優良品種の十分な量の確保に足らず、昭和45年（1970年）の林業種苗法の改正に伴って、従来の種苗採取源は普通母樹（林）に、新しくつくった「採種園」と「採穂園」は育種母樹（林）に区別されました。都道府県知事は、優良な種穂（種苗のうち、種子、穂木、茎または根）の確保を図るため、その採取に適した樹木またはその集団を、育種により育成されたものにあっては育種母樹または育種母樹林として、そのほかのもの

317

にあっては普通母樹または普通母樹林として、指定することができます（同法3条1項）。また、農林水産大臣は、特に優良な種穂の採取に適する樹木またはその集団を特別母樹または特別母樹林として指定することができます（同法4条1項）。そして、これらを「指定採取源」と総称します（同法5条1項）。

　所有者等のいかんを問わないものであり、指定は公示されるとともに、所有者等に通知されることになります。

　指定を受けた所有者等は、その指定採取源につき、農林水産大臣または都道府県知事の指示に従い保護管理する責任を負います（林業種苗法6条1項・2項）。

林業種苗法

（育種母樹、普通母樹等の指定）

第3条　都道府県知事は、優良な種穂（種苗のうち、種子、穂木、茎又は根をいう。以下同じ。）の確保を図るため、農林水産省令で定める基準に従い、配布（配布のためにする苗木の育成を含む。次条第1項、第23条及び第32条第7号において同じ。）の目的のための優良な種穂の採取に適する樹木又はその集団を、育種により育成されたものにあつては育種母樹又は育種母樹林として、その他のものにあつては普通母樹又は普通母樹林として指定することができる。

2・3　（略）

（特別母樹等の指定）

第4条　農林水産大臣は、優良な種穂の採取に適する樹木又はその集団を育成し、又は改良するため特に優良な種穂の確保を図る必要があるときは、関係都道府県知事の意見をきいて、配布の目的のための特に優良な種穂の採取に適する樹木又はその集団を特別母樹又は特別母樹林として指定することができる。

8　農林事務次官による「林業種苗法の施行について」（昭和45年8月31日付け45林野造第887号）、田島正啓「採種園の役割」材木育種技術ニュース18号（2003年8月）1頁以下。

2　（略）

（指定の公示等）

第5条　農林水産大臣又は都道府県知事は、特別母樹若しくは特別母樹林又は育種母樹、育種母樹林、普通母樹若しくは普通母樹林（以下「指定採取源」と総称する。）を指定するときは、農林水産省令で定めるところにより、その旨を公示するとともに、その指定採取源の所有者等に通知しなければならない。

2　（略）

（指定採取源の保護又は管理のための命令等）

第6条　農林水産大臣は、特別母樹又は特別母樹林の指定目的を達成するため必要があるときは、その所有者等に対し、その保護又は管理に関し、必要な処置を講ずること又は有害な行為を行なわないことを命ずることができる。

2　都道府県知事は、育種母樹若しくは育種母樹林又は普通母樹若しくは普通母樹林の指定目的を達成するため必要があるときは、その所有者等に対し、その保護又は管理に関し、必要な処置を講ずること又は有害な行為を行なわないことを指示することができる。

　　㈡　指定採取源に対する規制

　特別母樹および特別母樹林の所有者等は、農林水産大臣の許可がなければ、これらの樹木を伐採してはなりません。そのため、特別母樹および特別母樹林の所有者等は、指定によりその者が通常受けるべき損失補償を受けることができます（林業種苗法7条1項・8条1項）。

　育種母樹もしくは育種母樹林または普通母樹もしくは普通母樹林の所有者等は、これらの樹木を伐採しようとするときは、都道府県知事に届け出なければなりません（林業種苗法7条3項）。

林業種苗法

（指定採取源の伐採の制限）

第7条　特別母樹又は特別母樹林の所有者等は、これらの樹木を伐採

してはならない。ただし、その指定目的を阻害するおそれがないものとして、農林水産省令で定めるところにより、農林水産大臣の許可を受けた場合は、この限りでない。

2　（略）

3　育種母樹若しくは育種母樹林又は普通母樹若しくは普通母樹林の所有者等は、これらの樹木を伐採しようとするとき（前項第2号に該当する場合には、これらの樹木を伐採したとき。）は、農林水産省令で定めるところにより、その旨を都道府県知事に届け出なければならない。

（特別母樹等についての損失補償）

第8条　国は、特別母樹又は特別母樹林の所有者等に対し、特別母樹又は特別母樹林の指定によりその者が通常受けるべき損失を補償しなければならない。ただし、当該指定が所有者の申請に基づいてされた場合は、この限りでない。

2～5　（略）

令和元年（2019年）末において全国にある指定採取源の数および面積は、それぞれ〔図表89〕のとおりです。[9]

〔図表89〕　指定採取源の数および面積

	箇所数	面　積
特別母樹林	117箇所	1,115ha
普通母樹林	5,092箇所	13,871ha
育種母樹林	596箇所	1,058ha
合　計	5,805箇所	16,044ha

⑵　林業種苗生産流通過程の管理

㈠　生産事業者の登録と配布事業者の届出

他の者への配布を目的として、林業種苗法施行令が定める8樹種の種穂

9　林野庁「林業種苗生産」〈https://www.rinya.maff.go.jp/j/kanbatu/syubyou/syubyou.html〉。

（すぎ、ひのき、あかまつ、くろまつ、からまつ、えぞまつ、とどまつ、りゅう
きゅうまつ）（同令1条）を採取し、または苗木を育成する事業を営むものを
「生産事業者」とし、この生産事業者は、都道府県知事の行う講習会を受講
し、登録を受けなければなりません（林業種苗法10条・11条）。また、他の者
が採取した種穂や育成した苗木を配布することを業とする者は「配布事業
者」といい、この配布事業者は、都道府県知事に届出を行う必要があります
（同法17条）。

　　　(イ)　育種基本区・育種区

　造林に供する種苗は、その地域の生育環境に適合した性質を備えたもので
なければなりません。

　この趣旨から、林木育種事業は、運営の基本単位として全国に5つの育種
基本区を設け（北海道育種基本区、東北育種基本区、関東育種基本区、関西育種
基本区、九州育種基本区）、それぞれの育種基本区内においてさらに、環境条
件をほぼ同じくする区域を19の育種区として分け、新品種の開発事業を推進
しています。林木育種事業は行政が管理しているから、育種区は行政区画に
合わせるのが基本です。しかし、兵庫県や京都府など行政区内に異なる気候
特性を有する場合には、それに応じた区分とされています（〔図表90〕参照）[9]。

〔図表90〕　育種区別の対象地域

育種基本区／育種区		対象地域
北海道	中部	宗谷、上川、留萌、空知（一部）総合振興局・振興局管内
	東部	オホーツク、十勝、釧路、根室総合振興局・振興局管内
	西南部	渡島、桧山、日高、石狩、空知（一部）、後志、胆振総合振興局・振興局管内
東　北	東部	青森県、岩手県、宮城県
	西部	秋田県、山形県、新潟県

9　森林総合研究所林木育種センター「育種基本区」〈https://www.rinya.maff.go.jp/ken_
　sidou/senryaku/pdf/20220331.pdf〉。

関　東	北関東	福島県、栃木県、群馬県
	関東平野	茨城県、埼玉県、千葉県、東京都、神奈川県
	中部山岳	山梨県、長野県、岐阜県
	東海	静岡県、愛知県
関　西	日本海岸東部	富山県、石川県、福井県、滋賀県（北部）
	日本海岸西部	京都府（北部）、兵庫県（北部）、鳥取県、島根県
	近畿	滋賀県（南部）、京都府（南部）、三重県、和歌山県、奈良県、大阪府
	瀬戸内海	兵庫県（南部）、岡山県、広島県、山口県
	四国北部	香川県、愛媛県
	四国南部	徳島県、高知県
九　州	北九州	福岡県、佐賀県、長崎県
	中九州	熊本県（北部、中部）、大分県、宮崎県（北部）
	南九州	熊本県（南部）、宮崎県（中部・南部）、奄美大島以南を除く鹿児島県
	南西部	奄美大島以南の鹿児島県、沖縄県

　　㋒　種苗配布区域

　地域に適したきめ細やかな新品種の開発普及を推進し、造林計画の的確な遂行を期すために、農林水産大臣は、一定の区域において採取され、または育成される種苗について気候その他の自然条件からみておおむねその樹木としての生育に適すると認められる区域を、種苗配布区域として指定することができます。

　指定された配布区域以外の区域に種苗を配布してはなりません。これに違反した場合は罰則の適用があります（林業種苗法24条1項・2項・32条8号）。

林業種苗法

（種苗の配布区域の制限）

第24条　農林水産大臣は、造林の適正かつ円滑な推進を図るため特に必要があると認めるときは、農林水産省令で定めるところにより、一定の区域（外国における一定の区域を含む。）において採取され、又は育

成される種苗について気候その他の自然条件からみておおむねその樹木としての生育に適すると認められる区域を配布区域として指定することができる。

2　生産事業者及び配布事業者は、種苗につき前項の配布区域が指定されているときは、当該配布区域以外の区域を受取地として種苗を配布してはならない。ただし、林業の試験研究の用に供する場合その他特別の事情がある場合において農林水産大臣の承認を受けたときは、この限りでない。

（罰則）

第32条　次の各号の一に該当する者は、３万円以下の罰金に処する。

　一～七（略）

　八　第24条第２項の規定に違反した者

　九（略）。

〔図表91〕　種苗配布区域（スギ）

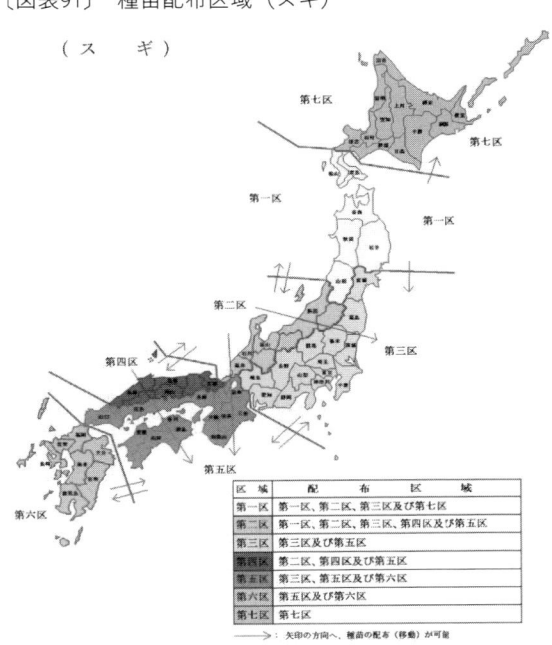

区　域	配　布　区　域
第一区	第一区、第二区、第三区及び第七区
第二区	第一区、第二区、第三区、第四区及び第五区
第三区	第三区及び第五区
第四区	第二区、第四区及び第五区
第五区	第三区、第五区及び第六区
第六区	第五区及び第六区
第七区	第七区

———→：矢印の方向へ、種苗の配布（移動）が可能

　配布区域は、スギは7区、ヒノキは3区、アカマツは3区、クロマツは2区が定められ、種苗の移動が制限されています（〔図表91〕参照[11][12]）。

4　間伐等特措法

(1)　間伐等特措法の立法の経緯

　間伐等特措法（森林の間伐等の実施の促進に関する特別措置法）は、地球温暖化対策として森林の炭素固定能力が評価されていく中、京都議定書の第一約束期間における森林吸収量の目標の達成に向け、平成24年度（2012年度）までの間における森林の間伐等の実施を促進するため、特別の措置を講ずることを内容として、平成20年（2008年）年5月16日に新法として公布・施行されたものです。

　その後、京都議定書第二約束期間に合わせて、平成25年（2013年）に改正・延長され、①間伐・再造林等の森林整備、②成長に優れた母樹（特定母樹）の増殖を推進することとされました。

　令和3年（2021年）の改正では、パリ協定（2015年（平成27年））において定められたわが国の森林吸収量目標（2030年度（令和12年度）に2.0%削減）を達成するためには、引き続き間伐・再造林等の森林整備の推進が必要であるとして、またさらに、2050年カーボンニュートラルの実現に向け、2030年度（令和12年度）までの間における間伐等の実施や特定母樹の増殖等に関する措置を定めています。

(2)　特定母樹の指定

(ア)　林木育種の高速化

　平成25年（2013年）の改正間伐等特措法において、農林水産大臣は、森林のCO_2吸収固定能力を高めるよう特に成長に優れたものを特定母樹として指定し、普及を図るべきものとしました（同法2条2項）。

11　森林総合研究所林木育種センター「林業種苗法の配布区域について」〈https://www.ffpri.affrc.go.jp/ftbc/business/sinhijnnsyu/documents/haihukuiki.pdf〉。

12　「林業種苗法第24条第1項の規定に基づく農林水産大臣の指定する種苗の配布区域」（昭和46年2月1日付け農林省告示第179号（最終改正：令和5年農水省告示第735号））。

間伐等特措法
（定義）
第 2 条（略）
　2　この法律において「特定母樹の増殖」とは、特に優良な種苗（林業
　　種苗法第 2 条第 1 項に規定する種苗をいう。以下同じ。）を生産するため
　　の種穂の採取に適する樹木であって、成長に係る特性の特に優れたも
　　のとして農林水産大臣が指定するもの（以下「特定母樹」という。）の
　　増殖で平成32年度までの間に行われるものをいう。
　3　（略）

　林木育種を高速化することには、森林の CO_2 吸収固定能力の向上のほか
にも、早期に伐採目的を達成すること、また低密度で植栽しても下草等に被
圧されにくいからその間の下刈り経費を削減し、作業量を削減することがで
きることといった利点があります。今後の人工造林は、基本的にこの特定母
樹により行うものとされています。

　農林水産大臣から特定母樹の指定を受けるためには、次の①〜④の要件を
満たすことが必要です。

　①　成長量は、在来の系統と比較して1.5倍以上の材積であること
　②　材の剛性は、同様の林分の個体の平均値と比較して優れていること
　③　幹の通直性は、曲がりが全くないか、曲がりがあっても採材に支障が
　　ないものであること
　④　花粉量が一般的なスギ・ヒノキのおおむね半分以下であること
　　(イ)　特定母樹ができるまで

特定母樹（成長に優れた母樹）という言葉自体は新しいものですが、考え
方や開発の歴史は古く、国家的規模での林木育種事業が開始したのは昭和29
年（1954年）です（**本章 2 (3)(イ)(C)**参照）。日本全国から「山一番」の木約9000
個体が精英樹として集められ、成長の良いものを絞り込み、その選ばれた精
英樹同士を交配させてつくった苗木を各地域の気候風土に適合して成長する
よう全国2200か所（2900ha）の試験地に送り、植栽しました。その後、30年

以上をかけて定期調査を繰り返し、トータルで60年以上にわたる育種研究調査の結果、選抜された特別に優秀な精英樹（エリートツリー）中から、さらに優れたものとして選び出されたものが、間伐等特措法の特定母樹として申請がなされ、農林水産大臣によって指定を受けたものです。

　　㈡　特定母樹の普及・配布

　わが国の林木育種事業は、国立研究開発法人森林研究・整備機構森林総合研究所林木育種センター（以下、「森林総合研究所林木育種センター」といいます）を中心に、各都道府県の林木育種場が担っています。

　特定母樹を選抜するのは森林総合研究所林木育種センターであり、同センターの原種園で、挿し木・接ぎ木により、種苗を増殖させ育成していきます。そうして増やした苗木が都道府県等に配布され、都道府県等が造成する採種園・採穂園において、多くの種子や穂木に増殖されるのです。増殖された種子・穂木は、都道府県知事の認定を受けた民間の苗木生産事業者である認定特定増殖事業者（間伐等特措法10条１項・９条１項）に供給され、苗畑において山行苗木（植林用の苗木）に育てられ、植栽を行う森林所有者等の手元に届けられてゆくのです（〔図表92〕参照）。[13]

〔図表92〕　特定母樹の普及

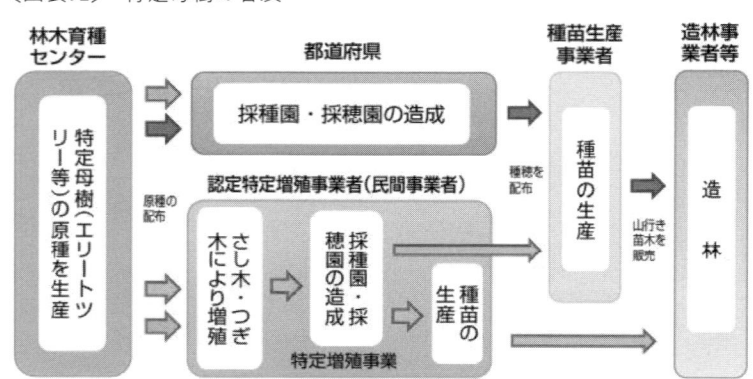

➡ 都道府県による特定母樹の増殖等の流れ
➡ 民間活力による特定母樹増殖等の流れ
➡ 採種園・採穂園の造成等に係る技術指導

　森林総合研究所林木育種センターが、エリートツリーの中から、**前記(ア)**の4要件を満たす特定母樹を選抜していくことになります。

　令和3年度（2021年度）までに、森林総合研究所の林木育種センターが申請して特定母樹として指定された382系統[14]のうち、林木育種センターが開発したエリートツリーが320系統（スギ153系統、ヒノキ58系統、カラマツ80系統、トドマツ29系統）という結果になっています。都道府県の試験林（検定林）からも特定母樹の申請はあり80系統弱が認定されています。

(3)　優良品種

　森林総合研究所林木育種センターは、精英樹（エリートツリー）のほかにも、地域特有のニーズに応じた優良品種を開発しています。マツノザイセンチュウ抵抗性品種、花粉症対策品種、雪害抵抗性品種などがそれです。

　育種の効果を何世代にもわたり持続させるとともに、世代ごとにその効果を森林整備の現場で最大限発揮させるため、育種集団と生産集団の2つの集団により、林木育種事業を推進しています（〔図表93〕[15]参照）。

　育種集団とは、成長等の基本的な性質が優れたものの集まりで、精英樹等により構成されています。集団内において大規模な交配と選抜を行い、改良を進めており、第2世代以降の精英樹がエリートツリーと呼ばれています。エリートツリーの中から、原種として増殖し各地へ配布するものが選抜され、特定母樹となってゆくのが生産集団です。

　また、第1世代精英樹の中から、花粉を出さない個体を選抜し、交配により、メンデルの法則[16]により劣性（花粉をもたない）個体を創出し、さらに交配を進め無花粉の品種を優良品種として生産集団にて増殖し、各地に配布します。

13　森林総合研究所林木育種センター「パンフレット（林木育種センター概要）」〈https://www.ffpri.affrc.go.jp/ftbc/documents/gaiyo2024.pdf〉6頁。

14　系統とは、遺伝学上共通の祖先をもつ個体群をいいます（人間や動物でいえば血統）。遺伝子DNAが自己複製しながら子孫に受け継がれていく関係です。

15　森林総合研究所林木育種センター「パンフレット（林木育種センター概要）」〈https://www.ffpri.affrc.go.jp/ftbc/documents/gaiyo2024.pdf〉2頁。

〔図表94〕　育種集団・生産集団と精英樹・特定母樹・優良品種

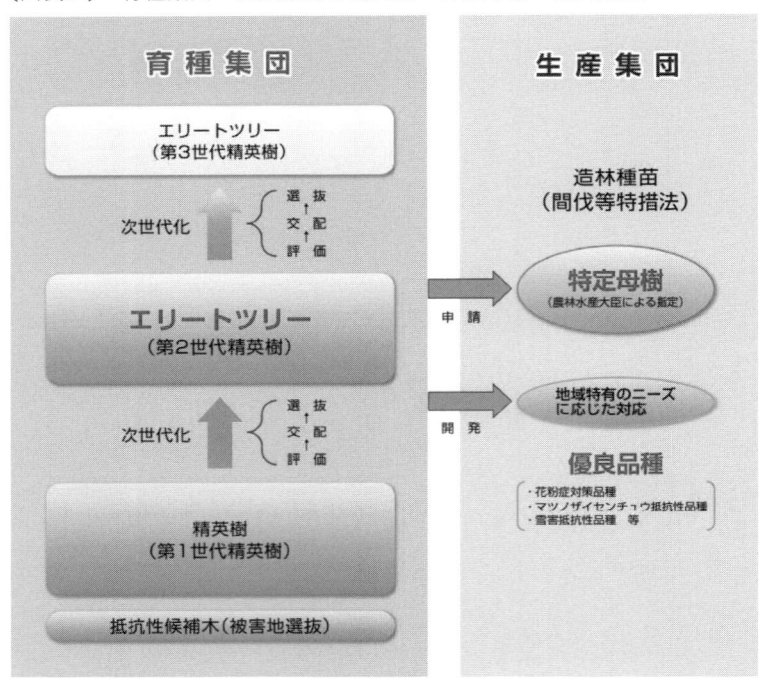

⑷　基本指針・基本方針

　間伐等特措法は、農林水産大臣において、「特定間伐等及び特定母樹増殖の実施の促進に関する基本指針」を定めるべきことを規定しています（同法３条１項）。基本指針では、特に優良な種苗を生産する体制に関する基本的な事項を定めるべきとされ（同条２項）、さらに、都道府県知事が基本指針に即して、「特定間伐等及び特定母樹の増殖の実施の促進に関する基本方針」

16　メンデルの法則とは、①優性の法則（純系同士の交配では、雑種第１世代（F_1）には、優性の形質のみがあらわれ、劣性の形質はあらわれないということ）、②分離の法則（上記の F_1 同士の交配による雑種第２世代（F_2）では、F_1 であらわれなかった形質もあらわれ、対立形質は優性対劣性の割合が３：１に分離してあらわれるというもの）、③独立の法則（２対以上の対立形質の遺伝は各対が他の対とは無関係に独立して遺伝するというもの）ですが、花粉をもたない劣性形質の個体を選抜することに関係するのは、②の分離の法則です。

を定めるべきとしています（同法4条1項）。

間伐等特措法

（基本指針）

第3条　農林水産大臣は、特定間伐等及び特定母樹の増殖の実施の促
　　進に関する基本指針（以下「基本指針」という。）を定めなければなら
　　ない。

2　　基本指針においては、次に掲げる事項につき、次条第1項の基本方
　　針の指針となるべきものを定めるものとする。

　　一　特定間伐等及び特定母樹の増殖の実施の促進の意義及び目標に関
　　　する事項

　　二　特定間伐等の実施を促進するための措置を講ずべき区域の設定に
　　　関する基本的な事項

　　三　前号の区域において実施すべき特定間伐等に関する基本的な事項

　　四　特に優良な種苗を生産する体制の整備に関する基本的な事項

　　五　特定増殖事業の実施に関する基本的な事項

　　六　前各号に掲げるもののほか、特定間伐等及び特定母樹の増殖の実
　　　施の促進に関する重要事項

3〜7　（略）

（基本方針）

第4条　都道府県知事は、基本指針に即して、当該都道府県の区域内
　　における特定間伐等の実施の促進に関する基本方針又は当該区域内に
　　おける特定間伐等及び特定母樹の増殖の実施の促進に関する基本方針
　　（以下「基本方針」と総称する。）を定めることができる。

2　　基本方針においては、次に掲げる事項を定めるものとする。ただ
　　し、特定間伐等の実施の促進に関する基本方針においては、第1号か
　　ら第4号までに掲げる事項を定めれば足りる。

　　一　特定間伐等の実施の促進の目標

　　二　特定間伐等の実施を促進するための措置を講ずべき区域の基準

　　三　次条第1項に規定する特定間伐等促進計画の作成に関する事項

四　前3号に掲げるもののほか、特定間伐等の実施の促進に関する事
　　項

五　特定母樹の増殖の実施の促進の目標

六　特に優良な種苗を生産する体制の整備に関する事項

七　特定増殖事業の実施方法に関する事項

八　特定増殖事業の実施の促進のための方策に関する事項

　令和3年の基本指針（令和3年農水省告示第508号）においては、わが国の人工林が伐採適期を迎えており伐採後の再造林面積が拡大していることを踏まえ、増殖特定母樹の採取源を全国的に整備し、認定特定増殖事業者に対して生産供給の見通しを明らかにすることを示しています。

第12章　林業における労務管理

1　はじめに──労働災害と安全衛生対策

　林業、特に川上では、労働災害は避けては通れない問題です。林業における労働災害の発生は、減少傾向ではあるものの、労働災害をなくすため、安全衛生対策をより一層充実させることが必要となります。

　川中については主として製造業の枠組みで、川下については主として建設業の枠組みで論じられる問題であり、川上においては、林業労働の特殊性が顕著なものとなります。本章では主に、川上における労働について、林業における労務管理、安全衛生管理体制、労働災害、損害賠償請求等について述べます。

▶本章で解説する内容▶ ▶ ▶

☑　林業における労務管理（→2）

☑　労働災害（→3）

☑　安全衛生管理体制（→4）

☑　労働者災害補償（→5）

☑　民事上の責任（→6）

2　林業における労務管理

(1)　労働契約における当事者

　林業においては、川上、川中、川下の業務がありますが、ここでは特に川上における労働契約について述べます。

　労働基準法は、労働者を守るための法律であり、労働条件の最低条件を定めています。使用者はその基準を下回る基準を定めてはなりません。これは、憲法がいう「健康で文化的な最低限度の生活」（同法25条1項）を守るための法律です。

　まず、「労働者」「使用者」とは何かについて述べます。労働基準法は、労働者と使用者は対等な立場で労働契約を締結するべきことを定めています（同法2条1項）。

　　(ア)　労働者

　労働者とは、職業の種類を問わず、事業または事務所に使用される者で、賃金を支払われる者をいいます（労働基準法9条）。労働者には正社員やパート、アルバイト、不法就労などあらゆる就業形態を含むものであり、差別されることなく保護されます。

　労働者かどうかは、事業に使用される者であるか（使用性）、その対償として賃金が支払われているかどうか（賃金性）で判断されます。

　具体的には、①仕事の依頼等への諾否の有無、②業務遂行上の指揮監督の有無、③勤務時間・勤務場所の拘束性の有無、④他人による代替性の有無、⑤報酬の労務対償性の有無などを考慮して、総合的に労働者性を判断する必要があります[1]。

　たとえば、請負契約の下請負人については、その業務を独立して従事していれば、労働者にはあたりません。しかし、形式的に請負契約の形態をとっていたとしても、使用従属関係が認められるときは、労働基準法（労働安全衛生法）上の労働者にあたります。

　また、法人や組合の代表者は、事業者体との関係において使用従属関係が

1　労働省労働基準局編『労働基準法の問題点と対策の方向』（日本労働協会・1986年）52頁以下。

ないことから、労働者にはあたりません。法人の業務執行権をもたず賃金の支払いを受ける者（たとえば、部長や工場長など）は、労働者にあたります。

　もっとも、令和5年（2023年）の労働安全衛生規則等の改正により、危険有害な作業を行う事業者は、作業を請け負わせる一人親方等や同じ場所で作業する労働者以外の者に対しても、労働者と同等の保護措置を図るよう義務づけられるようになりました。林業では、伐採の技能を個人として磨いたほうがフリーで活動されていることも多く、そのような方に事業者がお声がけして現場をお願いすることもあります。今後、このような方たちも一定の保護を受けられることになります。

　　　(イ)　使用者

　使用者とは、事業者または事業の経営担当者その他事業の労働者に関する事項について、事業者のために行為をするすべての者をいいます（労働基準法10条）。このように、使用者には3形態あります。

　事業者とは、その事業の経営主体であり、具体的には法人そのものであったり、個人事業では事業者個人です。事業の経営担当者とは、事業経営について権限と責任を負う者で、取締役や理事をいいます。事業者のために行為をするすべての者とは、人事部長などをいいます。

(2)　労働者の募集

　労働者を募集する際に、原則として年齢制限をすることはできません（労働施策の総合的な推進並びに労働者の雇用の安定及び職業生活の充実等に関する法律9条）。林業を担うために体力が必要であるといっても、年齢で制限することはできないのです。高年齢者等の雇用の安定等に関する法律は、「事業者は、労働者の募集及び採用をする場合において、やむを得ない理由により一定の年齢（65歳以下のものに限る。）を下回ることを条件とするときは、求職者に対し、厚生労働省令で定める方法により、当該理由を示さなければならない」としており、原則として年齢制限をすることを禁止しています（同法20条1項）。

　また、賃金や労働時間などでトラブルになることは多いので、賃金や労働時間、その他の労働条件をあらかじめ明示する必要があります（労働基準法15条1項）。厚生労働省のウェブサイトにも、労働条件通知書の雛型があり

ますので、これを活用するのがよいでしょう[2]。

　雇用期間については、期間を定めないこともできますが、期間を定めることもできます。基本的には3年が限度ですが、高度の専門的知識等を有する者、満60歳以上の者については5年までとされています（労働基準法14条1項）。

(3)　労働時間・賃金

(ア)　労働時間

　労働時間は、使用者の指揮監督下にある時間をいいます。作業と作業の間に生じる手待時間や作業の準備や作業終了後の後片付けをする時間も、作業を行ううえで必要不可欠なものであり、労働時間に含まれます。

　安全衛生教育や安全衛生委員会の実施している時間も、労働時間としなければなりません。

(イ)　法定労働時間、休憩、休日

　1日の法定労働時間は8時間以内とされ、1週間の法定労働時間は40時間です（労働基準法32条）。それを超える場合には時間外労働となります。林業においては、作業ができる時間帯が決まっていることもあり、夏場は週休2日（週40時間）が守られていないこともあります。その場合には、時間外労働分の賃金についてきちんと支払わなければなりません。

　休憩については、1日の実労働時間が6時間を超えた場合には45分以上、8時間を超えた場合には60分以上、与える必要があります。休日は、毎週1日または4週間に4日必要です（労働基準法35条）。

　このように、林業についても、労働基準法は適用され、労働時間、休憩および休日に関する規定が適用されます（同法41条1号）。

労働基準法

（労働時間等に関する規定の適用除外）

第41条　この章、第6章及び第6章の2で定める労働時間、休憩及び休日に関する規定は、次の各号の一に該当する労働者については適用

2　厚生労働省「モデル労働条件通知書」〈https://www.mhlw.go.jp/content/11200000/001156118.pdf〉。

しない。

一　別表第1第6号（林業を除く。）又は第7号に掲げる事業に従事する者

二・三（略）

(ウ)　時間外労働

法定労働時間を超える時間外労働・休日労働をさせる場合には、時間外労働および休日労働に関する協定届（36協定届）を、あらかじめ所轄労働基準監督署に届け出ていなければなりません。また、その協定届の限度でしか時間外労働等を行わせることはできません。

(エ)　賃金の支払方法

(A)　賃金支払いの4原則

賃金支払いの4原則として、全額払いの原則、直接払いの原則、毎月1回払いの原則、一定期日払いの原則があります（労働基準法24条）。これは、労働者に対して賃金が確実に支払われるように、使用者に条件を課したものです。

したがって、元請からの入金がないからといって、労働者に賃金を支払うことができないというのは認められません。

(B)　給与形態

給与形態としては、日給制、月給制、出来高制があり得ます。林業では日給月給制の会社も多く、月給制を採用する会社は少ない現状にあります。

令和3年（2021年）の森林組合統計においては、月給制の割合は27％となっています。日給月給制だと、悪天候で作業ができない場合には賃金がゼロになってしまいます。そうすると、労働者としては、賃金について将来への予測もすることができず、生活に困ってしまいます。最終的には林業従事者が定着しない要因ともなっています。月給制を採用し、労働者の生活の安定を図ることも必要でしょう。会社としても、日給制や出来高制と比較すると、月給制のほうが人材育成のための時間や予算を確保することができます。

出来高制とは、たとえば、$1 m^3$あたりの単価を決め、何m^3伐採したかに

よって支給額が決まるというものです。労働基準法では、「出来高払制その他の請負制で使用する労働者については、使用者は、労働時間に応じ一定額の賃金の保障をしなければならない」としています（同法27条）。これは、完全出来高払制を採用したとして、出来高がゼロであっても、賃金をゼロとすることはできないとするものです。出来高がないからといって賃金をゼロとすれば、労働者の生活は立ち行かなくなってしまいます。そこで、労働基準法は、労働時間に応じた一定額の賃金の支払いを義務づけました。この一定額については具体的には定められていませんが、休業手当の基準を考慮して、賃金の6割程度と解されています。

　労働者のモチベーションを上げるために、日給月給制や月給制とあわせて出来高払制を用いることも有用です。いかなる給与形態をとるかは、人材育成にもかかわってきます。日給制や日給月給制では、働いた時間分だけ給与を支払うことから、人材育成のための時間を確保するのが難しいです。また、労働安全のための時間を確保しづらいため、会議にも参加しづらくなってしまいます。会社としては、給与形態をうまく組み合わせ、単なる労働力とするのではなく、人材育成をしていくことで労働力を確保していくことをめざすべきです。[3]

 ## 森の内緒話⑨　雨が降っている日は「休日」にできる？

　雨天の日を休日とする旨を労働者にあらかじめ通知していれば、労働基準法上の規定には反しないと考えられます。ただし、雨天の日を「休日」とすることを就業規則等で具体的に明示しておくことが望ましいです。

　通達においても、「屋外労働者についても休日はなるべく一定日に与え、雨天の場合には休日をその日に変更する旨を規定するよう指導されたい」としています（昭和23年4月16日付け基発第651号、昭和33年2月13日付け基発第90号）。

3　FOREST JOURNAL「雇用形態ちゃんと管理できている？　林業事業体で未来の人材は育っているのか」〈https://forest-journal.jp/forestry-workers/40995/〉。

　もっとも、当日の朝、雨天のため作業ができない場合、会社がその日を「休日」とするという判断をすることはできません。このような場合は「休業」となり、労働基準法26条に基づいて会社は休業手当（平均賃金の６割以上）を支払う必要があります。

 ### 森の内緒話⑩　労働者に貸与した機械の使用料を使用者が控除することができる？

　重機などの機械は高額です。そこで、使用者が林業労働者に対して、重機などの機械の使用料をとったうえで貸与していることがあります。

　使用者は、労働者を雇用することで利益を上げているのであり、労働者が業務に使用する物品・機械等を用意することは当然のことです。したがって、機械を貸与することによる使用料をとるべきではありません。労働者がトラック運転手である場合に、使用者がトラックの使用料をとるのは不合理であるのは感覚的にもわかるところです。

　また、賃金全額払いの原則からすると、使用者は、機械の使用料を控除してよいのかが問題になることがありますが、使用者が一方的に使用料を控除することはできません。過半数労働組合（ない場合は過半数代表者）との間で協定を締結した場合のみ、賃金から控除することができます。この場合、控除の対象となる項目を具体的に明記する必要があります。使用者によっては、労使協定もないままに一方的に機械の使用料を控除していることもありますので、その運用については、厳密に行われる必要があります。

　　(オ)　年次有給休暇

　使用者は、その雇入れ日から起算して６か月間継続勤務し全労働日の８割以上出勤した労働者に対して、継続しまたは分割した10労働日の有給休暇を与えなければなりません（労働基準法39条１項）。１年６か月以上継続勤務した労働者に対しては、上記の日数に、雇入れ日から起算して６か月経過

日から起算した継続勤務年数１年ごとに、その区分に応じた労働日を加算した有給休暇を与えなければなりません（同条２項）（〔図表94〕参照）。これは、労働者の当然の権利であり、労働者に心身のリフレッシュをさせることが目的です。

〔図表94〕　年次有給休暇

６か月経過日から起算した継続勤務日数	労働日
１年	１労働日
２年	２労働日
３年	４労働日
４年	６労働日
５年	８労働日
６年	10労働日

　使用者が労働者に対して年次有給休暇を取得する理由を尋ねることがありますが、本来その理由いかんにかかわらず取得することが可能なものです。執拗に理由を聞けばハラスメントになる可能性もあります。労働者が有給休暇取得するにあたって嘘を述べたとしても違法になるわけではありません。

　労働者が有給休暇を取得することで、事業の正常な運営に大きな影響が出る場合、使用者は労働者に対して有給休暇の取得日を変更する相談をすることができます（労働基準法39条５項）（時季変更権）。

　全労働日とは、算定期間の総暦日数から所定休日等を除いた日数をいいます。たとえば、会社が雨天を理由に作業ができないと判断して休業手当を支払った日についても全労働日に含めることとなります（森の内緒話⑨参照）。

　出勤した日とは、実際に出勤した日のほか、業務上負傷しまたは疾病にかかり療養のために休業した期間等を加えた日数をいいます（昭和63年３月14日付け基発第150号、平成21年５月29日付け基発第0529001号）。従業員が作業中に怪我をして休業した期間も、出勤した日に加えなければなりません。

　また、年次有給休暇取得率を向上させるために、10日以上の有給休暇を保有している労働者については、１年間に５日以上の有給休暇を付与しなけれ

ばなりません（労働基準法39条7項）。

　年次有給休暇を取得した期間の賃金については、①平均賃金、②所定労働時間労働した場合に支払われる通常の賃金、③健康保険法に規定する標準報酬月額の30分の1相当額のいずれかで支払わなければなりません。②の通常の賃金には、臨時に支払われた賃金、割増賃金は含まず、次のとおり計算します（〔図表95〕参照）。

〔図表95〕　通常の賃金

通常の賃金	計算式
時間による賃金	その金額×その日の所定労働時間数
日による賃金	その金額
週による賃金	その金額÷その週の所定労働日数
月による賃金	その金額÷その月の所定労働日数
月、週以外の一定期間の賃金	上記に準じて算定した金額
出来高払い制その他の請負制による賃金	賃金総額÷総労働時間数×1日の平均所定労働時間数

　有給休暇の買上げは、原則として認められません（昭和30年11月30日付け基収第4718号）。もっとも、法定休暇日数を超える分は買い上げてもよいです。退職時に残った有給休暇を買い取ることは問題ありません。

　使用者は、有給休暇を取得した労働者について、賃金の減額等の不利益取扱いをしてはなりません（労働基準法附則136条）。

　⑷　**就業規則**

　　㋐　**就業規則の作成・届出義務**

　常時10人以上の労働者を使用する使用者は、労働基準法89条各号に掲げる事項について就業規則を作成しなければなりません。就業規則を作成または変更した場合には、労働基準監督署に届け出なければなりません（労働基準法89条）。就業規則は職場のルールを定めたものです。就業規則は労働者に対し一定の事項について使用者の業務命令に服従するべきことを定めていますが、その内容が合理的なものである限り、労働契約の内容をなしてい

す。

　林業においては常時10人未満の労働者を使用する使用者も多いですが、そのような使用者が就業規則を作成した場合であっても、労働基準法にいう就業規則としての規定（同法91条・92条・93条）は適用されます。

　　　(イ)　就業規則の記載事項

　就業規則には、次の①〜③については絶対的記載事項であり（労働基準法89条1号〜3号）、必ず就業規則に明記しなければなりません。そのほかの記載事項（同条3号の2〜10号）については相対的記載事項であり、必ずしも記載する必要はありません。

① 　始業および終業の時刻、休憩時間、休日、休暇並びに労働者を2組以上に分けて交替に就業させる場合においては就業時転換に関する事項（同条1号）

② 　賃金（臨時の賃金等を除く）の決定、計算および支払いの方法、賃金の締切および支払いの時期並びに昇給に関する事項（同条2号）

③ 　退職に関する事項（解雇の事由を含む）（同条3号）

　　　(ウ)　就業規則の作成手続

　就業規則の作成にあたって、常時10人以上か否かについては、事業場ごとに判断します。

　使用者は、就業規則の作成または変更について、当該事業場に労働者の過半数で組織する労働組合がある場合においてはその労働組合の意見を、労働者の過半数で組織する労働組合がない場合においては労働者の過半数を代表する者の意見を聴かなければなりません（労働基準法90条1項）。つまり、職場のルールではあっても、使用者が一方的に都合よく決めることができるわけではありません。労働基準法では、意見を聴くことを求めているだけで、意見を聴いても意見を述べなかった場合や、反対の意見を述べた場合でも就業規則としては受理されます。

　就業規則は常時各作業場の見やすい場所に掲示し、または備え付けること、書面を交付することその他の厚生労働省令で定める方法によって労働者に周知しなければなりません（労働基準法106条）。就業規則は、机に鍵をかけて入れておくというのではなく、労働者が把握することができるようにし

ておかなければなりません。

(5)　林業労働力確保法

　林業労働力の確保を促進するため、事業者が一体的に行う雇用管理の改善および事業の合理化を促進するための措置並びに新たに林業に就業しようとする者の就業の円滑化のための措置を講じ、もって林業の健全な発展と林業労働者の雇用の安定に寄与することを目的として、平成8年に厚生労働省と林野庁の共管による林業労働力の確保の促進に関する法律（以下、「林業労働力確保法」といいます）が制定されています。

　事業者は、雇用管理の改善と事業の合理化を一体的に実施します。ここでいう雇用管理とは、事業者が行う労働者の募集に始まり、採用から配置、昇進、教育訓練、能力開発、労働時間等労働条件、福利厚生など在職中から退職に至るまでの労働者の雇用に関する管理を総称するものです。

　事業の合理化とは、事業者の行う森林施業について、その労働生産性を増進させることをいいます。具体的には、森林施業の機械化、機械化に対応した能力を有する林業従事者の養成・確保、事業量の確保等のことです。

　一方、国は、就業の円滑化として、新たに林業へ就業しようとする者に対し、就業の障害となっている事由を除去または軽減し、その就業を支援します。たとえば、新たに林業に就業しようとする者等に対して、林業労働力確保支援センターが、就業に必要な知識や技能を習得するための研修受講、資格の取得、住居の移転等に要する費用を無利子で150万円を限度に貸し付ける林業就業促進資金という制度があります（償還期間は20年以内（うち据置期間は4年以内）。

 森の内緒話⑪　林業労働者の高齢化と安全衛生対策

　国勢調査（総務省）によると、林業労働者の数は長期的に減少傾向で推移しており、令和2年（2020年）には4万4000人となっています。

　また、林業の高齢者率（65歳以上の割合）は、令和2年（2020年）は25％で、全産業平均の15％に比べ高い水準にあります。一方で、若年者率（35歳未満の割合）をみると、全産業が減少傾向にあるのに対し、林

業では平成2年（1990年）以降増加傾向で推移し、令和2年には17％となっています（〔図表96〕[4]参照）。

〔図表96〕　林業労働者数

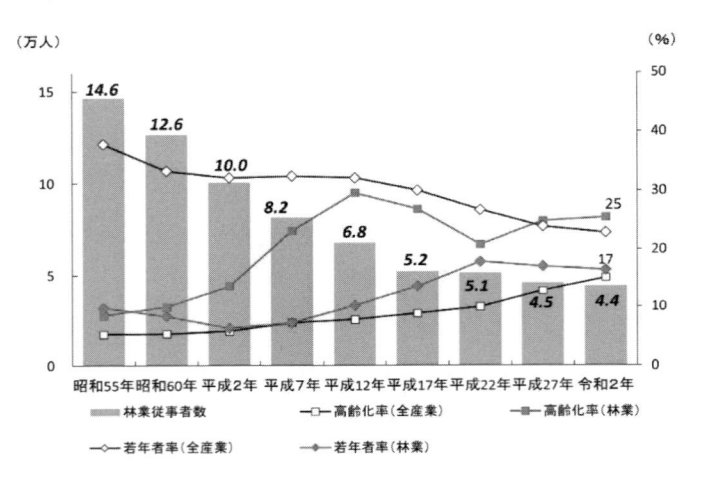

　労働安全衛生法は、事業者は、中高年齢者その他労働災害の防止上その就業にあたって特に配慮を必要とする者については、これらの者の心身の条件に応じて適正な配置を行うように努めなければならないとしています。ここでいう中高年齢者は45歳以上をいうものとされています。

　一方で、高齢者等の雇用の安定に関する法律という枠組みの中では、55歳以上の労働者を高齢者と定義しています。

　林業労働者の筋力は比較的強く、加齢に伴ってあまり低下しない一方で、敏捷性や巧緻性などの運動を調整していく能力は劣るともいわれます。中高齢者は、特に敏捷性・巧緻性・平行性など体の動きを調節する運動能力が低下します。また、林業労働者は、有酸素能力が高く前進持久力がよいといわれます。しかし、45歳以上の中高年齢者の林業労働者においては、視力、手先の運動速度、記憶力、聴力等の感覚機能や精神

4　林野庁「林業労働力の動向」〈https://www.rinya.maff.go.jp/j/routai/doukou/index.html〉。

機能が急速に低下することがあることから、これを前提に労働安全衛生対策を実施するべきです。

 ## 森の内緒話⑫　林業における外国人技能実習生労働者の高齢化と安全衛生対策

　林業においても、労働力不足は叫ばれており、外国人労働力を導入しようとしています。それでもまだ、林業における技能実習生は少ないです。

　外国人技能実習制度の区分は、企業単独型と団体監理型の受入れ方式ごとに、入国後1年目の技能等を修得する活動（第1号技能実習）、2・3年目の技能等に習熟するための活動（第2号技能実習）、4年目・5年目の技能等に熟達する活動（第3号技能実習）の3つに分けられます（外国人の技能実習の適正な実施及び技能実習生の保護に関する法律2条2項1号〜3号・4項1号〜3号）。第1号技能実習から第2号技能実習へ、第2号技能実習から第3号技能実習へそれぞれ移行するためには、技能実習生本人が所定の試験（2号技能実習への移行の場合は学科と実技、3号技能実習への移行の場合は実技）に合格していることが必要です。

　林業では技能実習制度の第1号技能実習にとどまり、第2号技能実習への移行対象職種に指定されていません。そのため現行では、林業における技能実習期間は1年間だけです。

　厚生労働省は、令和6年度（2024年度）中に、外国人の技能実習の適正な実施及び技能実習生の保護に関する法律施行規則を改正し、第2号技能実習・第3号技能実習へ移行できる職種に林業職種（育林・素材生産作業）を追加する方針を示しています。今後、林業の担い手を増やしていくためには、外国人労働力は欠かせないものとなります。もっとも、外国人との間では、日本語の意思疎通が容易ではないという問題もあり、労働災害が発生する危険性は高いことから、さらなる配慮が求められるでしょう。

3　労働災害

(1)　労働災害の予防の必要性

　わが国の人工林の多くが資源として利用可能な段階を迎える中で、森林の適正な管理および森林資源の持続的な利用を一層推進することが求められており、森林整備や木材生産活動を担う林業従事者の育成・確保を図る必要があります[5]。

　林業従事者の労働環境については、自然条件下で行う重労働も多く労働負荷が高いことなど、依然として厳しい状況にあることから、その改善が重要です。中でも、他産業と比べて極めて高い労働災害の発生率の改善を図ることは喫緊の課題です。労働災害が発生すると、さまざまな処分、損害賠償請求、刑事罰、社会的な信用の低下などのリスクが発生します。

　一方で、安全衛生体制を整備することでプラスになる面があります。作業環境の改善や整備により、作業の効率化、生産性の向上を期待することができます。労働者の意見を聞いて、作業環境の改善活動をすると、職場において良好なコミュニケーションを築くことができ、労働者のモチベーションも上がります。労働者の意識が向上することで、職場への定着率も上がります。また、労働災害やヒヤリハットが発生すると、作業が遅れてしまい、無駄なコストが発生してしまう可能性があります。コストを優先して、安全をおろそかにするのではなく、ヒヤリハットの報告やリスクアセスメントの実施、安全講習の実施などの実践が必要になります。

(2)　林業労働災害の現況

　令和5年（2023年）の死傷災害（休業4日以上）は、全産業で13万5371人であるところ、林業では1140人でした（〔図表97〕[6] 参照）。

　林業における死傷災害・死亡災害件数をみると、労働災害発生自体は減少傾向にあるものの、平成26年頃からその減少傾向は鈍麻しています（〔図表

5　林野庁長官による「林業労働安全対策の強化について」（令和3年11月24日付け3林政経第322号）〈https://www.rinya.maff.go.jp/j/routai/anzen/attach/pdf/kyouka-3.pdf〉。

6　林野庁「林業労働災害の現況」〈https://www.rinya.maff.go.jp/j/routai/anzen/iti.html〉。

98〕参照）。

　令和5年（2023年）の死傷年千人率（1年間の労働者1000人あたりに発生した死傷者数の割合）は、全産業で2.4ですが、林業では22.8となっており、その労働災害が多いことがわかります（〔図表99〕参照）。ここでいう林業は川上のことを指します。木材・木製品製造業においても、11.9と高くなっています。他産業で労働災害が多いと思われる鉱業でも9.9、建設業でも4.4であることからしても、林業や木材・木製品製造業における死傷者数が多いことがわかります。

〔図表97〕　林業労働災害の発生状況（単位：人）

区　　分		平成30年	令和元年	令和2年	令和3年	令和4年	令和5年
死傷災害	全産業	127,329	125,611	125,115	130,586	132,355	135,371
	林　業	1,342	1,248	1,275	1,235	1,176	1,140
死亡災害	全産業	909	845	784	778	774	755
	林　業	31	33	36	30	28	29

　令和5年（2023年）の死亡者数29人のうち、伐木作業中が14人、集材作業中が4人とされており、川上での作業における重大事故が多いです。特に伐木作業が最も危険です。また、作業従事者の高齢化もありますが、高年齢になるほど死亡事故も多く、60歳以上が14人、50歳〜59歳が7人となっています（〔図表100〕参照）。体力の低下も重大事故発生の要因の1つになっていると思われます。

7　林野庁「林業労働災害の現況」〈https://www.rinya.maff.go.jp/j/routai/anzen/iti.html〉。

8　林野庁「林業労働災害の現況」〈https://www.rinya.maff.go.jp/j/routai/anzen/iti.html〉。

9　林野庁「林業労働災害の現況」〈https://www.rinya.maff.go.jp/j/routai/anzen/iti.html〉。

〔図表98〕　林業における労働災害発生の推移

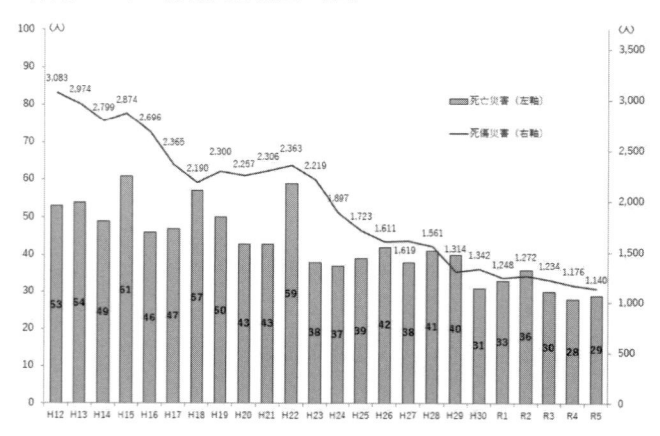

〔図表99〕　各業種の死傷年千人率の推移

区　　分	平成30年	令和元年	令和２年	令和３年	令和４年	令和５年
全産業	2.3	2.2	2.2	2.2	2.3	2.4
林　　業	22.4	20.8	25.4	24.7	23.5	22.8
鉱　　業	10.7	10.2	10.0	10.8	9.9	9.9
建設業	4.5	4.5	4.4	4.6	4.5	4.4
製造業	2.8	2.7	2.6	2.7	2.7	2.7
木材・木製品製造業	10.9	10.6	10.5	12.0	12.3	11.9

(3)　林業における労働災害事故の分類

　川上における林業の労働災害事故は、大まかに次の①～⑤のように分類できます。

　①　チェーンソーによる伐木造材作業

　　ⓐ　自己伐倒（自ら伐倒した伐倒木に激突された、自己伐倒木がかかり木[10]となり、かかり木処理中に激突された）（〔図表101〕[11] 参照）

10　かかり木とは、伐採した木がほかの木に引っかかってとれなくなる状態をいいます。

〔図表100〕　死亡災害の発生状況（令和5年）

◎年齢別

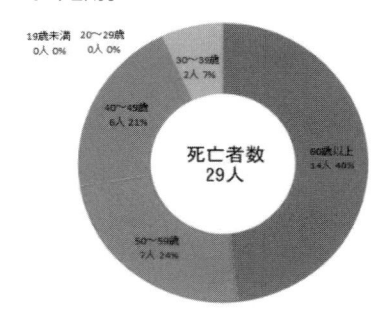

◎作業種別

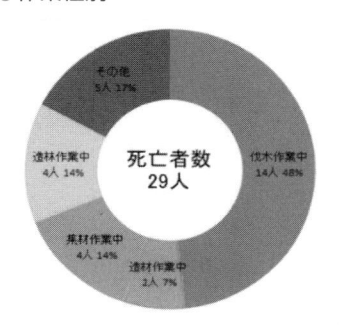

　　ⓑ　他人伐倒

　　ⓒ　複数で吊り切り[12]作業

　　ⓓ　造材作業

　② 車両系伐木伐出作業

　③ トラック運搬作業

　④ 林業架線作業（機械集材装置）

　⑤ その他（チッパー作業）

〔図表101〕　かかり木の処理

(4)　労働災害の防止対策

　　(ア)　伐倒作業における労働災害を例に

　林業での労働災害で多いのは、伐倒作業中の事故です。長年作業をしてい

11　林業・木材製造業労働災害防止協会「かかり木処理作業の安全」〈https://www.rin-saibou.or.jp/safety/method/method3.html〉。

12　吊り切りとは、枝や幹をロープで吊って切り落とす作業をいいます。

ると、徐々に危険を危険と感じなくなってきます。災害事例を基に、各事業場で検討会や教育を実施する必要があります。

　伐倒作業では、予期せぬ方向に木が倒れることがあります。その結果、立木や前に倒していた木に伐倒木が激突して跳ね返ったり、枝が飛んでくることがあります。また、かかり木になることもありますし、同僚や自分に当たってしまうこともあります。

　このように、伐倒する方向が狂ったときのことを予見しておかなければなりません。自分が伐倒木に当たらないように、退避場所の確保をしておく必要があります。

　具体的には、次の①〜④の4つの事項について確定しておく必要があるでしょう（労働安全衛生規則479条1項〜3項参照）。

①　退避場所の選定と確実な退避（受け口を切る前に退避場所と退避場所までの道を2か所確保します。伐倒木から3m以上離れた立木などの陰として、追い口が浮き始めたら、直ちに退避します）

②　かかり木発生時の処置（かかり木が生じたら、一時、作業を止めて班長から作業方法の指示を受けます）

③　作業開始前の打合せ（当日の作業現場と木の特性からみた危険のポイントを話し合い、安全な作業方法を決めます）

④　確実な合図・指差呼称の実施

　　㈄　事例にみる労働災害の防止対策

　林業における労働災害としては、①伐倒方向の変化、②伐倒木のつる絡み・枝絡み、③偏心木・かかり木・枯れ木、④集材木や枝払いを行った原木の滑落、⑤重機等（トラックレーン、ワイヤロープ、グラップル、トラクター・ショベル、フォワーダ、ウインチ、ブルドーザー、移動式クレーン）の横転等、⑥ベルトコンベヤーやリングバーカへの巻き込み、⑦二酸化炭素消火設備による酸素欠乏などの事例がみられます。

　それらの防止対策については、林材業労災防止協会が発行する「林材安全」に詳しく紹介されているので、参照してください。[13]

13　林材安全827号（平成30年（2018年）1月号）〜886号（令和4年（2022年）12月号）〈https://www.rinsaibou.or.jp/supplies/books/archive.html〉参照。

4　安全衛生管理体制

(1)　事業者・労働者それぞれの責務

　林業での労働災害を防止することが難しいのは、状況が日々、時間、場所、木ごとに異なるからです。現場だけでは労働災害を防止することはできません。労働災害を防止するためには、代表者、班長、作業員それぞれの役割があります。

　そこで、ここでは安全衛生管理体制についてみることとします。労働災害を防止するためには、労働者一人ひとりの安全の意識だけでは足りません。労働災害の原因は、労働者の不安全な行動以外にも、作業環境に起因することも多くあり、事業者の責任は重大です。

　労働安全衛生法は、事業者に労働災害防止に関して、さまざまな措置を義務づけています。労働安全衛生法は、労働基準法と相まって、労働災害の防止のために、①危害防止基準の確立、②責任体制の明確化、③自主的活動の促進の措置を講ずる等その防止に関する総合的計画的な対策を推進することにより職場における労働者の安全と健康を確保するとともに、快適な職場環境の形成を促進することを目的としています（労働安全衛生法1条）。労働基準法は、労働条件の最低基準を定めていますが、労働安全衛生法は安全衛生の最低基準を定めたものです。また、最低基準だけを定めるだけではなく、それよりも高い基準となる快適な職場環境の形成もめざすものです。

　事業者（法人企業であれば法人そのもの、個人事業であれば事業経営者）（昭和47年9月18日付け基発第91号）の責務として、単に労働安全衛生法に定める労働災害の防止のための最低基準を守るだけではなく、次の①②の2点も守ることが求められます（同法3条1項）。

　①　快適な職場環境の形成と労働条件の改善を通じた職場における労働者の安全と健康の確保

　②　国が実施する労働災害の防止に関する施策への協力

　令和5年（2023年）4月1日からは、危険有害な作業を行う事業者は、作業を請け負わせる一人親方等、同じ場所で作業を行う労働者以外の人に対して、一定の保護措置をとることが義務づけられています。ここでいう危険有

害な作業の１つには林業も含まれ、事業者はチェーンソーの振動による健康障害を防止するため必要な措置を講じなければなりません。

　一方で、労働者は、労働災害を防止するため必要な事項を守るほか、事業者その他の関係者が実施する労働災害の防止に関する措置に協力するよう努めなければならないとしています（労働安全衛生法４条）。これは、事業者の努力だけでは労働災害の防止につながらないことから、労働者にも努力義務を課したものです。

　林業・木材製造業労働災害防止協会では、協会員が守るべき災防規程を策定していますので、参照してください。[15]

(2)　危険・健康障害防止措置

㋐　労働者の危険防止措置

労働者の危険防止措置として、事業者には、次の①〜③のとおり、機械等、作業方法、場所についての措置義務が定められています（労働安全衛生法20条１号・21条１項・２項）。

① 　機械・器具その他の設備（機械等）による危険を防止するために必要な措置

② 　掘削、採石、荷役、伐木等の業務において作業方法から生ずる危険を防止するために必要な措置

③ 　労働者が墜落するおそれのある場所、土砂等が崩壊するおそれのある場所等に係る危険を防止するために必要な措置

㋑　労働者の健康障害防止措置

労働者の健康障害防止措置として、事業者には、次の①②のとおり、原材料等、作業場についての措置義務が定められています（労働安全衛生法22条１号・23条）。

① 　原材料、ガス、蒸気、粉じん、酸素欠乏空気、病原体等による健康障

14　厚生労働省「一人親方等の安全衛生対策について」〈https://www.mhlw.go.jp/stf/sei-sakunitsuite/bunya/koyou_roudou/roudoukijun/anzen/newpage_00008.html〉。

15　林業・木材製造業労働災害防止協会「林業・木材製造業労働災害防止規程（全文）」（令和５年12月11日適用）〈https://www.rinsaibou.or.jp/safety/assets/safety/saibokitei_R51211_2_1-2.pdf〉。

害を防止するために必要な措置

②　労働者を就業させる建設物その他の作業場について、通路、床面、階段等の保全並びに換気、採光、照明、保温、防湿、休養、避難および清潔に必要な措置その他労働者の健康、風紀および生命の保持のために必要な措置

林業の作業場では、避難に必要な措置をいかに確保するかが最も重要です。

　　㈡　労働者の遵守義務

事業者がいくら危険・健康障害防止措置をしたところで、労働者がこれを守らなければ何の意味もありません。そこで、労働者は、事業者が危険防止措置、健康障害防止措置、労働者の救護に関する措置の規定に基づき講ずる措置に応じて、必要な事項を守らなければなりません。その抑止力として、この遵守義務に違反した労働者は処罰され、たとえば、危険等防止措置義務違反には50万円以下の罰金が課せられます（労働安全衛生法120条）。

 森の内緒話⑬　労働者の遵守義務違反

　森林組合の作業員は、早朝に組合に出所することなく現場に直行し、夕方暗くなると組合に寄らずに帰宅することがよくあります。ある夏、酷暑の山林での作業の際、あまりの暑さに頭がクラクラしたため、チェーンソー防護服を脱いで作業していたところ、チェーンソーが跳ね下肢に重傷を負ったという事案があります。防護服を着用していれば、軽傷で済んだはずでした。森林組合の上席は、常にチェーンソー防護具の着用を指示していましたし、暑さ対策のためのペットボトルや塩飴も支給していましたし、体調が悪くなったら無理をせず現場で休憩するようにとも指導していました。このような場合に、森林組合に法的責任があるのでしょうか。

　本件では、森林組合は適切な指示を出していたにもかかわらず、それを労働者が遵守していなかったことに原因があります。定期的に行われる安全委員会や安全衛生委員会などで、労働者の意識の向上・情報共

有、人材育成をしていくことが肝要です。森林組合としては、安全配慮義務や安全教育を尽くしていたといえるような場合には、安全配慮義務違反を理由に法的責任を問うのは難しいと思われます。

㈡　元方事業者等の講ずべき措置

元方事業者とは、一の場所において行う事業の仕事の一部を関係請負人に請け負わせて残りの仕事を自ら行う事業者をいいます。同一場所で異なる事業者の労働者が作業を行う場合、情報が共有されていない、作業手順が異なる、合図が統一されていないなどのリスクを伴います。

そこで、元方事業者には、これらに起因する労働災害を防止するための措置を講ずる義務が課されます。業種を問わず、関係請負人の法令違反の防止措置が課されており、元方事業者は、関係請負人および関係請負人の労働者が、当該仕事に関し、労働安全衛生法およびこれに基づく命令の規定に違反しないよう必要な指導を行わなければなりません（労働安全衛生法29条1項）。

また、元方事業者は、関係請負人または関係請負人の労働者が、当該仕事に関し、労働安全衛生法またはこれに基づく命令の規定に違反していると認めるときは是正のため必要な指示を行わなければなりません（労働安全衛生法29条2項）。

もっとも、これらについて罰則はありません。

㈥　その他の者の講ずべき措置

注文者は、その請負人に対し、当該仕事に関し、その指示に従って当該請負人の労働者を労働させたならば、労働安全衛生法またはこれに基づく命令の規定に違反することとなるような指示をしてはなりません（労働安全衛生法31条1項）。これについて、業種による制限はなく、林業にもあてはまります。

建築物で、政令で定めるものを他の事業者に貸与する者（建築物貸与者）は、当該建築物の貸与を受けた事業者の事業に係る当該建築物による労働災害を防止するため必要な措置を講じなければなりません（労働安全衛生法34条）。ただし、当該建築物の全部を一の事業者に貸与するときは、措置を講じることを要しません（同条ただし書）。

(3)　安全衛生管理体制

　事業場が大きくなってくると、1人ではすべての管理をすることはできなくなってきます。そこで、労働安全衛生法では、事業場を1つの単位として、各事業場の業種・規模等に応じて、総括安全衛生管理者、安全管理者、衛生管理者、産業医の選任を義務づけています（〔図表102〕参照）。[16]

〔図表102〕　規模・業種別の安全衛生管理組織

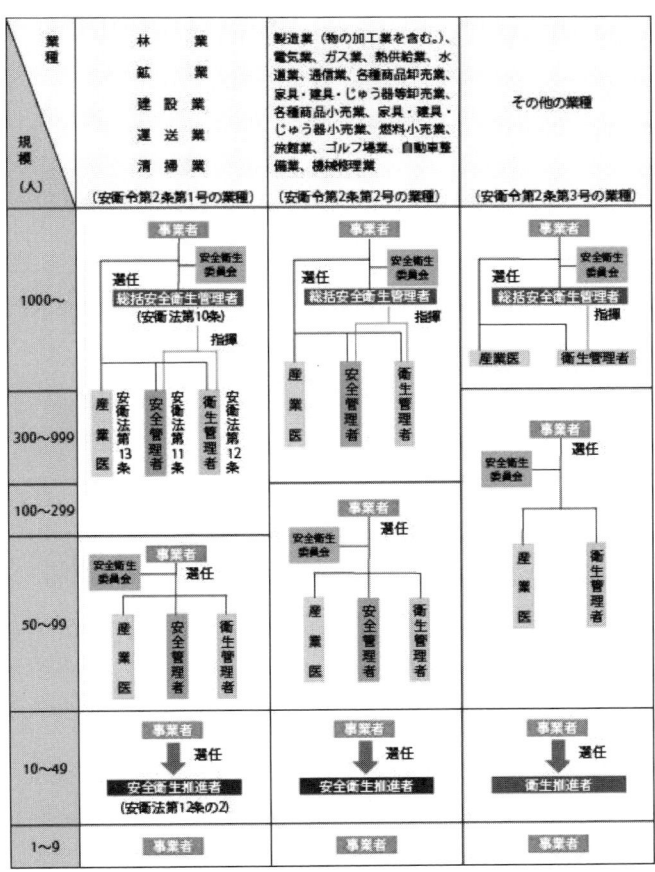

16　林業・木材製造業労働災害防止協会「労働安全衛生対策」〈https://www.rinsaibou.or.jp/safety/model.html〉。

(ア)　総括安全衛生管理者

　林業では、常時使用する労働者数100人以上となる事業場において、総括安全衛生管理者を選任する必要があります（労働安全衛生法10条、労働安全衛生規則2条～3条の2）。

　総括安全衛生管理者は、安全管理者、衛生管理者を指揮するとともに、労働者の危険または健康障害を防止するための措置等の業務を統括管理することとなっています。

　資格要件としては、当該事業場において、その事業の実施を実質的に統括管理する権限および責任を有するものであり、工場長などがこれにあたります。特別の資格や経験は不要であり、専属や専任も不要です。

(イ)　安全管理者

　林業では、所定の事業において、常時50人以上の労働者を使用する場合、安全管理者を選任しなければなりません（労働安全衛生法11条、労働安全衛生規則4条～6条）。

　安全管理者は、安全衛生業務のうち、安全に係る技術的事項を管理します。作業場等を巡視し、作業方法等に危険なおそれがあるときは、直ちに必要な措置を講じなければなりません（労働安全衛生規則6条1項）。作業場等の巡視の頻度については定められていません。

(ウ)　衛生管理者

　林業であるか否かにかかわらず、常時50人以上の労働者を使用するすべての事業場は、事業場の規模に応じた数の衛生管理者を選任しなければなりません（労働安全衛生法12条、労働安全衛生規則7条～12条）。

　衛生管理者は、衛生に関する技術的事項を管理します。

　林業における衛生管理者の資格要件は、第一種衛生管理者もしくは衛生工学衛生管理者免許を有する者または医師、労働衛生コンサルタントなどです。

　衛生管理者は、職務として、少なくとも毎週1回作業場を巡視し、設備、作業方法または衛生状態に有害のおそれがあるときに、直ちに労働者の健康障害を防止するため必要な措置を講じなければなりません。

　　　㈢　安全衛生推進者

　常時使用する労働者数が10人以上50人未満（常時使用されているパートタイマー、アルバイトを含みます）の小規模事業場においては、大規模事業場に比べて、比較的緩やかな安全衛生管理体制が設計されています。林業においては、こちらがあてはまることが多いと思われます。

　具体的には、①総括安全衛生管理者の選任が不要であること、②行政への報告義務がないこと、③資格要件の実務年数が短いこと、④作業場等の巡視義務がないことなどがあげられます。

　林業においては、常時10人以上50人未満の労働者を使用する事業場では、安全衛生推進者を選任します（労働安全衛生法12条の2、労働安全衛生規則 12条の2〜12条の4）。安全衛生推進者には作業場巡視義務はありません。安全衛生推進者は、労働者の危険または健康障害を防止するための措置に関することなどの業務を行うこととされます。

　　　㈣　産業医

　常時50人以上の労働者を使用するすべての事業場において、産業医を選任しなければなりません（労働安全衛生法13条、労働安全衛生規則13条〜15条の2）。一定の医師のうちから、産業医を選任し、専門家として労働者の健康管理等にあたらせることになっています。また、産業医は、原則として、少なくとも毎月1回（産業医が、事業者から、毎月1回以上、一定の情報の提供を受けている場合であって、事業者の同意を得ているときは、少なくとも2か月に1回）作業場を巡視しなければなりません。そのほか、作業方法、衛生状態に有害のおそれがあるときは、直ちに労働者の健康障害防止のため必要な措置を講じなければなりません。

　なお、常時50人未満の労働者を使用する事業場について、産業医の選任義務はないものの、労働者の健康管理等を行うのに必要な医学に関する知識を有する医師等に、労働者の健康管理等の全部または一部を行わせなければなりません。

　　　㈤　作業主任者

　労働災害を防止するための管理を必要とする一定の作業については、作業を実質的に管理する者を作業主任者として選任する必要があります（労働安

全衛生法14条、労働安全衛生規則16条〜18条の2）。作業主任者は、作業に従事する労働者を指揮するとともに、労働者の危険または健康障害を防止するための措置等の業務を行います。

　林業の関係においては、林業架線作業主任者・木材加工用機械作業主任者がいます。

(キ)　安全委員会・衛生委員会

　林業においては、常時使用する労働者数50人以上の事業場において、安全委員会・衛生委員会を設けることとなっています（労働安全衛生法17条・18条、労働安全衛生規則21条〜23条の2）。それぞれの委員会の設置に代えて、安全衛生委員会を設置することができます（労働安全衛生法19条）。

　安全委員会では、労働者の危険を防止するための基本となるべき対策に関することなどの事項を調査審議することとなっており、衛生委員会では、労働者の健康障害を防止するための基本となるべき対策に関することなどの事項を調査審議することとなっています。

(ク)　安全管理者等に関する教育等

　事業者は、事業場における安全衛生の水準の向上を図るため、安全管理者、衛生管理者、安全衛生推進者、衛生推進者その他労働災害の防止のための業務に従事する者に対し、これらの者が従事する業務に関する能力の向上を図るための教育・講習等を行い、またはこれらを受ける機会を与えるように努めなければなりません（労働安全衛生法19条の2）。

⑷　安全衛生教育

(ア)　安全衛生教育の種類

　労働災害を防止するために、事業者に安全衛生教育を施す義務を課しています。林業に関係する安全衛生教育には、大きく分けて、①雇入れ時・作業内容変更時の安全衛生教育、②特別教育の2種類があります（〔図表103〕参照）。なお、そのほかに職長教育があります。

〔図表103〕　安全衛生教育

	実施時期	実施業種	対　象
雇入れ時・作業内容変更時の安全衛生教育	雇入れ時 作業内容変更時	すべての業種	全労働者
特別教育	危険・有害業務に就かせるとき	すべての業種	

　事業者は、労働者を雇い入れたとき、作業内容を変更したときには、当該労働者に対し、厚生労働省令（労働安全衛生規則）で定めるところにより、その従事する業務に関する安全または衛生のための教育を行なわなければなりません（労働安全衛生法59条1項）。その労働者は、初めて経験する作業に従事することとなるので、労働災害を防止するために教育を施すこととしています。雇入れ時、作業内容の変更時には、次の①〜⑧の教育をしなければなりません（労働安全衛生規則35条）。

① 　機械等、原材料等の危険性または有害性およびこれらの取扱方法に関すること

② 　安全装置、有害物抑制装置または保護具の性能およびこれらの取扱方法に関すること

③ 　作業手順に関すること

④ 　作業開始時の点検に関すること

⑤ 　当該業務に関して発生するおそれのある疾病の原因および予防に関すること

⑥ 　整理、整頓および清潔の保持に関すること

⑦ 　事故時等における応急措置および退避に関すること

⑧ 　①〜⑦に掲げるもののほか、当該業務に関する安全または衛生のために必要な事項

　事業者は、危険または有害な業務に就ける場合には、労働災害防止のために特別な教育を施すことを事業者に義務づけています。林業に関連するものは、つり上げ荷重が1t未満のクレーンの玉掛け業務です。

　　(イ)　職長（現場責任者）の職務

　職長（現場責任者）の職務は、①安全衛生管理、②作業管理、③現場管理を行うことであり、不安全な行動・状態を見逃してはなりません。

　なお、10人以上50人未満（常時使用されているパートタイマー、アルバイトを含みます）の小規模事業場では安全衛生推進者、50人以上の中規模事業場では安全管理者・衛生管理者を選任する必要があります。

　　(ウ)　教え方の4段階・8原則

　職長教育のテキストである「職長の安全衛生テキスト」には、実際に教育を進めるにあたり、教え方の4段階・8原則を踏まえて行うことについて、次のとおり記載されています（〔図表104〕参照）[17]。

〔図表104〕　教え方の4段階・8原則

【教え方の4段階】

ステップ1	習う準備をさせる	なぜ必要なのか
ステップ2	教える	急所を押さえて
ステップ3	やらせてみる	理解しているかどうか
ステップ4	教えた後で見る	作業に活かされているかどうか

【教え方の8原則】

①　相手の立場に立って	指導者のレベルではなく、教育を受ける側のレベルに合わせる。
②　動機づけを大切に	なぜそのようなことを行うのか、そうすることでどのような効果があるのかを説明し、作業者に覚えようという意欲を起こさせる。
③　やさしいことから難しいことへ	誰にでもわかることから教え始め、次第に高度なものに進める。
④　一時に一事を	作業手順や急所を順序よく指導すると、効果が大きい。一時にあまり多くのことを教えない。

17　林材安全865号（令和3年（2021年）3月号）〈https://www.rinsaibou.or.jp/supplies/books/items/3_2021_3.html〉16頁。

⑤　根気よく繰り返して	習慣化するまで、あらゆる機会をとらえて繰り返して教育する。
⑥　印象に残るように	ポイントを表示するなど、注意をより喚起する。
⑦　五感を活用して	五感（目、耳、鼻、舌、皮膚）に訴える教育を行う。
⑧　手順と急所の理解	作業手順に従って、その急所を十分理解させる。

　　　㈋　就業者のための対策

　　㈎　服装と保護具

　林業では、足場の悪い場所で作業を行うため、自分の安全を守るための服装を着用することが必要です。服装は袖締まりのよい長袖上衣、裾締まりのよい長ズボンを着用します。チェーンソーによる伐木作業等を行う労働者には、下肢の切創防止用保護衣の着用が義務づけられています。履物は、足に合った滑りにくいものを選びます。保護具（保護帽、防護衣、防振手袋、耳栓、呼子、保護眼鏡等）は、令和2年1月31日付け基発第1号（「4　保護具等」）で示された基準を満たすものを使用します（〔図表105〕参照）[18]。

〔図表105〕　服装と保護具

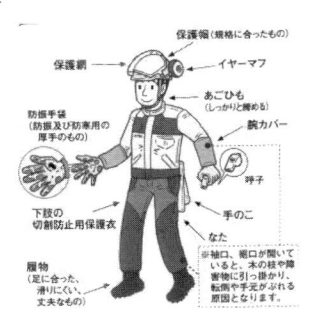

　　㈏　指差し呼称

　指差し呼称とは、作業を安全にミスなく進めるために、確認すべき対象を

18　林材安全866号（令和3年（2021年）4月号）〈https://www.rinsaibou.or.jp/supplies/books/items/3_2021_4.html〉18頁。

指で差し、声を出して確認することをいいます。指差し呼称は、注意の方向づけ、多重確認の効果、焦燥反応の防止の効果があります。指差し呼称にあたっては、次の①〜⑤のように五感を集中させて現場の環境に意識を集中させます。

① 目：確認すべきことをしっかりと見る

② 腕：左手は横から腰に当てる

③ 指：人差し指を伸ばして確認方向を指す

④ 口：大きな声で「〇〇ヨシ！」と唱える

⑤ 耳：自分の声を聴いて確かめる

　(C)　林内作業における山の歩き方

作業地までの往復歩行では、急傾斜地や足場の悪い箇所を通るので、次の①〜③に注意するべきです。

① 足元の障害物に注意し浮石など不安定なものの上を歩かない

② 特に工具・器具を携行しているときは刃に安全カバーを必ず掛ける

③ 歩行者間の距離は十分に注意する

　(D)　合　　図

伐木の作業を行う場合には、伐倒についての定められた次の①〜④の合図を、呼子または大声で必ず行います（労働安全衛生規則479条）。伐倒木の樹高2倍相当の範囲内に他の作業者や通行者がいないなどの安全を確認して作業を進めます。また、予備合図、本合図、終了合図を定めて行います。

① 受け口切りの作業開始直前に、予備合図を行う

② 追い口切りの作業の開始前に、他の作業者の退避を確認したうえで本合図を行う

③ くさびを打って倒す場合など、追い口切りから倒れるまでの間にかなりの時間がかかるものについては、くさび打ちの直前に、本合図を行う

④ 伐倒が終了したら、伐倒した材の安定と周囲の安全を確認して終了合図を行う（異常事態を知らせる合図をあらかじめ決めておくことも重要である）

　(5)　**報告等**

労働衛生関係法令に違反し、重大な労働災害を繰り返し発生させているに

もかかわらず、その改善に取り組んでいない事業者に対して、厚生労働大臣は、特別安全衛生改善計画を指示することができます（労働安全衛生法78条1項）。

　労働者が、労働災害その他就業中または事業場内、附属建設物内で負傷、窒息、急性中毒により死亡または休業したときには、労働者死傷病報告をしなければなりません（労働安全衛生規則97条）。休業日数が4日以上になる場合には遅滞なく提出し、休業日数が4日未満の場合には、1月〜3月・4月〜6月・7月〜9月・10月〜12月の期間における事実について、それぞれ最後の月の翌月末日までに報告する必要があります。

(6) 監　督

　事業場において、これまで述べた労働安全衛生体制が具備されているか、監督・指導するのは、労働基準監督署長・労働基準監督官です。

　労働基準監督官は、臨検監督などといわれ、事業場に立入検査をします。安全管理等の状況の確認、現場の作業環境を検査して、法令違反があると、改善するように指示や勧告をすることができます。

　この立入りによる権限は、犯罪捜査のために認められたものと解釈してはなりませんが、法令違反がある場合には、刑事処分がなされることもあります。その場合には、法人の代表者もあわせて処分されることがありますので（両罰規定（労働安全衛生法122条））があるので注意が必要です。事業主には従業者の指揮監督権があり、従業者の違反行為を防止することができる立場にあることから、直接の行為者ではない事業主を罰することで、抑止効果となることを期待するものです。

　労働基準監督官が司法警察員の職務を行って、捜査記録を検察官に送ることを送致といいます。送致されてから、検察官が処分を決定し、起訴されれば裁判所が判決をすることになります。過失によって、死傷の結果が生じる重大な労働災害を発生させれば、刑法上の業務上過失致死傷罪（同法211条前段）に該当する可能性もあります。法定刑は、5年以下の懲役もしくは禁錮または100万円以下の罰金とされています。

　労働災害が発生したからといっても、必ず送致されるわけではありません。労働安全衛生法は、労働災害が発生することを予防することを目的とし

ており、故意犯を前提としています。

 ## 森の内緒話⑭　両罰規定

　両罰規定について、具体例をいくつか紹介します。代表者だけではなく、担当課長や労働者自身も対象となることがあります。その多くが、事業者が講ずべき措置を講じていなかったという労働安全衛生法21条違反であり、これは過失犯ではなく故意犯です。そのほかにも、送検される事例としては、労災隠しや虚偽報告も多いです。

▶合図の不周知

　平成31年（2019年）3月、森林組合は、労働者に立木の伐木作業を行わせる際、伐倒に関する一定の合図を関係労働者に周知していませんでした。労働者に合図を行わせず、他の労働者が退避したことを確認させずに伐倒させ、労働者が伐倒した立木が他の労働者の頭部に激突しました。

　北海道・函館労働基準監督署は、森林組合と業務課長を労働安全衛生法21条（事業者の講ずべき措置等）違反の容疑で函館地方検察庁に書類送検しました。

▶退避場所の不選定

　令和2年（2020年）5月25日、三重県津市の間伐作業現場で発生しました。60歳代の労働者がチェーンソーで立木を伐木する際、退避先が急斜面になっていたため崖から約15m転落し、重傷を負う労働災害が発生しました。

　津労働基準監督署は、同年8月11日、立木伐倒の際の退避場所を選定していなかったとして、林業業者と同社代表取締役を労働安全衛生法21条（事業者の講ずべき措置等）違反などの疑いで津地方検察庁に書類送検しています。労働安全衛生規則では、伐木の際に退避する場所をあらかじめ選定しなければならないとしています（同規則477条）。

5　労働者災害補償

(1)　労災保険

　労働基準法上、労働者が業務上負傷しもしくは疾病にかかりまたは死亡した場合、使用者に過失があるかどうかにかかわりなく、使用者が一定の補償を行うことが義務づけられています（労働基準法75条～88条）。

　しかし、労働基準法や民法により補償や賠償が認められるといっても、使用者に支払能力がない場合には、労働者の保護に欠け補償責任が果たされないことになります。そこで、労災保険制度が設けられています。労災保険制度のメリットは、労働者に過失があったとしても給付されることです。

(2)　労災保険の目的

　労働者災害補償保険（以下、「労災保険」といいます）は、①業務上の事由又は通勤による労働者の負傷、疾病、障害または死亡について、被災労働者や遺族に対して必要な保険給付を行うほか、②社会復帰促進事業として、一定の事業サービスを行うための制度です（労働者災害補償保険法（以下、「労災保険法」といいます）1条・2条の2・29条）。

(3)　適用される事業所、特別加入等

(ア)　適用される事業所

　労働者を雇用する事業所では、5人未満を雇用する農林水産業を除き、当然に保険関係が成立します。林業においても、労働者はすべて保険の対象になります。労災保険の適用事業が開始された日に保険関係が自動的に成立します（労働保険の保険料の徴収等に関する法律（以下、「労働保険徴収法」といいます）3条）。事業者は、保険関係が成立した日から10日以内に所定の事項を政府に届け出なければなりません（同法4条の2第1項）。

　使用者が労災保険料を支払っていなくても、労働者は保険給付を受けることができます。この場合には、政府はさかのぼって事業者から保険料を徴収します（労働保険徴収法19条3項～5項）。

(イ)　特別加入

　事業所に雇用されていない一人親方等の個人事業者については、一定の条件の下に労災保険に（第二種）特別加入することができます。第二種特別加

入により労災保険に加入するためには、一人親方を構成員とする団体への加入が必要となります。労災保険特別加入でいう林業とは、次の①〜⑤のものです。

①　森林の中の作業地、木材の搬出のための作業路およびこれに前後する土場における作業並びにこれに直接附帯する行為を行う場合

②　作業のための準備・後始末、機械等の保管、作業の打合などを通常行っている（自宅を除く）場所（以下、「集合解散場所」といいます）における作業およびこれに直接附帯する行為を行う場合

③　集合解散場所と森林の中の作業地の間の移動およびこれに直接附帯する行為を行う場合

④　作業に使用する大型の機械等を運搬する作業およびこれに直接附帯する行為を行う場合

⑤　台風、火災などの突発事故による緊急用務のために作業地または集合解散場所に赴く場合

立木の伐採を行う作業であっても、住宅地など森林内以外の場所で作業を行うもの（いわゆる造園業）については、林業の一人親方の労働災害では、補償の対象外となります。

　　(ウ)　労災保険料

労災保険料は、事業者が支払う賃金総額に労災保険料率（労働保険徴収法12条）を乗じて算出します（同法11条）。林業においては、①支払賃金による場合、②素材の生産量による場合の 2 つがあります。林業の労災保険料率は1000分の52です（令和 6 年（2024年）11月現在）。

①　支払賃金による場合　　その事業で使用したすべての労働者への支払賃金に保険料率を乗じて保険料を算定する

②　素材の生産量（林業のうち、立木の伐採の事業以外の事業の場合は平均賃金）による場合

　　ⓐ　林業のうち、立木の伐採の事業　　所轄都道府県労働局長が定める素材 1 m^{3}を生産するために必要な労務費の額に、生産するすべての素材の材積を乗じて得た額を賃金総額とし、これに保険料率を乗じる

　　ⓑ　林業のうち、立木の伐採の事業以外の事業　厚生労働大臣が定める

平均賃金に相当する額にそれぞれの労働者の使用期間の総日数を乗じて得た額の合計額を賃金総額とし、これに保険料率を乗じる

　　㈹　費用徴収決定

次の①～③のように一定の場合には、保険給付に要した費用に相当する金額の全部または一部を、事業者から徴収することがあります（労災保険法31条1項1号～3号）。

①　事業者が故意または重大な過失により労働保険に係る保険関係成立届を提出していない期間中に生じた事故
②　事業者が一般保険料を納付しない期間中に生じた事故
③　事業者が故意または重大な過失により生じさせた業務災害の原因である事故

　⑷　労災保険給付の内容

　　㈠　請求権者

被災労働者または遺族は、労災保険法に基づく保険給付等を請求することができます。実務上は、使用者が申請手続を代行することが多いです。

　　㈡　事業者の証明

請求書には事業者証明欄があり、被災事実や賃金関係の証明をしてもらうものです。事業者が証明することを拒否することもありますが、事業者に証明を拒否された旨の上申書を添付して申請することができます（森の内緒話⑤参照）。

　　㈢　給付の内容と時効

労災保険法の保険給付には、①業務災害に関する保険給付、②複数業務要因災害に関する保険給付、③通勤災害に関する保険給付、④二次健康診断等給付があります。また、受給権者は、社会復帰促進等事業の一環として、労働者災害補償保険特別支給金支給規則所定の特別支給金の給付を受けることができます。

なお、労災保険法による保険給付を受ける権利は、労働者の退職によって変更されることはありません（労災保険法12条の5第1項）。つまり、労働者が退職しても、休業補償給付を受けることはできます。

給付の内容と時効（労災保険法42条）については、次のとおり整理できま

す（〔図表106〕参照）。

〔図表106〕　給付の内容と時効

給　付	内　容	時　効
療養補償給付	労災指定医療機関等で、原則として無償で治療を受けることができる	費用を支出した日の翌日から2年
休業補償給付	療養のため働くことができず、賃金を受けられない場合に、休業4日目から1日につき、給付基礎日額の80%（保険給付60%＋休業特別支給金20%）が支給される	休業の日の翌日から2年
障害補償給付	怪我や病気が治癒したときに障害が残っている場合に、1級〜7級は年金、8級〜14級は一時金で支給される	5年
傷病補償年金	両用開始後1年6か月経過しても、怪我や病気が治らず、その状態が定められた等級に該当する場合は、傷病補償年金（1級〜3級）とそれに上乗せする傷病特別支給金等が支給される	請求によるものではなく、職権で決定される
遺族補償給付	被災者労働者が死亡した場合、遺族に支給される	被災者が死亡した日の翌日から5年
葬祭料	葬儀を行う者に対して支給される。31万5000円に給付基礎日額の30日分を加えた金額（その額が給付基礎日額の60日分に満たない場合は給付基礎日額の60日分）が支給される	被災者が死亡した日の翌日から2年
介護保障給付	入院していないが、障害補償年金または傷病補償年金1級・2級の被災者であり、常時または随時介護を必要とする状態にある人で、親族等から現に介護を受けている場合に支給される	介護を受けた月の翌月の初日から2年

　㈡　厚生年金・国民年金

　障害厚生年金・障害国民年金については、受傷・発症から１年６か月経過すれば、症状固定していなくても支給される。

 ## 森の内緒話⑮　労災申請に会社が協力しないときには

　森林伐採中に怪我をしてしまっても、その原因は労働者にあるということで、労災申請に会社が協力してくれないということがよくあります。

　労災申請をする際に、会社の同意や承諾を得ることは不要です。もっとも、事業主は、労災保険給付等の請求書において、①負傷または発病の年月日および時刻、②災害の原因および発生状況等の証明をしなくてはなりません（労働者災害補償保険法施行規則（以下、「労災保険法施行規則」といいます）12条の２第２項等）。これを事業主の証明といいます。この事業主の証明を、会社の同意や承諾と勘違いしていることがあります。

　保険給付を受けるべき者が、事故のため、自ら保険給付の請求その他の手続を行うことが困難である場合には、事業主は、その手続を行うことができるように助力しなければなりません（労災保険法施行規則23条１項）。また、事業主は、保険給付を受けるべき者から保険給付を受けるために必要な証明を求められたときは、速やかに証明しなければなりません（同条２項）。

　労働者が会社と話しても事業主の証明を得られない場合には、会社に事業主の証明を拒否された事情等を記載した文書を労災申請書類に添付して提出することで、労働基準監督署が労災申請を受理する場合もあります。

　会社には、労災申請に助力したり、速やかに必要な証明をしたりすることが求められていますので、保険料が上がってしまうとか、労災に関する知識が不足していることに原因がありますが、会社には労災に関して理解を深めていってもらいたいところです。

(5)　業務災害の要件

　業務災害による保険給付を受けるためには、労働者に「業務上」「負傷、疾病、障害又は死亡」が発生したことという要件を満たす必要があります（労災保険法7条1項1号）。「業務上」については、業務遂行性があることを前提に業務起因性が認められる必要があります。

(ア)　業務遂行性

　業務遂行性が認められるためには、事業者の業務を遂行している時に発生していることが必要です。具体的な業務の遂行中であることまでは必要ではありませんが、労働者が労働関係上において現に事業者の支配下にあって災害が発生すれば足りるとされています。また、事業者の支配下において有害因子を受け、疾病を発症した場合には業務上の疾病とされます。

　特に林業において問題となる業務上の負傷の3つの類型について述べておきます。[19]

(A)　事業者の支配下にあり、かつその管理下にあって業務に従事している際に生じた災害（作業の中断中、作業に伴う準備行為、後始末の行為を含む）

　一般的に業務遂行性が認められます。しかし、労働者の恣意的行為や全くの私的行為で業務を離脱したと認められる特別の事情がある場合には、業務遂行性が否定されます。

(B)　労働者が事業者の支配下にあり、かつ、管理下にあるが業務に従事していない場合（休憩時間などで事業場内にいる場合）

　その際に発生した災害が事業場施設またはその管理に起因することが証明されない限り、一般に私的行為と推定され、業務遂行性が認められません。もっとも、それ自体としては私的行為であっても、就業中にも許される行為は業務遂行性が認められます。

(C)　労働者が事業者の支配下にあるが、管理下を離れて業務に従事している場合（出張等、これに通常伴う往復、食事等の合理的な範囲内の行為を

19　山川隆一＝渡辺弘編著『最新裁判実務体系 労働関係訴訟Ⅱ』（青林書院・2018年）588頁以下。

含む）

　特段の事情がない限り、業務遂行性が認められます。ただし、恣意的な行為や私的行為によって自ら招いた災害については、業務遂行性が否定されます。

(イ)　業務起因性

　業務起因性が認められるためには、業務と傷病等との間に相当因果関係があることが必要です。実務上、業務起因性は、労働者が労働契約に基づき事業者の支配下にあることに伴う危険が現実化したものと経験則上認められるか否かによって判断されています。

(6)　不服申立てと行政訴訟

(ア)　審査請求

　労働基準監督署長の保険給付に関する決定に不服がある者は、労働者災害補償保険審査官に対して審査請求をすることができます（労災保険法38条1項）。審査請求は、処分を知った日の翌日から起算して3か月以内に行う必要がありますが、正当な理由でこの期間を遵守できなかったことを疎明したときはこの限りではありません（労働保険審査官及び労働保険審査会法8条1項）。

　また、審査請求に対する審査官の決定に不服がある者は、労働保険審査会に対して再審査請求をすることができます（労災保険法38条1項）。審査請求をした日から3か月を経過しても決定がない場合、審査請求が棄却されたものとみなすことができ、決定を待たずに再審査請求をすることができます（同条2項）。

(イ)　取消訴訟

　不支給処分の取消訴訟は、地方裁判所に対し、審査請求に対する労災保険審査官の決定または再審査請求に対する労働保険審査会の裁決があったことを知った日から6か月以内に提起しなければなりません（行政事件訴訟法14条1項）。

　不服申立前置主義が採用されており、取消訴訟の提起にあたって、審査官への審査請求を経る必要がありますが、再審査請求を経る必要はありません（労災保険法40条）。

　　(ウ)　個人情報の開示請求

　審査請求を行うにあたっては、個人情報の開示請求を行うことにより、労働基準監督署が労災の調査のために作成した資料の開示を受けることができます。文書の特定方法については、労働局によって異なることもあることから確認してもよいです。

　審査請求を行うと、原処分庁の意見書が請求人に交付されます。また、再審査請求の段階になると、調査復命書、原処分庁の意見書などの添付書類も含めた資料が交付されます。

6　民事上の責任

(1)　概　要

　労働災害が発生した場合、労災保険給付の要件を満たせば、被災労働者または遺族は労災保険給付を受けることができます。使用者は、労働基準法上の災害補償の責任を免れます（同84条1項）。

　しかし、労災保険給付はすべての損害を補償するものではなく、休業補償にかかる差額、慰謝料などは補償の対象とされていません。そこで、被災労働者または遺族は、使用者に対して損害賠償請求をすることができます。ここでは詳細には触れることはできませんが、林業に関して民事上発生しうる問題について述べます。

(2)　安全配慮義務違反に基づく損害賠償請求

　　(ア)　安全配慮義務

　業務災害について、事業者などの関係者に責任原因があれば、被災労働者または遺族は損害賠償請求をすることができます。労働災害の認定を受けてから損害賠償請求をしてもよいですし、労働災害の認定を受ける前に損害賠償請求をしてもよいです。

　使用者は労働者が労務提供のため設置する場所、設備もしくは器具等を使用しまたは使用者の指示の下に労務を提供する過程において、労働者の生命および身体等を危険から保護するよう配慮すべき義務（以下、「安全配慮義務」といいます）を負っています（最判昭和59・4・10民集38巻6号557頁〔川義事件〕）。また、労働契約法も、使用者は、労働契約に伴い、労働者がその

生命、身体等の安全を確保しつつ労働することができるよう、必要な配慮を
するものとするとしています（同法5条）。

　これらに違反して債務不履行責任（民法415条）、不法行為責任（同法709
条・715条等）がある場合に、使用者に対して損害賠償請求をすることができ
ます。労働者または遺族に対して労災保険給付がなされると、使用者は、そ
の支払いのあった限度で民法上の損害賠償責任を免れます（労働基準法84条
類推適用）。しかし、労災保険給付はすべてを補塡するわけではありませ
ん。つまり、労働災害の休業補償給付は、給付基礎日額の60%にすぎない
し、慰謝料の給付もないのです。そこで、これらについては損害賠償請求を
していくことになります。

　労働安全衛生法を守っていれば安全配慮義務を尽くしたことにはならない
ことに注意が必要です。労働安全衛生法は、労働災害防止の中でも最も重要
なものだけ刑事罰を背景に、その遵守を事業者に強制している最低限のもの
です。安全配慮義務は、労働者の労働者の生命および健康等を労働災害の危
険から保護するよう配慮を尽くして労働させるべき義務であって、労働安全
衛生法で定める最低限の義務の周辺にあって、労働安全衛生法の規制よりも
広いものです。

　　㈡　林業における安全配慮義務

　安全配慮義務は、個々の状況によって異なります。主に、①労働者の利用
する物的施設・機械等を整備する義務、②安全を確保するための人的管理を
適切に行う義務に分けられます。

　②については、危険な作業を行うための資格や経験を有する労働者を配置
する義務、安全教育を行う義務、危険を回避するための適切な注意や作業管
理を行う義務などがあります。労働安全衛生法や労働安全衛生規則などに
は、安全配慮義務の具体的な内容を判断するための基準が記載されていま
す。

　なお、作業事故を防止するためには、経営トップや事業場の責任者が従事
者の安全を経営課題として認識し、作業事故防止に向けた方針を表明するこ
とが極めて重要です。また、作業事故防止に向けた具体的な取組みの目標を
設定し、従事者が常にそれを意識して行動できるようにすることが重要で

す。

(3)　不法行為責任に基づく損害賠償請求

(ア)　民法709条に基づく損害賠償請求

民法上の請求として、安全配慮義務違反（債務不履行）だけに限らず、民法709条に基づく損害賠償請求をすることも可能です。

民法709条に基づく損害賠償請求には、次の①〜⑤の要件が必要となります。

① 労働者の権利または法律上保護される利益の存在

② 使用者が①を侵害したこと

③ ②についての使用者の故意または過失

④ 損害の発生および額 ⑤ ②と④との因果関係

故意とは、結果の発生を認識しながら、あえてこれをする心理状態です（大判昭和5・9・19新聞3191号7頁）。労働災害でいえば、使用者が、労働災害が発生し労働者が傷病を負うことを認識しながら、あえてこれをしている心理状態です。

過失については、結果回避義務およびその違反を中心に、その前提として予見可能性を考慮します。予見可能性の判断については、合理人（平均人）を基準とします。合理人（平均人）の注意をもって適切な行動をとることが期待できなければ、過失ありとして非難することはできません。

(イ)　使用者責任に基づく損害賠償請求

労働災害による損害賠償請求においては、使用者責任（民法715条）を追及することが多いです。民法715条は、業務遂行のために他人を使用する者（または代理監督者）は、被用者が他人を使用して利益を得ることから、他人を使用して生じた損害についても負担するのが公平であるという報償責任の原理から認められるものです。被害者救済の見地から、過失の立証責任が転換されています。

使用者責任に基づく損害賠償請求には、次の①〜⑦の要件が必要となります。

① 労働者の権利または法律上保護される利益の存在

② 被用者が①を侵害したこと

③　②がその事業の執行についてされたこと

④　②についての当該被用者の故意または真意

⑤　損害の発生および額

⑥　②と⑤の因果関係

⑦　ⓐ使用者が②の当時、事業のために当該被用者を使用していたこと、または、ⓑ使用者が②の当時、事業のために当該被用者を使用している者に代わって事業を監督していたこと

これらの主張・立証責任は労働者側にあります。「使用者が被用者の選任及びその事業の監督について相当の注意をしたとき、又は相当の注意をしても損害が生ずべきであったとき」には、使用者は責任を免れるとしていますが（民法715条1項ただし書）、実際にこれを認めた裁判例はほとんどなく、空文化しています。

「事業のために他人を使用する」とは、事実上の指揮監督の下、他人を仕事に従事させることをいいます。実質的な指揮監督関係があれば足り、労働契約関係はなくともよいです。

取引的不法行為の場合、被用者の職務執行行為そのものではないものの、その行為の外形から観察して、当該被用者の職務の範囲内とみられれば、「事業の執行について」といえます（外形理論）。倒木によって被災したなど、事実的不法行為の場合については、被用者の加害行為が客観的に使用者の支配領域内の危険に由来するか否かで判断するべきです（最判昭和39・2・4民集18巻2号252頁）。また、被用者による暴力行為があったというような被用者による主体的な行為があった場合には、事業の執行行為との密接な関連性を有する行為か否かで判断するべきです（最判昭和44・11・18民集23巻11号2079頁等）。

　㋒　元請業者等の責任に基づく損害賠償請求

林業では、元請業者が下請に依頼することがありますが、下請会社の労働者が被災した場合に元請業者も損害賠償責任を負うことがあります。最高裁判所は、下請会社の労働者に対する元請業者の安全配慮義務について、「上告人の下請企業の労働者が上告人の神戸造船所で労務の提供をするに当たっては、いわゆる社外工として、上告人の管理する設備、工具等を用い、事実

上上告人の指揮、監督を受けて稼働し、その作業内容も上告人の従業員であるいわゆる本工とほとんど同じであったというのであり、このような事実関係の下においては、上告人は、下請企業の労働者との間に特別な社会的接触の関係に入ったもので、信義則上、右労働者に対して安全配慮義務を負うものであるとした原審の判断は、正当として是認することができる」としました（最判平成3・4・11労判590号14頁〔三菱重工造船所事件〕）。これは、元請業者の管理する設備工具等を用いたこと、元請業者の指揮監督を受けていたこと、作業内容が元請業者の従業員とほとんど同じであったことから、特別の社会的接触関係にあったとしています。

　林業においても、同様の基準によって特別の社会的接触関係にあったと認定されれば、元請業者においても安全配慮義務を負うことになります。

(4)　土地工作物責任に基づく損害賠償請求

　土地の工作物の設置または保存の瑕疵により他人に損害が発生した場合、その工作物および所有者が賠償責任（土地工作物責任）を負います（民法717条1項）。

　所有者の責任は、占有者が無過失である場合に限って責任を負うという二次的責任であり、かつ無過失責任です。これは危険責任原理に立つものです。

　土地工作物責任に基づく損害賠償請求には、次の①〜⑦の要件が必要となります。

①　原告の権利または法律上保護される利益の存在
②　土地の工作物が通常備えているべき安全性を欠如していたこと
③　②による①の侵害
④　損害の発生および額
⑤　③と④との因果関係
⑥　ⓐ（占有者に対し）被告が③の当時②の工作物を占有していたこと、または、ⓑ（所有者に対し）被告が③の当時②の工作物を所有していたこと

　瑕疵とは、工作物が通常備えるべき安全性を欠如していることをいいます。

瑕疵は客観的に判断され、責任主体の故意過失による必要はありません。

(5)　損害・相当因果関係

請求する損害項目は、積極損害（治療費、通院交通費、付添看護費等）、消極損害（休業損害、逸失利益等）、慰謝料、弁護士費用です。すでに述べたとおり、使用者の過失行為・安全配慮義務違反と損害との間に相当因果関係があることが必要です。

(6)　過失相殺

使用者に損害賠償責任が認められる場合であっても、労働者に過失がある場合には、損害の公平な分担として過失相殺が行われます（民法418条・722条2項）。賠償義務者から過失相殺の主張がなくても、裁判所は訴訟にあらわれた資料に基づいて労働者に過失があると認めるべき場合には、損害賠償の額を定めるにあたり、職権をもってこれを斟酌することができます（最判和41・6・21民集20巻5号1078号）。

労働災害における過失相殺で、労働者の過失割合が高いと評価されるのは、当該労働者がかなりの経験者であるとか、十分に危険性を認識しているといった場合です。たとえば、命綱を着けずに作業を行い転落して死亡したという場合において、使用者が命綱を備え付けていたのか否か、命綱を着けて作業するよう注意していたのか否かなどが過失割合に考慮されています。

(7)　損益相殺

使用者は、労災保険法による保険給付が支払われた限度で損害賠償責任を免れます。

最高裁判所は、被害者が被用者および使用者に対して取得した損害賠償請求権は、保険給付と同一の事由については損害の補填がされたものとして、その給付の価額の限度において減縮するとし、保険給付と損害賠償とが「同一の事由」の関係にあるとは、保険給付の対象となる損害と民事上の損害賠償の対象となる損害とが同性質であり、保険給付と損害賠償とが相互補完性を有する関係にある場合をいうとしています。そして、同一の事由の関係にあることを肯定することができるのは、財産的損害のうちの消極損害（いわゆる逸失利益）のみであって、財産的損害のうちの積極損害（入院雑費、付添看護費はこれに含まれます）および精神的損害（慰謝料）は保険給付が対象と

する損害とは同性質であるとはいえないとし、他の積極損害や慰謝料で控除することは許されないとしています（最判昭和62・7・10民集41巻5号1202頁〔青木鉛鉄事件〕）。

　特別支給金については、損害額から控除することはできません。

 森の内緒話⑯　なぜ林業の裁判例は少ないのか

　林業の裁判例を調べていくと、その数は驚くほど少ないです。冒頭でみたように、林業においては労働災害が多いことからすると、会社側の安全配慮義務違反を主張して訴訟となることがあってもよさそうですが、なぜ少ないのでしょうか。

　森林内では、1人で作業していることも多く、実際に起こった事故を見ている者がいないことも多いです。事故が発生した場合、都道府県に報告したり、労働者死傷病報告をすることになりますが、これだけでは安全配慮義務があったかどうかを判断することは困難です。死亡事案であると、本人からの話を聞くこともできません。

　弁護士の立場からすると、訴訟を提起する場合、これを裏づける証拠があるかどうかが気になってきます、これが乏しいのでしょう。すでに述べたとおり、労働災害が認められれば、労災保険給付により補償がなされ、訴訟により請求できるのは慰謝料部分がほとんどです。重度後遺障害になればなるほど裁判基準の慰謝料は高額となり、近親者慰謝料が認められることもあります。林業従事者からすると、自己の責任であるととらえてしまうことも多いと思われますが、まずは弁護士に相談してみるのがよいでしょう。

◎事項索引◎

◎執筆者紹介◎

弁護士　品 川 尚 子（しながわ　ひさこ）

〔担　　当〕　第1章〜第11章

〔事 務 所〕　那須法律事務所

〔略　　歴〕　早稲田大学政治経済学部政治学科

　　　　　　　白鷗大学法科大学院　法務博士

　　　　　　　2007年　弁護士登録（栃木県弁護士会）

　　　　　　　2008年6月　那須法律事務所開設

　　　　　　　2016年4月　宇都宮大学農学部森林科学科にて科目履修（森林生態学、育林学、森林政策学、森林政策学演習、森林保護学、森林保護学演習、森林法律学、森林産業立地論、森林計画学、森林評価額、森林空間情報工学）、いずれも単位取得（2020年まで）

　　　　　　　2020年7月　林野庁森林管理状況評価指標整備に関する検討委員会委員

　　　　　　　2022年6月　たかはら森林組合理事

　　　　　　　2024年6月　日本弁護士連合会公害対策環境保全委員会特別委嘱委員

　　　　　　　2024年9月　林野庁所有者不明森林等の特例措置活用促進に係る検討委員会委員

弁護士　石 田 弘 太 郎（いしだ　こうたろう）

〔担　　当〕　第12章

〔事 務 所〕　法律事務所　栞（しおり）

〔所　　属〕　日本労働弁護団

〔資　　格〕　社会福祉士、精神保健福祉士

〔略　　歴〕　京都大学法学部

　　　　　　　早稲田大学法科大学院　法務博士

　　　　　　　2011年　弁護士登録（東京弁護士会、翌2012年から栃木県弁護士会）

　　　　　　　2019年4月　法律事務所栞開設

森林業法務のすべて

令和6年12月25日　第1刷発行

著　者　品川尚子　石田弘太郎
発　行　株式会社　民事法研究会
印　刷　藤原印刷株式会社

発行所　株式会社　民事法研究会
〒150-0013　東京都渋谷区恵比寿3-7-16
〔営業〕TEL 03(5798)7257　FAX 03(5798)7258
〔編集〕TEL 03(5798)7277　FAX 03(5798)7278
http://www.minjiho.com/　info@minjiho.com

ISBN978-4-86556-658-1

農業ビジネスにかかわる方々に、まず最初に手に取ってもらいたい実務書！

農業法務のすべて

菅原清暁　編著

Ａ５判・337頁・定価 3,850円（本体 3,500円＋税10%）

▶農業における法務を大局的に鳥瞰し網羅的に理解して、農地・農薬・悪臭・廃棄物・表示規制から生産・安全・労務・知財管理、法人設立・事業承継など多岐にわたる分野の適法で万全なリスクマネジメントを実現する！

▶農業者に関係する法律課題・関連法令を整理するとともに、それぞれのテーマにおける具体的な法律実務について、手続の流れを図表なども示しながら解説！

▶法律実務家・農業関連事業者・組合関係者の必携書！

発行　民事法研究会

〒 150-0013　東京都渋谷区恵比寿 3-7-16
（営業）TEL. 03-5798-7257　FAX. 03-5798-7258
http://www.minjiho.com/　info@minjiho.com

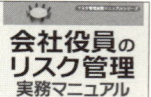
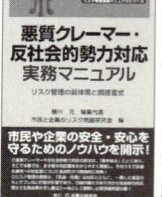
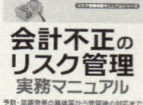
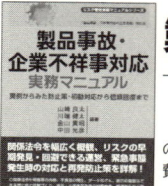

最新実務に必携の手引

最新実務に必携の手引

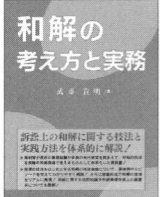

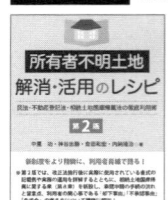
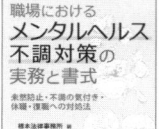